U0218678

普通高等教育"十二五"规划教材

# 机械工程学

## 第 5 版

主　编　丁树模　丁问司
副主编　梁新元　王明安
参　编　曾钢燕　宛田宾　王　刚

机械工业出版社

本书为普通高等教育"十二五"规划教材，内容包括三个部分：机械传动、液压与气压传动、机械制造基础。

机械传动部分包括：常用机构，常用机械传动装置，轮系，轴系零部件。液压与气压传动部分包括：液压传动概述，液压泵、液压马达和液压缸，液压控制阀，液压辅助装置，液压基本回路，典型液压系统，气压传动。机械制造基础部分包括：机械工程材料，金属热加工，金属切削加工概述，车削加工与车床，铣削加工与铣床，钻、镗、刨、磨加工及其设备，特种加工，机械加工自动化。

本书配有免费电子课件，欢迎选用本书作教材的老师登录 www.cmpedu.com 注册下载。

本书可作为本科、高职高专电气工程、自动化、数控技术、计算机应用等专业的教材。

**图书在版编目（CIP）数据**

机械工程学/丁树模，丁问司主编. —5 版. —北京：机械工业出版社，2014.8（2024.7 重印）

普通高等教育"十二五"规划教材

ISBN 978-7-111-47777-8

Ⅰ.①机…　Ⅱ.①丁…②丁…　Ⅲ.①机械工程学－高等学校－教材　Ⅳ.①TH

中国版本图书馆 CIP 数据核字（2014）第 196917 号

机械工业出版社（北京市百万庄大街 22 号　邮政编码 100037）
策划编辑：王雅新　责任编辑：王雅新　徐　凡
版式设计：霍永明　责任校对：张　征
封面设计：张　静　责任印制：刘　媛
涿州市般润文化传播有限公司印刷
2024 年 7 月第 5 版第 9 次印刷
184mm×260mm　·20.75 印张·504 千字
标准书号：ISBN 978-7-111-47777-8
定价：48.00 元

凡购本书，如有缺页、倒页、脱页，由本社发行部调换

电话服务　　　　　　　　　　　网络服务
社 服 务 中 心：(010)88361066　教材网：http://www.cmpedu.com
销 售 一 部：(010)68326294　机工官网：http://www.cmpbook.com
销 售 二 部：(010)88379649　机工官博：http://weibo.com/cmp1952
读者购书热线：(010)88379203　**封面无防伪标均为盗版**

# 前　言

本书是普通高等教育"十二五"规划教材，是在原机械工程学（第4版）的基础上修订而成的第5版。其内容包括以下三个部分：机械传动，液压与气压传动，机械制造基础。对于"机械工程学"这一门综合性课程来说，还应该包括机械制图、工程力学等更为宽泛的内容，但鉴于这两方面的内容通常另行设课，本书就不再将此编入。

通过本书在教学中的使用，学生可达到如下要求：①了解机械传动中各种常用机构和通用零部件的基本结构原理、特点和应用；②初步掌握液压与气压传动中的常用元件及典型回路工作原理、特点和应用，并初步具备阅读一般液压与气压传动系统图的能力；③了解机械工程材料的一般知识、金属热加工基础知识和金属切削加工的常用工艺方法及其要求，熟悉几种典型通用机床的用途、组成及其运动方式，了解机床与电气控制有关的典型操纵机构工作原理及其适用范围；④了解几种常用的特种加工技术基本原理及其适用范围；⑤了解机械加工自动化的基本知识，包括组合机床及其自动线、数控机床、计算机辅助设计与制造方面的基本知识。

本书针对电类专业的教学需要，所阐述的有关机械工程基础知识始终围绕传动这一主线展开，因而与电气控制的联系较为密切；关于内容的精选，注意做到简化理论，突出重点，力求适用；书中多采用简明易懂的插图，如立体图、结构示意图等，便于学生对教材内容的理解。本书除具有上述特色外，还严格执行了新的国家标准，并介绍与反映了相关的现代科学技术新成果。

本书除可作为应用型本科、高职高专电气工程、自动化、数控技术、计算机应用等专业的教材外，还适用于电类其他相关专业，企业技术人员亦可参阅。

本书的编写人员是：湖南工程学院丁树模（第一～四章），华南理工大学丁问司（第五～八章），湖南工程学院曾钢燕（第九、十章），东莞力源液压科技有限公司梁新元（第十一、十五～十七章），重庆新泰机械有限责任公司王明安（第十二～十四章），北京易拓智谱科技有限公司宛田宾（第十八章），广州大学华软学院王刚（第十九章）。主编为丁树模、丁问司，副主编为梁新元、王明安。

为有助于阅读，本书采用了双色印刷，对部分文字及图表加注了颜色，对重要的文字和图表还进行了铺底色处理。

本书配有免费电子课件，欢迎选用本书作教材的老师登录 www.cmpedu.com 注册下载。

本书涉及的知识面较广，如有疏漏和欠妥之处，敬请广大读者批评指正。

编　者
2014 年 4 月

# 目　　录

## 第三篇　机械制造基础

# 绪 言

## 一、机械的作用及机械工业在国民经济中的地位

机械是一种人为的执行机械运动的实物装置，是人类从事物质生产的重要手段。人类很早就利用斜面、杠杆、滑动与滚动等原理制造了各种机械，促进了社会生产力的提高。同时，机械自身也不断得到发展。当今，电气、电子、核能、激光、计算机等技术的应用，使机械得到了飞速的发展。机械广泛地应用于工农业生产、科学研究、文化教育、医疗卫生、国防建设和人们的日常生活中，并越来越多地进入人类社会的各个领域。机械不仅可以减轻人的劳动强度，提高劳动生产率，还能完成用人力无法达到的生产要求。机械已成为社会生产力飞速发展的一个重要因素。

各种机械都是机械工业部门生产的，机械工业是重要的基础工业，是国民经济发展的重要支柱工业和先导部门。没有机械工业提供质量优良、技术先进的技术装备，信息技术、新材料技术、海洋工程技术、生物工程技术以及空间技术等新技术的发展就会受到制约。所以，一个国家机械工业的发展水平，在很大程度上标志着这个国家工业生产能力和科学技术的发展水平。显然，机械工业在国民经济现代化建设中占有十分重要的地位。

## 二、本课程的内容、教学目的和学习方法

"机械工程学"作为电类专业的一门技术基础课，其内容虽然不必深奥，但所涉及机械工程学科的范围却比较宽阔，主要是传授三方面的基础知识：一是机械传动基础，简要介绍常用传动机构及通用零部件及其材料的一般知识；二是液压与气压传动基础，主要介绍液压与气动元件及常用回路的工作原理和应用实例；三是机械制造基础，概括介绍机械工程材料、金属热加工、冷加工、特种加工及现代制造技术。

随着现代科学技术的发展，特别是微电子技术、计算机技术、信息技术等的飞速发展，工业产品和生产加工方式正在日新月异地走向技术密集型，生产企业迫切需要大量既懂"机"又懂"电"的复合型技术人才。为此，工科院校对电类专业的学生必须加强机械知识教育，以便他们在走上工作岗位后，能更好地完成各自的任务。本课程教学的主要目的就在于此。企望学生通过本课程的学习能尽多地获得有益的机械工程基础知识，并通过必要的实践教学训练，培养一定的技术应用能力。

本课程内容涉及的知识面较广，实践性较强。为了保证教学的顺利进行，在学习本课程前，学生应先通过金工教学实习，获得一定的感性知识。在教学过程中，应加强实践性教学环节，以便较好地达到学习本课程的目的。

# 第一篇

## 机械传动

　　机械传动是采用机械链接的方式来传递动力和运动的传动。在生产实际中，机械传动是一种最基本的传动方式。因为机械传动总是通过各种机构和零部件的运动来实现的，所以本篇将对一些常用传动机构和零部件的结构原理、性能特点及传动规律作必要的叙述。

# 第一章

# 常用机构

常用机构主要包括平面连杆机构、曲柄滑块机构、凸轮机构、螺旋机构和间歇运动机构等。常用机构的基本功能是变换运动形式,例如,将回转运动变换为往复直线运动,将匀速转动变换为非匀速转动或间歇性运动等。

## 第一节 基本概念

### 一、零件、构件、部件

任何机器都是由零件组成的,如齿轮、螺钉等。所谓零件,是指机器中每一个最基本的制造单元体。

但是,当我们分析机器的运动时,可以看到,并不是所有的零件都能单独地影响机器的运动,而常常由于结构上的需要,把几个零件刚性地联接在一起,作为一个整体而运动。例如在图1-1所示的单缸内燃机中,运动件连杆7就是由连杆体、连杆头、螺栓和螺母等零件刚性联接在一起而构成的(见图1-2)。在机器中,由一个或几个零件所构成的运动单元体,称为构件。

应当指出,构件和通常所说的部件(或组件)是有原则区别的。部件是指机器中由若干零件所组成的装配单元体,部件中的各零件之间不一定具有刚性联系。把一台机器划分为若干个部件,其目的是有利于设计、制造、运输、安装和维修。

### 二、机器、机构、机械

图1-1所示的单缸内燃机是由气缸体1、活塞2、进气阀3、排气阀4、推杆5、凸轮6、连杆7、曲轴8和大齿轮9、小齿轮10等构件所组成的。活塞的往复移动通过连杆转变为曲轴的连续转动。凸轮和推杆是用来打开或关闭进气阀和排气阀的。为了保证曲轴每转两周进、排气阀各开闭一次,在曲轴和凸轮之间安装了齿数比为1:2的一对齿轮。这样,当燃气推动活塞运动时,进、排气阀有规律地开闭,就把燃气的热能转换为曲轴转动的机械能。

从这个例子可以看出,机器具有以下特征:①它是由许多构件经人工组合而成的;②这些构件之间具有确定的相对运动;③它用来代替人的劳动去转换机械能(如内燃机、电动机分别将热能和电能转换为机械能)或完成有用的机械功(如金属切削机床的切削加工)。

具有机器前两个特征的多构件组合体,称为机构。机构能实现一定规律的运动。例如在图1-1中,由曲轴、连杆、活塞和气缸体所组成的曲柄滑块机构可以把往复直线移动转变为

图 1-1　单缸内燃机

1—气缸体　2—活塞　3—进气阀　4—排气阀　5—推杆　6—凸轮　7—连杆
8—曲轴　9—大齿轮　10—小齿轮

图 1-2　连杆

1—连杆体　2—连杆头
3—螺母　4—螺栓

连续转动；由大、小齿轮和气缸体所组成的齿轮机构可以改变转速的大小和方向；由凸轮、推杆和气缸体所组成的凸轮机构可以将连续转动转变为预定规律的往复移动。

机器是由机构组成的。当一个或几个机构的组合能代替人的劳动来转换机械能或完成有用的机械功时，就成为机器。机器和机构一般总称为机械。

## 三、运动副

机构是由许多构件组合而成的。在机构中，每个构件都以一定的方式与其他构件相互联接，这些联接都不是刚性的，两构件之间存在着一定的相对运动。这种使两构件直接接触而又能产生一定相对运动的联接称为运动副。

在图 1-1 所示的内燃机中，活塞和连杆、曲轴和气缸体以及曲轴和连杆之间是用销轴与圆孔构成的联接，这类运动副称为转动副；活塞和气缸体之间是用滑块与滑道构成的联接，这类运动副称为移动副；二齿轮间用齿廓构成的联接称为齿轮副；凸轮和推杆（从动杆）之间的联接称为凸轮副。

# 第二节 平面连杆机构

连杆机构是用转动副和移动副将构件相互联接而成的机构，用以实现运动变换和动力传递。连杆机构中各构件的形状，因实际结构及要求不同，并非都为杆状，但从运动原理来看，可由等效的杆状构件代替，所以通常称为连杆机构。连杆机构按各构件间相对运动性质的不同，可分为空间连杆机构和平面连杆机构两类。平面连杆机构各构件间的相对运动均在同一平面或相互平行的平面内。在各种机械设备和仪器、仪表中，平面连杆机构的应用十分普遍。下面介绍平面连杆机构的两种结构形式：铰链四杆机构和曲柄滑块机构。

## 一、铰链四杆机构

在平面连杆机构中，有一种由四个构件相互用铰销联接而成的机构，这种机构称为铰链四杆机构，简称四杆机构。

图 1-3 所示破碎机的破碎机构采用了四杆机构。当轮子绕固定轴心 $A$ 转动时，通过轮上的偏心销 $B$ 和连杆 $BC$，使动颚板 $CD$ 往复摆动。当动颚板摆向左方时，它与固定颚板间的空间变大，使矿石下落；摆向右方时，矿石在两板之间被轧碎。

图 1-3 破碎机的破碎机构

图 1-4 铰链四杆机构

若用四个具有等效运动规律的杆件代替图 1-3 中相应的构件，则可绘出如图 1-4 所示的四杆机构图，其中 $A$、$B$、$C$、$D$ 分别为四个铰链。铰链的结构和简化画法如图 1-5 所示。

在分析研究机构的运动时，为了方便起见，并不需要完全画出机构的真实图形，只需用规定符号（见附录 A）画出能表达其运动特性的简化图形，这种简化图形称为机构运动简图（简称机构简图）。图 1-6 所示为铰链四杆机构运动简图，图中箭头表示构件的运动方向。

在上述四杆机构中，构件 $AD$ 固定不动，称为静件或机架。构件 $AB$ 可绕轴 $A$ 作整周转动，称为曲柄。构件 $CD$ 可绕轴 $D$ 作往复摆动，称为摇杆。曲柄和摇杆统称为臂。连接两臂的构件 $BC$ 称为连杆。

图 1-5　铰链的结构和简化画法

a）外观　b）组成　c）简化画法

　　除了机架和连杆外，四杆机构中其余两杆可能分别为曲柄和摇杆，也可能都为曲柄或都为摇杆，因而构成具有不同运动特点的四杆机构，其基本型式有以下三种：

**1. 曲柄摇杆机构**

　　在四杆机构中，如果一个臂为曲柄，另一个臂为摇杆，则此机构称为曲柄摇杆机构。

　　在曲柄摇杆机构中，当曲柄为主动件时，可将曲柄的整周连续转动转变为摇杆的往复摆动（见图1-3 所示破碎机的破碎机构）；当摇杆为主动件时，

图 1-6　四杆机构运动简图

可将摇杆的往复摆动转变为曲柄的整周连续转动。在缝纫机的驱动机构（见图1-7）中，踏板即为摇杆，曲轴即为曲柄，当踏板作往复摆动时，通过连杆能使曲轴作整周的连续转动。

　　分析曲柄摇杆机构还须注意以下两个特点：

图 1-7　缝纫机的驱动机构

a）外观　b）驱动机构简图

　　（1）具有急回特性　如图1-8所示，当曲柄 AB 为主动件并作等速回转时，摇杆 CD 为从动件作变速往复摆动。由图可见，曲柄 AB 在回转一周的过程中，有两次与连杆 BC 共线，

此时摇杆 $CD$ 分别位于两极限位置 $C_1D$ 和 $C_2D$，摇杆两极限位置的夹角 $\phi$ 称为最大摆角。摇杆沿两个方向摆过这一 $\phi$ 角时，对应着曲柄的转角分别为 $\alpha_1$ 和 $\alpha_2$。因为曲柄是以等速回转的，所以 $\alpha_1$ 与 $\alpha_2$ 之比就代表了摇杆往复运动所需时间之比。图中 $\alpha_1 > \alpha_2$，显然摇杆往复摆动同样的角度 $\phi$ 所需时间不等。这种从动件往复运动所需时间不等的性质称为急回特性。在生产中，利用机构的急回特性，将慢行程作为工作行程，快行程作为空回行程，则既能保证工作质量，又能提高生产效率。

（2）存在死点位置　若以图1-8中的摇杆为主动件、曲柄为从动件，则当摇杆 $CD$ 到达两极限位置 $C_1D$ 和 $C_2D$ 时，连杆和曲柄在一条直线上，连杆加于曲柄的力将通过铰链 $A$ 的中心，作用力矩等于零。因此，不论加的力多大，都不能推动曲柄。机构中的这两个极限位置称为死点位置。对传动来说，机构存在死点位置是一个缺陷，这个缺陷常利用构件的惯性力加以克服，如缝纫机的驱动机构在运动中就依靠飞轮的惯性通过死点。

曲柄摇杆机构应用相当广泛，如前所述的颚式破碎机的破碎机构、缝纫机的驱动机构以及搅拌机构（见图1-9）、牛头刨床的进给机构（见图1-10）等都是应用的实例。

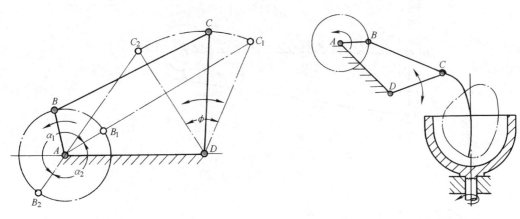

图 1-8　摇杆的最大摆角和死点位置　　　　　图 1-9　搅拌机的搅拌机构

牛头刨床的进给运动是间歇运动，每当刨刀返回后，工作台带动工件进给一次。当轮子绕轴 $A$ 转动时（见图1-10），通过轮子上的偏心销 $B$ 和杆 $BC$，使带有棘爪的杆 $CD$ 左右摆动。棘爪推动固定在丝杠上的棘轮，使丝杠产生间歇转动，再通过固定在工作台内的螺母，使工作台实现断续进给运动。

**2. 双曲柄机构**

在四杆机构中，如果两臂均为曲柄，则此机构称为双曲柄机构。在双曲柄机构中，两曲柄可分别为主动件。如图1-11所示，若以曲柄 $AB$ 为主动件，则当曲柄 $AB$ 转过180°至 $AB'$ 时，从动曲柄 $CD$ 则转至 $C'D$，转角为 $\alpha_1$。当主动曲柄连续再转180°由 $AB'$ 转回至 $AB$ 时，则从动曲柄也由 $C'D$ 转回至 $CD$，转角为 $\alpha_2$，显然 $\alpha_1 > \alpha_2$。故这种双曲柄运动特点是：主动曲柄等速回转一周时，从动曲柄变速回转一周，从动曲柄的角速度在一周中有时小于主动曲柄的角速度，有时大于主动曲柄的角速度。图1-12所示的惯性筛就是利用了双曲柄机构的运动特点，使筛子作急回运动。

图 1-10　牛头刨床的进给机构

a）机床外观　b）进给机构简图

图 1-11　双曲柄机构　　　　　　　　　图 1-12　惯性筛

　　在双曲柄机构中，若两曲柄等长，连杆与静件也等长，则根据曲柄相对位置的不同，可得到平行双曲柄机构（见图 1-13a）和反向双曲柄机构（见图 1-13b）。前者两曲柄的回转方向相同，且角速度时时相等；而后者两曲柄的回转方向相反，且角速度不等。由于平行双曲柄机构具有等比传动的特点，故在传动机械中常常采用。图 1-14 所示的机车主动轮联动装置就应用了平行双曲柄机构。为防止这种机构在运动过程中变成反向双曲柄机构，这里装了一个辅助曲柄 *EF*。

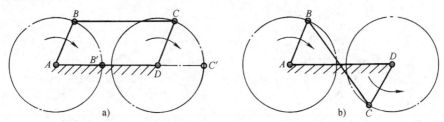

图 1-13 平行双曲柄机构和反向双曲柄机构

a）平行双曲柄机构　b）反向双曲柄机构

图 1-14 机车主动轮联动装置

a）结构示意　b）机构简图

### 3. 双摇杆机构

在四杆机构中，如果两个臂均为摇杆，则此机构称为双摇杆机构，如图 1-15 所示。在双摇杆机构中，两摇杆可以分别作为主动件。当连杆与从动摇杆成一直线时，机构处于死点位置。

图 1-16 所示的造型机翻台机构即采用了双摇杆机构。当摇杆摆动时，翻台处于合模和起模两个工作位置。

图 1-15 双摇杆机构

图 1-16 造型机翻台机构

图 1-17 所示的港口起重机也采用了双摇杆机构，该机构利用连杆上的特殊点 $M$ 来实现货物的水平吊运。

图 1-17 港口起重机
a）结构示意 b）机构简图

以上讨论了三种不同形式的四杆机构。为什么有不同形式之分呢？这是因为机构形式与各杆间的相对长度和机架的选取有关。

在四杆机构中，当最短杆与最长杆长度之和小于或等于其余两杆长度之和时，一般可以有以下三种情况：

1）取与最短杆相邻的任一杆为静件，并取最短杆为曲柄，则此机构为曲柄摇杆机构；

2）取最短杆为静件时，此机构为双曲柄机构；

3）取最短杆对面的杆为静件时，此机构为双摇杆机构。

当四杆机构中最短杆与最长杆长度之和大于其余两杆长度之和时，则不论取哪一杆为静件，都只能构成双摇杆机构。铰链四杆机构基本形式的判别见表 1-1。

表 1-1 铰链四杆机构基本形式的判别

| $a+d\leqslant b+c$ | | | $a+d>b+c$ |
|---|---|---|---|
| 双曲柄机构 | 曲柄摇杆机构 | 双摇杆机构 | 双摇杆机构 |
| 最短杆固定 | 与最短杆相邻的杆固定 | 与最短杆相对的杆固定 | 任意杆固定 |

注：$a$—最短杆长度；$d$—最长杆长度；$b$、$c$—分别为其余两杆长度。

## 二、曲柄滑块机构

曲柄滑块机构是由曲柄、连杆、滑块及机架组成的另一种平面连杆机构，图1-18为曲柄滑块机构简图。在曲柄滑块机构中，若曲柄为主动件，当曲柄作整周连续转动时，可通过连杆带动滑块作往复直线运动；反之，若滑块为主动件，当滑块作往复直线运动时，又可通过连杆带动曲柄作整周连续转动。

在曲柄滑块机构中，若滑块为主动件，则当连杆与曲柄成一直线时，机构处于死点位置。如前所述，机构常利用飞轮惯性通过死点位置。

曲柄滑块机构在各种机械中应用相当广泛。在曲柄压力机中应用曲柄滑块机构（见图1-19）是将曲柄转动变为滑块往复直线移动；

图1-18　曲柄滑块机构

而在内燃机中应用曲柄滑块机构（见图1-20），则是将滑块（活塞）往复直线移动变为曲柄转动。

图1-19　压力机中的曲柄滑块机构
a）机构示意　b）机构简图
1—工件　2—滑块　3—连杆　4—曲轴　5—齿轮

图1-20　内燃机中的曲柄滑块机构
a）机构示意　b）机构简图
1—曲轴　2—连杆　3—活塞

# 第三节　凸 轮 机 构

## 一、凸轮机构的应用和特点

凸轮机构在机械传动中应用很广，下面介绍几个应用实例。

图1-21所示为内燃机气阀机构。当凸轮1匀速转动时，其轮廓迫使气阀2往复移动，从而按预定时间打开或关闭气门，完成配气动作。

图1-22所示为铸造车间造型机的凸轮机构。当凸轮1按图示方向转动时，在一段时间

内，凸轮轮廓推动滚子2使工作台3上升；在另一段时间内，凸轮让滚子落下，工作台便自由落下。当凸轮连续转动时，工作台便上下往复运动，因碰撞而产生震动，将工作台上砂箱中的砂子震实。

图 1-21　内燃机气阀机构
1—凸轮　2—气阀

图 1-22　造型机凸轮机构
1—凸轮　2—滚子　3—工作台

图 1-23 所示为自动车床的横刀架进给机构。当凸轮1转动时，其轮廓迫使摆杆2往复摆动。从动杆上固定有扇形齿轮3，通过它带动齿条，使横刀架4完成所需的进刀或退刀运动。

图 1-24 所示为车床变速操纵机构。当圆柱凸轮1转动时，凸轮上的凹槽迫使拨叉2左右移动，从而带动三联滑移齿轮3在轴Ⅰ上滑动，使它的各个齿轮分别与轴Ⅱ上的固定齿轮啮合，这样，轴Ⅱ就可以得到三种不同的转速。

图 1-23　横刀架进给机构
1—凸轮　2—摆杆　3—扇形齿轮　4—横刀架

图 1-24　变速操纵机构
1—圆柱凸轮　2—拨叉　3—三联滑移齿轮

图 1-25 为缝纫机的挑线机构。主动件是带凹槽的圆柱凸轮 1，从动件是绕定轴 $O$ 摆动的挑线杆 2，挑线杆在 $A$ 点处装有滚子。当凸轮转动时，通过凹槽和滚子迫使挑线杆往复摆动，以完成挑线运动。

图 1-25 缝纫机挑线机构
a) 总体外观 b) 机构示意
1—圆柱凸轮 2—挑线杆

从上述实例可知，凸轮机构主要由凸轮、从动杆和机架所组成。凸轮是一个具有曲线轮廓或凹槽的构件，而图 1-21 的阀杆、图 1-22 的工作台、图 1-23 的摆杆、图 1-24 的拨叉、图 1-25 的挑线杆都是凸轮机构中的从动杆。

在凸轮机构中，当凸轮转动时，借助于本身的曲线轮廓或凹槽迫使从动杆作一定规律的运动，即从动杆的运动规律取决于凸轮轮廓曲线或凹槽曲线的形状。

凸轮机构的最大优点是：只要做出适当的凸轮轮廓，就可以使从动杆得到任意预定的运动规律，并且结构比较简单、紧凑。因此，凸轮机构被广泛地应用在各种自动或半自动的机械设备中。凸轮机构的主要缺点是：凸轮轮廓加工比较困难；凸轮轮廓与从动杆之间是点或线接触，容易磨损。所以通常多用于传递动力不大的辅助装置中。

## 二、凸轮机构的类型

凸轮机构的种类很多，一般分类如下：

**1. 按凸轮的形状分**

（1）盘形凸轮机构 在这种凸轮机构中，凸轮是一个具有变化半径的圆盘，其从动杆在垂直于凸轮回转轴线的平面内运动（见图 1-21、图 1-22、图 1-23）。

（2）移动凸轮机构 当盘形凸轮的回转中心趋于无穷远时，就成为移动凸轮。在移动凸轮机构中，凸轮作往复直线运动（见图 1-26）。

（3）圆柱凸轮机构 此机构中的凸轮为一具有凹槽或曲形端面的圆柱体（见图 1-24、图 1-25、图 1-27）。

**2. 按从动杆的形式分**

（1）尖顶从动杆凸轮机构 这种凸轮机构的从动杆结构简单（见图 1-28a），并且由于它以尖顶和凸轮接触，因此对于较复杂的凸轮轮廓也能准确地获得所需要的运动规律，但容易磨损。它适用于受力不大、低速及要求传动灵敏的场合，如仪表记录仪等。

图 1-26　移动凸轮机构
1—凸轮　2—从动杆

图 1-27　圆柱凸轮机构
1—圆柱凸轮　2—从动杆

（2）滚子从动杆凸轮机构　这种凸轮机构的从动杆（见图 1-28b）与凸轮表面之间的摩擦阻力小，但结构复杂。一般适用于速度不高、载荷较大的场合，如用于各种自动化的生产机械等。

（3）平底从动杆凸轮机构　在这种凸轮机构中，从动杆（见图 1-28c）的底面与凸轮轮廓表面之间容易形成楔形油膜，能减少磨损，故适用于高速传动。但平底从动杆不能用于具有内凹轮廓曲线的凸轮。

此外，按从动杆的运动方式，凸轮机构还可分为移动从动杆凸轮机构和摆动从动杆凸轮机构。

### 三、移动从动杆盘形凸轮轮廓曲线的绘制

**1. 尖顶从动杆盘形凸轮轮廓曲线的绘制**

设已知某尖顶从动杆盘形凸轮机构的凸轮按顺时针方向回转，从动杆中心线通过凸轮回转中心，从动杆尖顶距凸轮回转中心的最小距离为 30mm。当凸轮转动

图 1-28　从动杆的形式
a）尖顶从动杆　b）滚子从动杆
c）平底从动杆

时，在 0°~90°范围内从动杆匀速上升 20mm，在 90°~180°范围内从动杆停止不动，在 180°~360°范围内从动杆匀速下降至原处。试绘制此凸轮轮廓曲线。

作图步骤如下：

1）绘制从动杆的位移曲线。取横坐标轴表示凸轮的转角 $\varphi$，纵坐标轴表示从动杆的位移 $s$。选择适当的比例尺，把 $s$ 与 $\varphi$ 的关系按题意画成曲线，如图 1-29a 所示，此即从动杆的位移曲线。

2）按区间等分位移曲线横坐标轴，确定从动杆的相应位移量。在位移曲线横坐标轴上，将 0°～90°升程区间作 3 等分，将 180°～360°回程区间作 6 等分（90°～180°休止区间不需等分）。确定出各分点的相应位移量 $s_1 = 11'$，$s_2 = 22'$，$s_3 = 33'$，…，$s_9 = 99'$（见图 1-29a）。

3）作基圆，作各区间的相应等分角线。以 $O$ 为圆心，以 $Oa_0 = 30mm$ 为半径，按已选定的比例尺作圆，此圆称为基圆，如图 1-29b 所示。沿凸轮转动的相反方向，按位移曲线横坐标的等分方法将基圆各区间作相应等分，画出各等分角线 $Oa_0$，$Oa_1$，$Oa_2$，…，$Oa_9$。

4）绘制凸轮轮廓曲线。在基圆各等分角线的延长线上截取相应线段 $a_1b_1 = s_1$，$a_2b_2 = s_2$，$a_3b_3 = s_3$，…，$a_9b_9 = s_9$，得 $b_1$，$b_2$，$b_3$，…，$b_9$ 各点。将各点连成一光滑曲线，即为所求的凸轮轮廓曲线（见图 1-29b）。

图 1-29　尖顶从动杆盘形凸轮轮廓曲线的绘制

a）从动杆位移曲线　b）凸轮轮廓曲线

**2. 滚子从动杆盘形凸轮轮廓曲线的绘制**

绘制滚子从动杆盘形凸轮轮廓曲线可分为两步：

1）把从动杆滚子中心作为从动杆的尖顶，按照尖顶从动杆盘形凸轮轮廓曲线的绘制方法，绘制一凸轮轮廓曲线Ⅰ，该曲线称为理论轮廓曲线（见图 1-30）。

2）以理论轮廓曲线上的各点为圆心，以已知滚子半径为半径（图中滚子半径为 5mm）作一系列的圆，再作这些圆的光滑内切曲线Ⅱ，即得该滚子从动杆盘形凸轮的实际轮廓曲线（见图 1-30）。在作图时，为了更精确地定出实际轮廓曲线，在理论轮廓曲线的急剧转折处应画出较多的滚子小圆。

图1-30 滚子从动杆盘形凸轮轮廓曲线的绘制
Ⅰ—理论轮廓曲线 Ⅱ—实际轮廓曲线

# 第四节 螺 旋 机 构

## 一、螺旋机构的应用和特点

螺旋机构可以用来把回转运动变为直线移动，在各种机械设备和仪器中得到广泛的应用。图1-31所示的机床手摇进给机构是应用螺旋机构的一个实例，当摇动手轮使螺杆1旋转时，螺母2就带动滑板沿机架3的导轨面移动。

图1-31 机床手摇进给机构
1—螺杆 2—螺母 3—支架

螺旋机构的主要优点是结构简单，制造方便，能将较小的回转力矩转变为较大的轴向力，能达到较高的传动精度，并且工作平稳，定位可靠。它的主要缺点是摩擦损失大，传动效率低，因此一般不用来传递大的功率。

## 二、螺旋机构的螺纹

### 1. 螺纹的类型

根据螺纹截面形状的不同，螺纹分为矩形、梯形、锯齿形和三角形等几种（见图1-32）。其中，矩形螺纹难于精确制造，故应用较少；梯形及锯齿形螺纹在螺旋机构中得到广泛的应用；三角形螺纹主要用于联接。

图1-32　螺纹的牙形

a）矩形　b）梯形　c）锯齿形　d）三角形

根据螺旋线旋绕方向的不同，螺纹可分为右旋和左旋两种（见图1-33）。当螺纹的轴线垂直于水平面时，正面的螺纹向右上方倾斜上升为右旋螺纹（见图1-33a、c），反之为左旋螺纹（见图1-33b）。一般机械中大多采用右旋螺纹。

根据螺旋线数目的不同，螺纹又可分为单线、双线、三线和多线等几种。图1-33中，图a为单线螺纹，图b为双线螺纹，图c为三线螺纹。

图1-33　螺纹的旋向和线数

a）右旋，单线　b）左旋，双线　c）右旋，三线

### 2. 螺纹的导程和升角

由图1-33可知，螺纹的导程$L$与螺距$P$及线数$n$的关系是

$$L = nP \tag{1-1}$$

在图1-34中，若直径为$d$的圆柱面上有一根螺旋线$ABC$，将其展开在轴向平面内则为

直线 $AC'$，$AC'$ 与圆柱轴线的垂直平面之间的夹角 $\psi$ 即为螺纹升角。根据几何关系得

$$\tan\psi = \frac{L}{\pi d} \qquad (1\text{-}2)$$

在一般情况下，螺纹升角 $\psi$ 都较小，当螺杆（或螺母）受到轴向力作用时，无论这个力有多大，螺母（或螺杆）也不会自行松退，这就是螺纹的自锁作用。由于螺旋机构易于自锁，故在停止传动的情况下，能够实现精确可靠的轴向定位。

图 1-34 螺纹升角

### 三、螺旋机构的形式

根据从动件运动状况的不同，螺旋机构有单速式、差速式和增速式三种基本形式。

**1. 单速式螺旋机构**

如图 1-31 所示，当螺杆旋转时，螺母作轴向移动，螺母移动速度的大小和方向完全取决于螺杆旋转速度的大小和方向。这种螺旋机构常用于机床进给机构、平口虎钳等装置中。

另外，图 1-35 所示台虎钳所用的螺旋机构是另一种单速式螺旋机构，当扳动手柄使螺杆旋转时，螺杆同时也以某一速度作轴向移动，因而活动钳口趋近或离开固定钳口。

**2. 差速式螺旋机构**

图 1-36 所示为差速式螺旋机构（亦称差动螺旋）简图。螺杆 1 与机架 3 在 $A$ 处以螺旋副联接，其螺纹导程为 $L_A$；与螺母 2 在 $B$ 处亦以螺旋副联接，其螺纹导程为 $L_B$；螺母与机架在 $C$ 处以移动副联接。设 $A$、$B$ 两处的螺旋方向相同，$L_A$ 和 $L_B$ 的差值很小，则当螺杆转动时，螺母可实现极其缓慢的差速移动。这种螺旋机构的优点是既能得到极小的位移，而其螺纹的导程又无需太小，因而便于加工制造。差速式螺旋机构常用于较精密的机械或仪器中，如测微器、分度机构及机床刀具的微调机构等。

图 1-35 台虎钳
1—螺杆　2—活动钳口　3—固定钳口

图 1-36 差速式螺旋机构
1—螺杆　2—螺母（或滑块）　3—机架

如图 1-37 所示，差动微调镗刀杆就是利用差速式螺旋机构实现微调的。这种镗刀杆主要由螺杆 1、镗刀 2、刀套 3 和镗杆 4 组成，刀套和镗杆固定连接在一起（相当于图 1-36 中的机架）。螺杆 1 的 A 段与刀套 3 以右旋螺纹配合，导程为 $L_A$；B 段与镗刀 2 亦以右旋螺纹配合，导程为 $L_B$。镗刀只能在刀套 3 内移动，不能转动（见图 1-37 的 F-F 剖面）。设 $L_A = 1.25$mm，$L_B = 1$mm。当螺杆转过的角度为 10°时，镗刀 2 的位移为

$$s = (L_A - L_B) \times \frac{10°}{360°} = (1.25 - 1) \times \frac{10°}{360°} \text{mm} = 0.0069 \text{mm}$$

可见控制的位移是极其微小的。

图 1-37　差动式微调镗刀杆
1—螺杆　2—镗刀　3—刀套　4—镗杆

### 3. 增速式螺旋机构

图 1-38 所示为增速式螺旋机构简图。在螺杆 1 上，$a$、$b$ 两段螺纹旋向相反，当螺杆 1 在支架 3 的支承内转动时，两螺母 2 和 2′将在滑槽内产生较快的逆向运动，或快速分离，或快速趋合。在实际应用中，通常做成 $a$、$b$ 两段螺纹的导程相等，这样可实现螺母

图 1-38　自动定心夹具的螺旋机构
1—螺杆　2、2′—螺母　3—支架

等速快分或快合。这种螺旋机构常用于机械加工自动定心夹具和两脚规中。

## 四、滚珠螺旋机构

普通的螺旋机构由于齿面之间存在相对滑动摩擦，所以传动效率低。为了提高效率并减少磨损，可采用以滚动摩擦代替滑动摩擦的滚珠螺旋机构。如图 1-39 所示，滚珠螺旋机构主要由螺母 1、丝杠 2、滚珠 3 和滚珠循环装置 4 等组成。在丝杠和螺母的螺纹滚道之间装入许多滚珠，以减小滚道间的摩擦。当丝杠与螺母之间产生相对转动时，滚珠沿螺纹滚道滚动，并沿滚珠循环装置的通道返回，构成封闭循环。滚珠螺旋机构由于以滚动摩擦代替了滑动摩擦，故摩擦阻力

图 1-39　滚珠螺旋机构
1—螺母　2—丝杠　3—滚珠　4—滚珠循环装置

小，传动效率高，运动稳定，动作灵敏，但结构复杂，尺寸大，制造技术要求高。目前主要用于数控机床和精密机床的进给机构、重型机械的升降机构、精密测量仪器以及各种自动控制装置中。

22

## 第五节　间歇运动机构

当需要从动件产生周期性的运动和停顿时，可以应用间歇运动机构。间歇运动机构的种类很多，常见的有棘轮机构和槽轮机构两种。

### 一、棘轮机构

棘轮机构如图 1-40 所示，主要由棘爪 1、棘轮 2 与机架组成。当摇杆 $O_2B$ 向左摆动时，装在摇杆上的棘爪 1 插入棘轮的齿间，推动棘轮逆时针方向转动。当摇杆 $O_2B$ 向右摆动时，棘爪在齿背上滑过，棘轮静止不动。故棘轮机构的特点是将摇杆的往复摆动转换为棘轮的单向间歇转动。

为了防止棘轮自动反转，采用了止退棘爪 1′。

棘轮转过的角度是可以调节的。如图 1-40 所示，当转动螺杆 $D$ 改变曲柄 $O_1A$ 的长度后，摇杆摆动的角度就发生变化，这时，棘轮转过的角度也随之相应改变。另一种调节方法如图 1-41a 所示，棘轮装在罩盖 $A$ 内，仅露出一部分齿，若转动罩盖 $A$，如图 1-41b 所示，则不用改变摇杆的摆角 $\varphi$，就能使棘轮的转角由 $\alpha_1$ 变成 $\alpha_2$。

图 1-40　棘轮机构
1—棘爪　1′—止退棘爪　2—棘轮

棘轮机构的棘爪与棘轮的牙齿开始接触的瞬间会发生冲击，在工作过程中有噪声，故棘轮机构一般用于主动件速度不大、从动件间歇运动行程需改变的场合，如各种机床和自动机械的进给机构、进料机构、千斤顶以及自动计数器等。

### 二、槽轮机构

槽轮机构如图 1-42a 所示，它由拨盘 1、槽轮 2 与机架组成。当拨盘转动时，其上的圆销 $A$ 进入槽轮相应的槽内，使槽轮转动。当拨盘转动过 $\varphi$ 角时，槽轮转过 $\alpha$ 角（见图 1-42b），此时圆销 $A$ 开始离

图 1-41　棘轮转角的调节
a）调节前　b）调节后

开槽轮。拨盘继续转动，槽轮上的凹弧 *abc*（称为锁止弧）与拨盘上的凸弧 *def* 相接触，此时槽轮不能转动。等到拨盘的圆销 *A* 再次进入槽轮的另一槽内时，槽轮又开始转动，这样就将主动件（拨盘）的连续转动变为从动件（槽轮）的周期性间歇转动。

从图 1-42 可以看到，槽轮静止的时间比转动的时间长，若需要将静止的时间缩短些，则可增加拨盘上圆销的数目。如图 1-43 所示。拨盘上有两个圆销，当拨盘旋转一周时，槽轮转过 $2\alpha$。

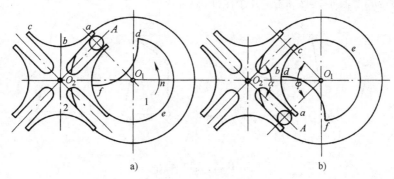

图 1-42 槽轮机构

a）槽轮转动开始 b）槽轮转动结束

1—拨盘 2—槽轮

槽轮机构的结构简单，常用于自动机床的换刀装置（见图 1-44）、电影放映机的输片机构等。

图 1-43 双销槽轮机构　　　　　　　图 1-44 自动机床的换刀装置

# 复 习 题

1-1 什么是零件、构件、机构?

1-2 什么叫运动副？常见的运动副有哪些？

1-3 什么样的机构叫做铰链四杆机构？四杆机构有哪几种基本形式？试指出它们的运动特点，并各举一应用实例。

1-4 试根据图1-45中注明的尺寸，判断各铰链四杆机构的类型。

1-5 画出图1-46所示剪板机的机构简图，并指出各杆件的名称。

1-6 试述曲柄滑块机构的组成和运动特点。

1-7 什么是机构的急回特性？在生产中怎样利用这种特性？

图1-45　题1-4图

图1-46　题1-5图

1-8 什么是机构的死点位置？用什么方法可以使机构通过死点位置？

1-9 试述凸轮机构的主要优缺点，并举例说明凸轮机构的应用。

1-10 试绘制一尖顶从动杆盘形凸轮轮廓曲线。已知凸轮按顺时针方向匀速转动，从动杆的轴线通过凸轮回转中心，基圆半径为40mm，凸轮与从动杆的运动关系见表1-2。

表1-2　凸轮与从动杆的运动关系（题1-10）

| 凸轮转角 $\varphi$ | 从动杆位移 $s$ | 凸轮转角 $\varphi$ | 从动杆位移 $s$ |
|---|---|---|---|
| $0° \sim 60°$ | 停止不动 | $180° \sim 360°$ | 匀速下降至原处 |
| $60° \sim 180°$ | 匀速上升20mm | | |

1-11 试绘制一滚子从动杆盘形凸轮轮廓曲线。已知凸轮按逆时针方向匀速转动，从动杆的轴线通过凸轮回转中心，基圆半径为20mm，滚子半径为8mm，凸轮与从动杆的运动关系见表1-3。

表1-3　凸轮与从动杆的运动关系（题1-11）

| 凸轮转角 $\varphi$ | 从动杆位移 $s$ | 凸轮转角 $\varphi$ | 从动杆位移 $s$ |
|---|---|---|---|
| $0° \sim 180°$ | 匀速上升20mm | $240° \sim 320°$ | 匀速下降至原处 |
| $180° \sim 240°$ | 停止不动 | $320° \sim 360°$ | 停止不动 |

1-12 试述螺旋机构的主要特点。

1-13 什么是螺纹的自锁作用？螺旋机构的自锁有什么好处？

1-14 在图 1-36 中，设螺杆 1 的左端为单线右旋螺纹，导程 $L_1 = 4$mm，而右端为双线右旋螺纹，螺距 $P_2 = 1.75$mm。当顺时针方向拧动螺杆 1 使其转过 20 转后，滑块（螺母）2 移动多少距离？向哪一方向移动？

1-15 试述棘轮机构和槽轮机构的运动特点。

# 第二章

# 常用机械传动装置

机械传动装置的主要功用是将一根轴的旋转运动和动力传给另一根轴，并且可以改变转速的大小和转动的方向。常用的机械传动装置有带传动、链传动、齿轮传动和蜗杆传动等。

## 第一节 带 传 动

### 一、带传动的工作原理和速比

#### 1. 带传动的工作原理

带传动是用挠性传动带做中间体而靠摩擦力工作的一种传动。如图2-1所示，把一根或几根闭合的传动带3张紧在两个带轮1和2上，带与两轮的接触面就产生了正压力。当主动轮（一般是小轮）回转时，借助于摩擦力的作用，便将带拖动，而带又拖动从动轮回转。这样，就把主动轴的运动和动力传给了从动轴。

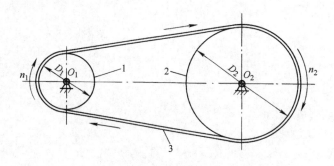

图 2-1　带传动
1、2—带轮　3—传动带

#### 2. 带传动的速比

在机械传动中，主动轮与从动轮的转速或角速度之比称为速比，用 $i$ 表示为

$$i = \frac{n_1}{n_2} = \frac{\omega_1}{\omega_2} \tag{2-1}$$

式中　$n_1$、$n_2$——分别为主、从动轮的转速；

$\omega_1$、$\omega_2$——分别为主、从动轮的角速度。

对带传动（见图2-1）而言，如果不考虑带的弹性变形，并假定带在带轮上不发生滑动，那么，主、从动轮的圆周速度是相等的，即

$$v_1 = v_2$$

若以 $D_1$、$D_2$ 分别表示主、从动轮的直径，则因

$$v_1 = \pi D_1 n_1$$

$$v_2 = \pi D_2 n_2$$

故可得带传动的速比计算公式：

$$i = \frac{n_1}{n_2} = \frac{\omega_1}{\omega_2} = \frac{D_2}{D_1} \tag{2-2}$$

式（2-2）表明：带传动中的两轮转速与带轮直径成反比。

## 二、带传动的特点和类型

### 1. 带传动的特点

1）可用于两轴距离较远的传动（中心距可达 15m，最大甚至达 40m）。

2）带本身具有弹性，因而可以缓和冲击和振动，使传动平稳，且无噪声。

3）当机器过载时，带会在轮上打滑，能起到对机器的保护作用。

4）结构简单，成本低，安装维护方便，带损坏后容易更换。

5）结构不够紧凑。

6）不能保证准确的传动速比。

7）由于需要施加张紧力，所以轴及轴承受到的不平衡径向力较大。

8）带的寿命较短。

### 2. 带传动的类型

生产中使用的带传动，有平带、V 带、圆带、同步齿形带等类型（见图 2-2），以平带和 V 带使用最多。平带多用于高速、远距离传动，其他场合大都使用 V 带。

图 2-2　带传动的类型

a）平带传动　b）V 带传动　c）圆带传动　d）同步齿形带传动

1—带　2—带轮

平带的横截面是扁平的矩形，工作时它的内表面与轮缘相接触。V 带的横截面是梯形，工作时它的两侧面与轮槽侧面相接触。与平带相比较，在同样张紧的情况下，V 带在槽面上能产生较大的摩擦力，因此它的传动能力比平带高得多，这是 V 带在工作性能上的最大优点。所以，在生产实际中，V 带传动要比平带传动获得更为广泛的应用。

## 三、V 带及带轮

### 1. V 带的结构和型号

V 带是一种无接头的环形带，其横截面的结构如图 2-3 所示，一般由包布层 1（涂胶帆布）、伸张层 2（橡胶）、强力层 3（胶帘布或胶线绳）和压缩层 4（橡胶）构成，V 带的工作拉力主要由强力层承受。

根据国家标准，我国生产的普通 V 带共分为 Y、Z、A、B、C、D、E 七种型号。Y 型 V 带的截面积最小，E 型的截面积最大。V 带的截面积愈大，其传递的功率也愈大。生产现场中使用最多的是 Z、A、B 三种型号。国家标准还规定，V 带的节线长度（即横截面形心连线的长度）为基准长度，以 $L_d$ 表示。普通 V 带的基准长度（Z、A、B 系列）如表 2-1 所示。在进行 V 带传动计算和选用时，可先按下列公式计算基准长度 $L_d$ 的近似值 $L_d'$：

图 2-3　V 带的结构
1—包布层　2—伸张层　3—强力层
4—压缩层

$$L_d' = 2a + \frac{\pi}{2}(D_1 + D_2) + \frac{(D_1 - D_2)}{4a} \quad (2-3)$$

式中　$a$——主、从两带轮的中心距；

$D_1$、$D_2$——主、从两带轮的基准直径（与基准长度 $L_d$ 相对应的带轮直径）。

计算出的 $L_d'$ 值需按表 2-1 取相近值进行圆整，最后便可确定 $L_d$ 的标准值。

表 2-1　普通 V 带的基准长度（Z、A、B 系列）（GB/T 11544—2012）（单位：mm）

| Z 系列 | 406 | 475 | 530 | 625 | 700 | 780 | 920 | 1080 | 1330 | 1420 | 1540 | | |
|---|---|---|---|---|---|---|---|---|---|---|---|---|---|
| A 系列 | 630 | 700 | 790 | 890 | 990 | 1100 | 1250 | 1430 | 1550 | 1640 | 1750 | 1940 | 2050 |
| | 2200 | 2300 | 2480 | 2700 | | | | | | | | | |
| B 系列 | 930 | 1000 | 1100 | 1210 | 1370 | 1560 | 1760 | 1950 | 2180 | 2300 | 2500 | 2700 | 2870 |
| | 3200 | 3600 | 4060 | 4430 | 4820 | 5370 | 6070 | | | | | | |

V 带的型号由带型和基准长度两部分组成，例如标记为 Z1420，即表示基准长度 $L_d$ 为 1420mm 的 Z 型 V 带。

**2. 带轮的结构**

带轮由轮缘、轮辐和轮毂三部分组成（见图 2-4）。带轮的轮辐部分有实心、辐板（或孔板）和椭圆轮辐三种形式，图 2-4 所示的带轮为孔板式轮辐。

图 2-4　V 带传动的带轮
1—轮缘　2—轮辐　3—轮毂

**四、带传动的张紧装置**

在带传动中，带由于长期受拉力作用，易产生永久变形，使长度增加，造成松弛，甚至不能工作，因此必须采取一些措施，以保持带在张紧状态下工作。V 带传动常用的张紧装置有以下两种结构：

（1）调距张紧　当带传动用于首级传动时多采用此种张紧方法。如图 2-5 所示，将装有带轮的电动机 1 固定在滑道 2 上，拧动调整螺钉 3 可使电动机移动，由于中心距调整增大，带即被张紧。在中、小功率的带传动中，可采用图 2-6 所示的自动张紧装置，即将装有带轮的电动机 1 固定在浮动的摆架 2 上，利用电动机和摆架的重量自动调距张紧。

（2）张紧轮张紧　当中心距由于结构上的限制不能改变时，可采用图 2-7 所示的张紧轮张紧装置。一般应将张紧轮装在松边带的内侧，使带只受单向弯曲，并尽可能靠近大带轮，以免小带轮的包角减小太多。

图 2-5　调距张紧装置

1—电动机　2—滑道　3—调整螺钉

图 2-6　自动张紧装置

1—电动机　2—摆架

张紧轮

图 2-7　张紧轮张紧装置

# 第二节　链　传　动

## 一、链传动及其速比

链传动是由两个具有特殊齿形的链轮和一条挠性的闭合链条组成的（见图 2-8）。它依靠链和链轮轮齿的啮合而传动。

设某链传动，主动链轮齿数为 $z_1$，从动链轮齿数为 $z_2$。主动链轮每转过一个齿，链条就移动一个链节，而从动链轮也就被链带动转过一个齿。当主动链轮转过 $n_1$ 周，即转过 $n_1 z_1$ 个齿时，从动链轮就转过 $n_2$ 周，即转过 $n_2 z_2$ 个齿。显然，主动轮与从动轮所转过的齿数相等，即

图 2-8　链传动

$$n_1 z_1 = n_2 z_2$$

故有

$$i = \frac{n_1}{n_2} = \frac{z_2}{z_1} \tag{2-4}$$

式（2-4）表明：链传动中的两轮转速和链轮齿数成反比。

## 二、链传动的特点和应用

链传动的主要特点是：

1）能保证准确的平均速比。

2）可以在两轴中心相距较远的情况下传递运动和动力。

3）铰链易磨损，使链条的节距变大，会造成脱链现象。

链传动主要用于要求传动速比准确且两轴相距较远的场合，目前广泛地应用于农业机械、轻工机械、交通运输机械、机床和国防工业等部门。

# 第三节　齿 轮 传 动

## 一、概述

齿轮传动是一种啮合传动，如图 2-9 所示。当一对齿轮相互啮合而工作时，主动轮 $O_1$ 的轮齿（1、2、3、…）通过力 $F$ 的作用逐个地推压从动轮 $O_2$ 的轮齿（1′、2′、3′、…），使从动轮转动，因而将主动轴的动力和运动传递给从动轴。

**1. 齿轮传动的速比**

对于图 2-9 中的一对齿轮传动，设主动齿轮的转速为 $n_1$，齿数为 $z_1$；从动齿轮的转速为 $n_2$，齿数为 $z_2$。主动齿轮每分钟转过的齿数为 $z_1 n_1$，从动齿轮每分钟转过的齿数为 $z_2 n_2$。因为在二齿轮啮合传动过程中，主动轮转过一个齿，从动轮相应地也转过一个齿，所以在每分钟内两轮转过的齿数应该相等，即

$$z_1 n_1 = z_2 n_2$$

由此可得一对齿轮传动的速比为

$$i = \frac{n_1}{n_2} = \frac{z_2}{z_1} \tag{2-5}$$

上式表明：在一对齿轮传动中，两轮的转速与它们的齿数成反比。

图 2-9　齿轮传动

一对齿轮传动的速比不宜过大，否则会使结构过于庞大，不利于制造和安装。通常，一对圆柱齿轮传动的速比 $i \leqslant 5$，一对锥齿轮传动的速比 $i \leqslant 3$。

由图 2-9 可见，一对齿轮传动时，通过两轮中心连线上的节点 $P$ 的二切圆在作无滑动的

相互对滚运动，此二圆称为节圆。设二节圆直径为 $d_1$ 和 $d_2$，由于两轮在 $P$ 点的圆周速度相同，皆为

$$v_p = \pi d_1 n_1 = \pi d_2 n_2$$

故有

$$i = \frac{n_1}{n_2} = \frac{d_2}{d_1} \qquad (2-6)$$

式（2-6）表明，在一对齿轮传动中，两轮的转速与节圆直径成反比。

**2. 齿轮传动的优缺点及应用**

齿轮传动的主要优点是：①传动速比恒定不变；②传递功率范围较大；③传动效率高（一般效率为 $0.95 \sim 0.98$，最高可达 $0.99$）；④工作可靠，寿命较长；⑤结构紧凑，外廓尺寸小。

齿轮传动的主要缺点是：①制造和安装精度要求较高，而精度较低的齿轮在高速运转时会产生较大的振动和噪声；②轴间距离较大时，传动装置较庞大。

齿轮传动广泛用于各种机械中。通常既用于传递动力，又用于传递运动，在仪表中则主要用来传递运动。大部分齿轮传动用于传递回转运动，齿轮齿条传动则可将回转运动变换成直线运动，或者将直线运动变换成回转运动。

**3. 齿轮传动的类型**

按照两轴相对位置的不同，齿轮传动可分为三大类：两轴平行的齿轮传动、两轴相交的齿轮传动以及两轴相错的齿轮传动。常用齿轮传动的分类及其特点见表2-2。

表2-2 常用齿轮传动的分类及其特点

| 啮合类别 | | 图 例 | 说 明 |
|---|---|---|---|
| 两轴平行 | 外啮合直齿圆柱齿轮传动 | | 1. 轮齿与齿轮轴线平行<br>2. 传动时，两轴回转方向相反<br>3. 制造最简单<br>4. 速度较高时容易引起动载荷与噪声<br>5. 对标准直齿圆柱齿轮传动，一般采用的圆周速度常在 $2 \sim 3\text{m/s}$ |
| | 外啮合斜齿圆柱齿轮传动 | | 1. 轮齿与齿轮轴线倾斜成某一角度<br>2. 相啮合的两齿轮其轮齿倾斜方向相反，倾斜角大小相同<br>3. 传动平稳，噪声小<br>4. 工作中会产生轴向力，轮齿倾斜角越大，轴向力越大<br>5. 适用于圆周速度较高的场合（$v > 2 \sim 3\text{m/s}$） |

（续）

| 啮合类别 | | 图　例 | 说　明 |
|---|---|---|---|
| 两轴平行 | 人字齿轮传动 | | 1. 轮齿左右倾斜方向相反，呈"人"字形，因此可以消除斜齿轮因轮齿单向倾斜而产生的轴向力<br>2. 制造成本较高 |
| | 内啮合圆柱齿轮传动 | | 1. 它是外啮合齿轮传动的演变形式。大轮的齿分布在圆柱体内表面，成为内齿轮<br>2. 大小轮的回转方向相同<br>3. 齿轮可制成直齿，也可制成斜齿。当制成斜齿时，两轮轮齿倾斜方向相同，倾斜角大小相等 |
| 两轴平行 | 齿条传动 | | 1. 这种传动相当于大齿轮直径为无穷大的外啮合圆柱齿轮传动<br>2. 齿轮作回转运动，齿条作直线运动<br>3. 齿轮一般是直齿，也有制成斜齿的 |
| 两轴相交 | 直齿锥齿轮传动 | | 1. 轮齿排列在圆锥体表面上，其方向与圆锥的母线一致<br>2. 一般用在两轴线相交成90°、圆周速度小于2m/s的场合 |
| | 曲线齿锥齿轮传动 | | 1. 一对曲线齿锥齿轮同时啮合的齿数比直齿圆锥齿轮多。啮合过程不易产生冲击，传动较平稳，承载能力较高。在高速和大功率的传动中广泛应用<br>2. 设计加工比较困难，需要专用机床加工，轴向推力比较大 |

32

（续）

| 啮合类别 | | 图　例 | 说　明 |
|---|---|---|---|
| 两轴交错 | 交错轴斜齿轮传动 | | 1. 相应地改变两个斜齿轮的轮齿倾斜角，即可组成轴间夹角为任意值（0°～90°）的交错轴斜齿轮传动<br>2. 交错轴斜齿轮传动承载能力较小，且磨损较严重 |

按照防护方式的不同，齿轮传动又可分为开式传动和闭式传动。开式传动没有防护的箱体，齿轮将受到灰尘及有害物质的侵袭，而且润滑条件差，容易加剧齿面磨损，所以只能用在速度不高及不太重要的地方，闭式传动则将齿轮封闭在刚性的箱体中，能保证良好的润滑条件。因此，对速度较高或较重要的齿轮传动，一般都采用闭式传动。与开式传动相比较，闭式传动结构较复杂，制造成本较高。

## 二、渐开线齿廓曲线

对齿轮传动最基本的要求是它的角速比$\left(\text{即两轮角速度的比值}\dfrac{\omega_1}{\omega_2}\right)$必须恒定不变。否则，当主动轮以等角速度回转时，从动轮角速度是变化的，因而产生惯性力，引起冲击和振动，甚至导致轮齿的损坏。实际上，大多数的机器都要求其齿轮传动能保证角速比恒定不变这一条件。当然，就转过整个的周数而言，不论轮齿的齿廓形状如何，齿轮传动的转速比都是不变的，即与它们的齿数成反比。但若欲使其每一瞬间的速比$\left(\text{如角速比}\dfrac{\omega_1}{\omega_2}\right)$都保持恒定不变，则必须选用适当的齿廓曲线。在理论上，可以设计出多种这样的齿廓曲线，但是目前生产中已经采用的还只有渐开线、摆线和圆弧曲线的齿廓。

渐开线齿轮不仅能满足传动平稳的基本要求，而且具有易于制造的优点，故常用齿轮多为渐开线齿轮。下面就来讨论渐开线的形成原理和特点。

### 1. 渐开线的形成

这里讲的渐开线，实际上是圆的渐开线的简称。如图 2-10 所示，当一直线 AB 沿半径为 $r_b$ 的圆作纯滚动时，此直线上任意一点 K 的轨迹 CD 称为该圆的渐开线。该圆称为渐开线的基圆，$r_b$ 为基圆半径，而 AB 称为渐开线的发生线。

### 2. 渐开线的性质

从渐开线的形成可以看出，它有以下主要性质：

1）发生线在基圆上滚过的线段长度$\overline{NK}$等于基圆上被滚过的一段弧长$\overset{\frown}{NC}$，即

$$\overline{NK} = \overset{\frown}{NC}$$

2）渐开线上任意一点 K 的法线必切于基圆。设切点为 N，则线段 NK 就是渐开线在 K

点处的曲率半径。由此可见，渐开线上各点的曲率半径是变化的，离基圆越远，其曲率半径就越大，渐开线就越趋平直。

3）渐开线的形状决定于基圆的大小。同一基圆上的渐开线形状完全相同。由图2-11可见：基圆越小，渐开线越弯曲；基圆越大，渐开线越平直；当基圆半径趋于无穷大时，渐开线就成为一条直线（此时，齿轮就变成了齿条）。

图2-10　渐开线的形成

图2-11　基圆对渐开线形状的影响

4）基圆内无渐开线。

**3. 渐开线齿廓的压力角**

如图2-12所示，渐开线齿廓上任意一点 $K$ 的正压力 $F$ 的方向与渐开线绕基圆圆心 $O$ 转动时该点速度 $v_K$ 的方向之间所夹的锐角，称为齿廓在 $K$ 点的压力角，以 $\alpha_K$ 表示。

由图2-12可知

$$\angle NOK = \alpha_K$$

$$\cos\alpha_K = \frac{ON}{OK} = \frac{r_b}{r_K} \qquad (2\text{-}7)$$

或

$$\alpha_K = \arccos\frac{r_b}{r_K}$$

由式（2-7）可知，对同一基圆的渐开线，基圆半径 $r_b$ 是常数，渐开线上某一点 $K$ 的压力角 $\alpha_K$ 的大小是随该点至圆心距离 $r_K$ 而变的。显

图2-12　渐开线齿廓的压力角

然，离基圆越远，$r_K$ 越大，压力角越大；反之，离基圆越近，$r_K$ 越小，压力角越小；在渐开线起始点（基圆上）的压力角为零。

因为压力角较小时，有利于推动齿轮转动。因此，通常采用基圆附近的一段渐开线作为齿廓曲线。

## 三、直齿圆柱齿轮传动

**1. 渐开线直齿圆柱齿轮各部分的名称及几何关系**

图2-13为直齿圆柱齿轮的一部分。轮齿的顶面和齿槽的底面是同轴线的圆柱面，轮齿

的两端面是垂直于齿轮轴线的平面，轮齿的齿廓表面是渐开线曲面，齿廓表面与齿槽底面之间是由过渡圆弧面连接的。

渐开线直齿圆柱齿轮各部分的名称及几何关系如下：

（1）齿顶圆　限制齿廓顶部的圆称为齿顶圆。齿顶圆直径以 $d_a$ 表示。

（2）齿根圆　限制齿廓根部的圆称为齿根圆。齿根圆直径以 $d_f$ 表示。

（3）齿厚与齿槽宽　在任意直径 $d_x$ 的圆周上（图 2-13 中未注），一个齿的两侧齿廓间的弧长称为该圆上的齿厚，以 $s_x$ 表示；而齿槽的弧长则称为该圆上的齿槽宽，以 $e_x$ 表示。显然，由齿顶到齿根，齿厚 $s_x$ 由小变大，齿槽宽 $e_x$ 则由大变小。

（4）齿距　在任意直径 $d_x$ 的圆周上，相邻两齿的对应点之间的弧长称为该圆的齿距，以 $p_x$ 表示。显然存在如下关系：

$$p_x = s_x + e_x = \frac{\pi d_x}{z} \qquad (2\text{-}8)$$

由齿顶到齿根，齿距 $p_x$ 由大变小，即 $p_a > p_f$。

图 2-13　直齿圆柱齿轮各部分的名称和尺寸

（5）分度圆　分度圆是齿轮上一个特定的圆，其直径以 $d$ 表示。分度圆是一个理论圆，作为齿轮计算和加工的基准，无法直接测量。分度圆上的齿距，通常称为齿轮的齿距，以 $p$ 表示。由式（2-8）可见，分度圆直径 $d$ 与分度圆齿距 $p$ 之间有如下关系：

$$d = \frac{p}{\pi} z \qquad (2\text{-}9)$$

标准齿轮分度圆上的齿厚与齿槽宽是相等的。若以 $s$ 和 $e$ 分别表示分度圆上的齿厚和齿槽宽，则在标准齿轮中，有

$$s = e = \frac{p}{2} \qquad (2\text{-}10)$$

（6）模数　由式（2-9）可见，对于一个齿数为 $z$ 的齿轮，只要其齿距 $p$ 一定，就可以求出其分度圆的直径 $d$。但是式中的 $\pi$ 是个无理数，计算和测量都很不方便，故通常将比值 $\frac{p}{\pi}$ 规定为整数或较完整的有理数，称为模数，以 $m$ 表示，即

$$m = \frac{p}{\pi} \qquad (2\text{-}11)$$

图 2-14　不同模数的轮齿

于是得

$$d = mz \tag{2-12}$$

模数是齿轮尺寸计算中的一个重要的基本参数，其单位为 mm。齿数相同的齿轮，模数愈大，轮齿也愈大，齿轮承受载荷的能力也愈大。从图 2-14 所示的不同模数的齿形图上可以清楚地看到这一点。

由式（2-12）可知，齿轮模数的大小不仅仅反映轮齿的大小，而且是影响分度圆大小的一个因素，当齿轮齿数相等时，模数较大者不仅轮齿较大，分度圆也较大（见图 2-14）。我国制定的齿轮模数标准系列见表 2-3。

表 2-3　齿轮模数标准系列　　　　　　　　　　　　　　　　　　　（单位：mm）

| | | | | |
|---|---|---|---|---|
| 0.1 | 1.25 | 4 | 12 | 33 |
| 0.15 | 1.50 | 4.5 | (13) | 36 |
| 0.2 | 1.75 | 5 | 14 | 40 |
| 0.25 | 2.0 | (5.5) | 15 | 45 |
| 0.3 | 2.25 | 6 | 16 | 50 |
| 0.4 | 2.5 | (6.5) | 18 | |
| 0.5 | (2.75) | 7 | 20 | |
| 0.6 | 3.0 | 8 | 22 | |
| 0.7 | (3.25) | 9 | 25 | |
| 0.8 | 3.5 | 10 | 28 | |
| 1.0 | (3.75) | 11 | 30 | |

注：1. 选用时，括号内的模数尽可能不用。

2. 本标准适用于圆柱齿轮、锥齿轮及圆柱蜗杆传动。

3. 对于斜齿圆柱齿轮及人字齿轮，通常取此表值为法向模数。

4. 对于锥齿轮，模数按大端分度圆直径计算。

（7）压力角　压力角是齿轮的又一重要参数。通常说的压力角，指的是分度圆上的压力角，以 $\alpha$ 表示。

分度圆上的压力角规定为标准值。我国规定标准压力角为 20°和 15°。分度圆压力角为 20°，这也表明，齿廓曲线是渐开线上压力角为 20°左右的一段，而不是任意的渐开线线段。

至此，可得确切而完整的分度圆概念：齿轮上压力角和模数均为标准值的圆，称为分度圆。这一概念对标准齿轮和非标准齿轮都适用。

对于一对标准齿轮，当它们正确安装啮合时，两轮分度圆与节圆是重合的。

（8）全齿高、齿顶高、齿根高和顶隙　在齿轮上（见图 2-13），齿顶圆与齿根圆之间的径向距离称为全齿高，以 $h$ 表示；齿顶圆与分度圆之间的径向距离称为齿顶高，以 $h_a$ 表示；齿根圆与分度圆之间的径向距离称为齿根高，以 $h_f$ 表示。显然

$$h = h_a + h_f \tag{2-13}$$

如果用模数表示，则齿顶高和齿根高可分别写为

$$h_a = h_a^* m \tag{2-14}$$

$$h_f = h_a + c = (h_a^* + c^*)m \tag{2-15}$$

式中　$h_a^*$——齿顶高系数；

$c^*$——顶隙系数。

$h_a^*$ 和 $c^*$ 已经标准化了，对于正常齿，$h_a^* = 1$，$c^* = 0.25$；对于短齿，$h_a^* = 0.8$，

$c^* = 0.3$。

在式（2-15）中，齿顶高与齿根高的差值 $c$ 称为顶隙，其值为

$$c = c^* m$$

当一对齿轮啮合（见图 2-15）时，由于顶隙 $c$ 的存在，一个齿轮的齿顶就不会与另一个齿轮的齿槽底部相抵触，并且顶隙还可以储存润滑油，有利于齿面的润滑。

（9）齿宽　轮齿两端面之间的距离称为齿宽，以 $b$ 表示。

表 2-4 列出了标准渐开线直齿圆柱齿轮几何尺寸的计算公式。这里所说的标准齿轮是指 $m$、$a$、$h_a^*$ 和 $c^*$ 都为标准值，且 $e = s$ 的齿轮。

图 2-15　一对标准齿轮的啮合

表 2-4　标准直齿圆柱齿轮几何尺寸的计算公式（$h_a^* = 1, c^* = 0.25, \alpha = 20°$）

| 名　称 | 代　号 | 计　算　公　式 |
|---|---|---|
| 模数 | $m$ | 根据强度和结构要求确定，取标准值 |
| 齿距 | $p$ | $p = \pi m$ |
| 齿厚 | $s$ | $s = \dfrac{p}{2} = \dfrac{\pi m}{2}$ |
| 齿槽宽 | $e$ | $e = \dfrac{p}{2} = \dfrac{\pi m}{2}$ |
| 分度圆直径 | $d$ | $d = mz$ |
| 齿顶高 | $h_a$ | $h_a = h_a^* m = m$ |
| 齿根高 | $h_f$ | $h_f = (h_a^* + c^*)m = 1.25m$ |
| 全齿高 | $h$ | $h = h_a + h_f = (2h_a^* + c^*)m = 2.25m$ |
| 齿顶圆直径 | $d_a$ | $d_a = d + 2h_a = m(z + 2)$ |
| 齿根圆直径 | $d_f$ | $d_f = d - 2h_f = m(z - 2.5)$ |
| 齿宽 | $b$ | 由强度和结构要求确定，一般变速箱换档齿轮：$b = (6 \sim 8)m$，减速器齿轮：$b = (10 \sim 12)m$ |
| 中心距 | $a$ | $a = \dfrac{d_1 + d_2}{2} = \dfrac{m}{2}(z_1 + z_2) = \dfrac{mz_1}{2}(1 + i)$ |

**2. 标准直齿圆柱齿轮的啮合传动**

一对标准直齿圆柱齿轮当其分度圆相切而啮合时，构成标准直齿圆柱齿轮传动（见图 2-15）。为了能正确啮合和连续传动，必须满足以下几个条件：

（1）正确啮合的条件　两齿轮的模数、压力角必须相等。即

$$m_1 = m_2 = m$$

$$\alpha_1 = \alpha_2 = \alpha$$

如不符合此条件，相啮合齿轮的轮齿将相互卡住而无法转动。

（2）连续传动的条件　当齿轮啮合传动时，在一对轮齿即将脱离啮合时，后一对轮齿必须进入啮合。否则，传动就会出现中断现象，发生冲击，无法保持传动的连续平稳性。为

38

了保证传动连续平稳地进行，就要求一对齿轮在任何瞬时必须有一对或一对以上的轮齿处于啮合状态。对于标准齿轮，一般都能满足这一连续传动的条件。实际上，相啮合的齿数越多，传动的连续平稳性就越高。

（3）避免根切和干涉的条件　当用展成法（齿轮刀具与工件毛坯之间犹如一对齿轮传动那样实现对滚）加工齿数较少的齿轮时，轮齿齿根部分往往被刀具多切去一部分，如图2-16中间阴影线部分所示，这种现象称为根切。根切后的轮齿不仅强度降低，甚至不能满足连续传动的条件。有的加工方法（如仿形法铣齿）虽能避免加工时轮齿的根切，但在齿

图 2-16　齿廓的根切

轮啮合时，轮齿根部将与相啮合的顶部相抵触，以致两轮轮齿相互卡住，发生干涉。根切和干涉现象都必须避免。对标准直齿圆柱齿轮，避免根切和干涉的条件是：齿轮的齿数必须大于或等于17，即

$$z \geqslant 17$$

当机器中传动齿轮的齿数必须很少时，为避免根切和干涉，可采用变位齿轮。关于变位齿轮的详细论述，可参阅有关资料。

### 四、斜齿圆柱齿轮传动和锥齿轮传动的特点及应用

#### 1. 斜齿圆柱齿轮传动的特点及应用

假想将一个直齿圆柱齿轮沿轴线扭转一个角度，便得到斜齿圆柱齿轮（又称斜齿轮），其轮齿形状的变化如图2-17所示。

实际上，斜齿圆柱齿轮的轮齿是按螺旋线的形式分布在圆柱体上的，分度圆柱上的螺旋线和齿轮轴线方向的夹角称为斜齿圆柱齿轮的螺旋角。图2-18是一斜齿轮沿分度圆柱面的展开图，其中带剖面线部分表示齿厚，空白部分表示齿槽，角 $\beta$ 为齿轮的螺旋角。$\beta$ 角愈大，则轮齿倾斜愈厉害；当 $\beta = 0$ 时，该齿轮就是直齿圆柱齿轮。所以螺旋角 $\beta$ 是斜齿圆柱齿轮的一个重要参数。

图 2-17　斜齿与直齿的比较
a）直齿　b）斜齿

图 2-18　斜齿轮沿分度圆柱面展开

直齿圆柱齿轮在啮合传动过程中，每一瞬时，轮齿齿面上的接触线都是平行于轴线的直线（见图2-19a）。因此，在啮合开始或终了时，一对啮合的轮齿是沿着整个齿宽突然开始啮合或突然脱离啮合的，故传动的平稳性差。

斜齿圆柱齿轮在啮合传动过程中，轮齿的接触线都是与轴线不平行的斜线（见图2-

图 2-19 齿轮接触线

a）直齿轮 b）斜齿轮

19b），在不同位置的接触线又长短不一。从啮合开始时起，接触线长度由零逐渐增大，到某一位置后又逐渐减小，直至脱离啮合。因此，轮齿受力的突增或突减情况有所减轻，传动较为平稳。

由图 2-19 还可看出，斜齿圆柱齿轮每一个齿参加啮合的周期比较长（当齿轮模数、齿数、齿宽和转速都相同时），因此，在斜齿圆柱齿轮传动中，同时啮合的齿的对数就比较多，从而使传动更为平稳，承载能力也大为提高。

总之，斜齿圆柱齿轮传动的平稳性和承载能力都高于直齿圆柱齿轮传动，所以它适用于高速和重载的传动场合。但斜齿圆柱齿轮承受载荷时会产生附加的轴向分力，而且螺旋角愈大，轴向分力也愈大，这是不利的方面。改用人字齿轮（见表 2-2）可以消除附加轴向力。

**2. 锥齿轮传动的特点及应用**

一对锥齿轮用于两相交轴之间的传动（见图 2-20）。在锥齿轮传动中，两轴的交角可以是任意的，但通常是 90°。锥齿轮有直齿和曲线齿两种形状的轮齿，直齿锥齿轮制造较为方便，应用较广。

锥齿轮的轮齿是均匀分布在圆锥体上的，且轮齿向锥顶方向逐渐缩小，如图 2-20 所示。

图 2-20 锥齿轮

锥齿轮的加工和安装比较困难，而锥齿轮传动中有一个齿轮必须悬臂安装，这不仅使支承结构复杂化，而且会降低齿轮啮合传动精度和承载能力。因此，锥齿轮传动一般用于轻载、低速的场合。

# 第四节 蜗杆传动

## 一、蜗杆传动原理及其速比计算

蜗杆传动主要由蜗杆 1 和蜗轮 2 组成（见图 2-21a），它们的轴线通常在空间交错成 90°角。

常用的普通蜗杆是一个具有梯形螺纹的螺杆，其螺纹有左旋，右旋和单头、多头之分。

图 2-21　蜗杆传动

a）组成　b）蜗轮转向的确定

蜗轮是一个在齿宽方向具有弧形轮缘的斜齿轮。

蜗杆传动一般以蜗杆 1 为主动件，蜗轮 2 为从动件。设蜗杆头数为 $z_1$，蜗轮齿数为 $z_2$，当蜗杆转动一圈时，蜗轮转过 $z_1$ 个齿，即转过 $z_1/z_2$ 圈。当蜗杆转速为 $n_1$ 时，蜗轮的转速应为 $n_2 = n_1 z_1/z_2$。所以蜗杆传动的速比应为

$$i = \frac{n_1}{n_2} = \frac{z_2}{z_1} \tag{2-16}$$

蜗杆传动中，蜗轮的转向可用下述方法来确定：把蜗杆传动看成一螺旋机构，此时，蜗杆相当于螺杆，螺旋机构中螺母移动的方向就是蜗轮在啮合点的圆周速度的方向，据此即可判定蜗轮的转动方向（见图 2-21b）。

## 二、蜗杆传动的特点

蜗杆传动有如下主要特点：

（1）速比大　由式（2-5）与式（2-16）可见，蜗杆传动的速比计算公式在形式上与齿轮传动相同。但齿轮传动中的主动齿轮齿数受最小齿数的限制，而蜗杆传动中的蜗杆头数可小到等于 1（一般 $z_1 = 1 \sim 4$）。因此，单级蜗杆传动所得到的速比要比一对齿轮传动大得多，但它的结构却很紧凑。

（2）传动平稳　由于蜗杆的齿沿连续的螺旋线分布，它与蜗轮齿的啮合是连续的，故传动甚为平稳，并可得到精确的微小的传动位移。

（3）有自锁作用　由于蜗杆的螺纹升角较小，只有蜗杆能驱动蜗轮，蜗轮却不能驱动蜗杆，所以它有自锁作用。在图 2-22 所示的简易起重设备中，应用了蜗杆传动的自锁特性。当加力于蜗杆使之转动时，重物就被提升；当蜗杆上停止加力时，重物不因自重而下落。

图 2-22　蜗杆传动的自锁作用

1—蜗杆　2—蜗轮

3—卷筒　4—重物

（4）效率低　蜗杆传动工作时，因蜗杆与蜗轮的齿面之间存在着剧烈的滑动摩擦，所以发热严重，效率较低（一般效率 $\eta = 0.7 \sim 0.9$）。由于蜗杆传动存在这一缺点，故其传动的功率不宜太大。

## 复　习　题

2-1　什么叫速比？带传动的速比如何计算？

2-2　说明带传动的工作原理和特点。

2-3　与平带传动相比较，V 带传动为何能得到更为广泛的应用？

2-4　某 V 带传动使用 B 型胶带。已知两轮间的最大中心距 $a = 500\text{mm}$，小轮为主动轮，其基准直径 $D_1 = 180\text{mm}$，大轮基准直径 $D_2 = 500\text{mm}$。试计算速比、确定带长，并写出带的选型标记。

2-5　带传动为什么要设张紧装置？V 带传动常采用何种形式的张紧装置？

2-6　链传动的主要特点是什么？链传动适用于什么场合？

2-7　齿轮传动的速比如何计算？

2-8　与带传动相比较，齿轮传动有哪些优缺点？

2-9　齿轮的齿廓曲线为什么必须具有适当的形状？渐开线齿轮有什么优点？渐开线是怎样形成的？渐开线有哪些主要性质？

2-10　齿轮的齿距和模数表示什么意思？模数的大小对齿轮和轮齿各有什么影响？

2-11　什么是齿轮传动的节圆？什么是齿轮的分度圆？对于一对齿轮的啮合传动，它们的分度圆和节圆是否重合？

2-12　一对标准直齿圆柱齿轮的正确啮合条件是什么？

2-13　某标准直齿圆柱齿轮的齿数 $z = 30$，模数 $m = 3\text{mm}$。试按表 2-4 确定该齿轮各部分的几何尺寸。

2-14　已知一标准直齿圆柱齿轮传动的中心距 $a = 250\text{mm}$，模数 $m = 5\text{mm}$，主动轮齿数 $z_1 = 20$，转速 $n_1 = 1450\text{r/min}$。试求从动轮的齿数、转速及传动速比。

2-15　已知一标准直齿圆柱齿轮传动，其速比 $i = 3.5$，模数 $m = 4\text{mm}$，两轮齿数之和 $z_1 + z_2 = 99$。试求两轮分度圆直径和传动中心距。

2-16　已知一标准直齿圆柱齿轮的齿顶圆直径 $d_a = 120\text{mm}$，齿数 $z = 22$，试求其模数。

2-17　与直齿圆柱齿轮相比较，斜齿轮的主要优缺点是什么？

2-18　锥齿轮传动一般适用于什么场合？

2-19　在图 2-22 中，已知蜗杆为右旋蜗杆，当重物上升时，蜗杆和蜗轮的转动方向各是怎样的（用箭头标出）？

2-20　已知一蜗杆传动的蜗杆为双头蜗杆，蜗轮齿数 $z_2 = 80$。若要求蜗轮转速 $n_2 = 30\text{r/min}$，则该蜗杆传动的速比是多少？蜗杆的转速又应为多少？

2-21　在图 2-22 所示的蜗杆传动中，蜗杆为单头蜗杆，转速 $n_1 = 720\text{r/min}$，蜗轮齿数 $z_2 = 60$，卷筒的直径 $D = 200\text{mm}$。求重物被提升的速度 $v$。

# 第三章

# 轮　系

前一章研究的齿轮传动装置，仅由一对齿轮所组成，是齿轮传动的最简单形式。但在实际生产中的各种机器，例如金属切削机床的传动系统中，很少是仅用一对齿轮来传动的。通常在主动轴和从动轴之间采用一系列相互啮合的齿轮（包括蜗杆蜗轮）系统来传递运动和动力。这种由一系列齿轮所组成的齿轮传动系统称为轮系。

## 第一节　轮系的功用和分类

### 一、轮系的功用

轮系的主要功用如下：

（1）获得大的传动速比　因为一对齿轮的速比不宜过大，但采用轮系可以获得很大的速比。

（2）作较远距离的传动　如两轴中心距较大时，用一对齿轮传动，势必将齿轮做得很大，不仅浪费材料，而且传动机构庞大。若用一系列齿轮啮合传动，就可避免上述缺点。

（3）得到多种传动速比　如车床变速箱里的滑移齿轮变速系统。

（4）改变从动轴的转向　如车床上的三星齿轮换向机构。

（5）转动的合成和分解　将两个独立的转动合成为一个转动，或将一个转动分解成为两个独立的转动。

### 二、轮系的分类

轮系的结构形式是多种多样的。按照轮系中各齿轮轴线在空间的相对位置是否固定，轮系可分为两大类：

（1）定轴轮系　在传动时，若轮系中各齿轮的几何轴线均是固定的，则这种轮系称为定轴轮系（或普通轮系）。

（2）周转轮系　在传动时，若轮系中至少有一个齿轮的几何轴线绕另一个定轴齿轮的轴线回转，则这种轮系称为周转轮系。

## 第二节　定轴轮系速比的计算

所谓轮系的速比，是指该轮系的主动轮（首轮）与从动轮（末轮）的转速之比。轮系速比的计算，一般来说，除了要计算速比的大小以外，还要确定从动轮的转动方向。

最简单的定轴轮系是由一对齿轮所组成的。其传动速比为

$$i_{12} = \frac{n_1}{n_2} = \pm \frac{z_2}{z_1}$$

式中　$n_1$、$n_2$——分别表示主动轮（或主动轴）和从动轮（或从动轴）的转速；

　　　　$z_1$、$z_2$——分别表示主动轮和从动轮的齿数。

当传动是一对外啮合齿轮时，两轮转向相反，上式取"－"号，当传动是一对内啮合齿轮时，两轮转向相同，上式取"＋"号。

现在来研究图 3-1 所示轮系（按附录 A 规定的简化图形符号画出）速比的计算。

若图中各齿轮的齿数为已知，则可求得各对齿轮的速比

$$i_{12} = \frac{n_1}{n_2} = -\frac{z_2}{z_1}$$

$$i_{2'3} = \frac{n_{2'}}{n_3} = -\frac{z_3}{z_{2'}}$$

$$i_{34} = \frac{n_3}{n_4} = -\frac{z_4}{z_3}$$

$$i_{4'5} = \frac{n_{4'}}{n_5} = \frac{z_5}{z_{4'}}$$

图 3-1　定轴轮系

若将上列各式中的等号各段连乘起来，则得

$$i_{12}i_{2'3}i_{34}i_{4'5} = \frac{n_1}{n_2} \times \frac{n_{2'}}{n_3} \times \frac{n_3}{n_4} \times \frac{n_{4'}}{n_5} = \left(-\frac{z_2}{z_1}\right)\left(-\frac{z_3}{z_{2'}}\right)\left(-\frac{z_4}{z_3}\right)\left(\frac{z_5}{z_{4'}}\right)$$

因为　　　　　　　　　　　　　$n_2 = n_{2'}$，　$n_4 = n_{4'}$

故　　　　　　$i_{15} = i_{12}i_{2'3}i_{34}i_{4'5} = \frac{n_1}{n_5} = (-1)^3 \frac{z_2 z_3 z_4 z_5}{z_1 z_{2'} z_3 z_{4'}}$　　　　　　　　(3-1)

由上式可知，定轴轮系速比的大小等于组成该轮系的各对啮合齿轮速比的连乘积。或者说，定轴轮系速比的大小等于该轮系中所有从动轮齿数连乘积与所有主动轮齿数连乘积的比值。写成普遍公式则为

$$i = \frac{n_{主}}{n_{从}} = (-1)^n \frac{各从动轮齿数的乘积}{各主动轮齿数的乘积}$$　　　　　　(3-2)

式中　$n$——定轴轮系中外啮合齿轮的对数。

因为在传动过程中每遇到一对外啮合，速比的符号将改变一次。若轮系中有 $n$ 对外啮合，则速比的符号将改变 $n$ 次，故以 $(-1)^n$ 来表示。

在图 3-1 所示的轮系中，轮 3 同时与轮 2′ 及轮 4 相啮合。对于轮 2′ 来说，轮 3 是从动轮；对于轮 4 来说，轮 3 又是主动轮。轮 3 的齿数 $z_3$ 同时在式（3-1）的分子和分母中出

现，因此它的齿数多少并不影响轮系速比的大小，而仅起传递运动和改变转向的作用。轮系中的这种齿轮称为惰轮或介轮。

对于有锥齿轮（或交错轴斜齿轮及蜗轮蜗杆）的定轴轮系，其传动速比的大小仍可用式（3-2）来计算，但其转向不能用（-1）$^n$来求得，一般采用画箭头的方法来确定。画箭头的方法是依据下述原理进行的：一对外啮合圆柱齿轮的转向总是相反的，表示它们转向的箭头方向也就相反（相背或相向）；一对内啮合圆柱齿轮的转向是相同的，表示它们转向的箭头方向也就一致。对于两相互啮合的锥齿轮，标志两轮转向的箭头不是同时指向它们的相互啮合处，就是同时背向啮合处。在图3-2所示的

图3-2　齿轮转向的表示方法

定轴轮系中，先用箭头标出主动轮1的转向，其余各轮的转向亦依次用箭头标出。从图中可以看出，该轮系的从动轮7和主动轮1的转向相反。

**例3-1**　如图3-3所示的轮系，已知$z_1 = 24$，$z_2 = 46$，$z_{2'} = 23$，$z_3 = 48$，$z_4 = 35$，$z_{4'} = 20$，$z_5 = 48$，$O_1$为主动轴。试计算轮系的速比。

**解**　由图3-3可见，该轮系为有锥齿轮的定轴轮系，故须分两步来计算轮系的速比。先依据式（3-2）计算速比的大小（不必加入正、负号），然后再用画箭头的方法确定从动轮的转向。

（1）计算速比的大小

$$i_{15} = \frac{n_1}{n_5} = \frac{z_2 z_3 z_4 z_5}{z_1 z_{2'} z_3 z_{4'}} = \frac{46 \times 48 \times 35 \times 48}{24 \times 23 \times 48 \times 20} = 7$$

（2）用画箭头的方法确定从动轮的转向

图3-3　定轴轮系速比的计算

$O_1$轴为主动轴，转向如图中箭头所示，依据各相互啮合的齿轮种类，由$O_1$轴起，分别画出各轮的转向箭头，最后得到轮系从动轴的转向如图所示。

## 第三节　周转轮系速比的计算

如前所述，定轴轮系中各齿轮的运动，都是作简单的绕轴回转。而周转轮系至少有一个齿轮的轴线是不固定的，它绕着另一固定轴线回转，这个齿轮既作自转又作公转，故周转轮系各齿轮间的运动关系就和定轴轮系不同，速比的计算方法也就和定轴轮系不一样。为了计算周转轮系的速比，首先应弄清周转轮系的组成和运动特点。

### 1. 周转轮系的组成

在图 3-4 所示的周转轮系中，轮 1 和轮 3 都绕固定轴线 $O$-$O$ 回转，这种绕固定轴回转的齿轮称为太阳轮。构件 H 带着齿轮 2 的轴线绕太阳轮的轴线回转，这种具有运动几何轴线的齿轮称为行星轮，而构件 H 称为系杆或转臂。

在周转轮系中，太阳轮和系杆的回转轴线都是固定的，称它们为周转轮系的基本构件。应当注意，基本构件的轴线必须是共线的，否则整个轮系将不能运动。

周转轮系又有行星轮系与差动轮系之分：太阳轮都能转动的周转轮系称为差动轮系（见图 3-4a），有一个太阳轮固定不动的周转轮系称为行星轮系（见图 3-4b）。

a)                                          b)

图 3-4　周转轮系

a）差动轮系　b）行星轮系

1、3—太阳轮　2—行星轮　H—系杆

### 2. 周转轮系速比的计算

以图 3-5 所示的周转轮系为例。设太阳轮、行星轮和系杆的转速分别为 $n_1$、$n_3$、$n_2$ 和 $n_H$，转向均为逆时针方向。假定转动方向沿逆时针方向为正，顺时针方向为负。周转轮系中的

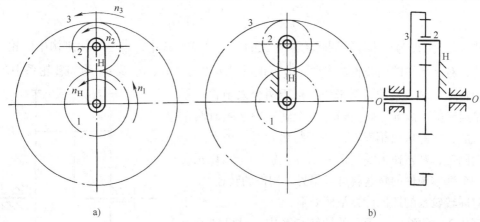

a)                                          b)

图 3-5　周转轮系的转化

a）周转轮系　b）转化机构

行星齿轮作复杂运动是由系杆的回转运动造成的。如果系杆的转速 $n_H = 0$，此时，轮系即为定轴轮系。根据相对运动原理：假想给整个周转轮系加一个顺时针方向的转速，即加一个 "$-n_H$"，则各构件之间的相对运动关系不变，而这时系杆就 "静止不动"（$n_H - n_H = 0$），于是周转轮系便转化成为定轴轮系（见图 3-5b）。这种经过一定条件的转化所得到的假想的定轴轮系，称为原周转轮系的转化机构。

当整个周转轮系附加上一个 "$-n_H$" 转速以后，各构件的转速变化如表 3-1 所示。

表 3-1 附加 "$-n_H$" 后各构件的转速变化

| 构件代号 | 原来转速 | 附加 "$-n_H$" 后的转速 | 构件代号 | 原来转速 | 附加 "$-n_H$" 后的转速 |
|---|---|---|---|---|---|
| 1 | $n_1$ | $n_1^H = n_1 - n_H$ | 3 | $n_3$ | $n_3^H = n_3 - n_H$ |
| 2 | $n_2$ | $n_2^H = n_2 - n_H$ | H | $n_H$ | $n_H^H = n_H - n_H = 0$ |

表中，$n_1^H$、$n_2^H$、$n_3^H$、$n_H^H$ 表示转化机构中各构件的转速。因为 $n_H^H = 0$，所以 $n_1^H$、$n_2^H$、$n_3^H$ 即为各构件相对于系杆 H 的转速。

由于转化机构是一个定轴轮系，所以可用定轴轮系速比的计算方法，求得转化机构的速比 $i_{13}^H$ 为

$$i_{13}^H = \frac{n_1^H}{n_3^H} = \frac{n_1 - n_H}{n_3 - n_H} = -\frac{z_2 z_3}{z_1 z_2} = -\frac{z_3}{z_1}$$

式中 "$-$" 号表示转化机构中齿轮 1 与齿轮 3 的转向相反，因为转化机构中外啮合齿轮的对数为奇数（$n = 1$）。

上列式子虽表示转化机构的传动速比，但式中包含了周转轮系各基本构件的转速和各齿轮齿数之间的关系。不难理解，在各齿轮齿数已知的条件下，只要给出 $n_1$、$n_3$ 和 $n_H$ 中的任意两个，则另一个即可根据上式求出。于是原周转轮系的速比 $i_{13}$（或 $i_{1H}$、$i_{3H}$）也就可随之求出。

根据上述原理，不难求得周转轮系速比的一般计算公式。设以 1 和 $k$ 代表周转轮系中的两个太阳轮，以 H 代表系杆，其中轮 1 为主动轮，则其转化机构的速比 $i_{1k}^H$ 为

$$i_{1k}^H = \frac{n_1 - n_H}{n_k - n_H} = (-1)^n \frac{z_2 \cdots z_k}{z_1 \cdots z_{k-1}} \tag{3-3}$$

式（3-3）即为用来计算周转轮系速比的基本公式。式中，$i_{1k}^H$ 是转化机构中的轮 1 和 $k$ 的速比，对于已知的周转轮系来说，$i_{1k}^H$ 总是可以求出的。$n_1$、$n_k$ 及 $n_H$ 为周转轮系中各基本构件的转速。对于差动轮系来说，由于两个太阳轮及系杆都是运动的，故 $n_1$、$n_k$ 和 $n_H$ 三个转速中必须有两个是已知的，才能求出第三个。对于行星轮系，由于一个太阳轮固定，其转速为零（即 $n_1$ 或 $n_k$ 为零），所以只要已知一个基本构件的转速就可求得另一构件的转速。

对周转轮系的速比计算举例如下：

**例 3-2** 在图 3-6 所示的周转轮系中，设已知 $z_1 = 99$，$z_2 = 100$，$z_2' = 101$，$z_3 = 100$，齿轮 1 固定不动。试求系杆 H 与齿轮 3 之间的传动速比 $i_{H3}$。

图 3-6 大速比行星轮系

**解** 据式（3-3）可得

$$i_{13}^{H} = \frac{n_1 - n_H}{n_3 - n_H} = (-1)^2 \frac{z_2 z_3}{z_1 z_2'} = \frac{100 \times 100}{99 \times 101} = \frac{10000}{9999}$$

而 $n_1 = 0$

故计算出

$$i_{H3} = \frac{n_H}{n_3} = 10000$$

这就是说，当系杆 H 转 10000r 时，齿轮 3 才转 1r。此例说明周转轮系的结构虽然很简单，但可获得很大的传动速比。

**例 3-3** 图 3-7 所示为滚齿机的差动轮系。已知四个锥齿轮有相同的齿数，即 $z_1 = z_2 = z_{2'} = z_3 = 30$，$n_1 = 100r/min$。若

1）$n_H = 0$；

2）$n_H = n_1 = 100r/min$；

3）$n_H = 50r/min$。

试分别求出这三种情况下的 $n_3$ 大小及其转向。

**解** 此机构为锥齿轮差动轮系。根据式（3-3）可得

图 3-7 滚齿机的差动轮系

$$i_{13}^{H} = \frac{n_1 - n_H}{n_3 - n_H} = -\frac{z_2 z_3}{z_1 z_2}$$

因为在转化机构中，主动轮与从动轮的转向相反，故上式右端应加"－"号。

以 $z_1 = z_2 = z_3 = 30$ 代入上式，即

$$\frac{n_1 - n_H}{n_3 - n_H} = -\frac{30 \times 30}{30 \times 30} = -1$$

得

$$n_3 = 2n_H - n_1 = 2n_H - 100r/min$$

1）当 $n_H = 0$ 时

$$n_3 = 2n_H - 100r/min = -100r/min （转向与 n_1 相反）$$

2）当 $n_H = n_1 = 100r/min$ 时

$$n_3 = 2n_H - 100r/min = 100r/min （转向与 n_1 相同）$$

3）当 $n_H = 50r/min$ 时

$$n_3 = 2n_H - 100r/min = 0$$

此例体现了差动轮系可将两个独立的转动合成为一个转动的特点。

**例 3-4** 图 3-8 所示为汽车后轴的差动轮系。设齿轮 4 的转速 $n_4$ 已知，齿轮 1、2、2'、3 的齿数相等，两车轮间的距离为 $2l$。求当汽车直线行驶和沿半径为 $r$ 的弯道上转弯时，后轴左、右两轮的转速。

**解** 由图可以看出，V 轴的动力经齿轮 5 传给齿轮 4，齿轮 4 空套在左轮的轴上，中间齿轮 2（齿轮 2'）空套在齿轮 4 侧面伸出的小轴上，齿轮 1、3 分别固定在左、右车轮的轴上，同时又和齿轮 2（齿轮 2'）相啮合。

图 3-8 汽车后轴的差动轮系

当汽车直线行驶时，左右车轮所走的距离相等，所以左右车轮的转速相同，即

$$n_1 = n_3 = n_4$$

这时齿轮 2 不绕自身的小轴回转，齿轮 1、2、3 如同一个整体，共同随齿轮 4 回转。当汽车转弯时，例如向左转弯，其右轮 III 所行的外圈距离大于左轮 I 所行的内圈距离。为使车轮和地面间不发生滑动以减少轮胎的磨损，就要求右后轴的转速比左后轴的转速高，此时，齿轮 1 与齿轮 3 之间发生相对运动，齿轮 2 除随齿轮 4 作公转外，还绕自身轴线回转。齿轮 1、2、3、4 组成了差动轮系：齿轮 4 是系杆，齿轮 2 是行星轮，齿轮 1、3 是太阳轮。根据公式（3-3）可得

$$i_{13}^4 = \frac{n_1 - n_4}{n_3 - n_4} = -\frac{z_3}{z_1}$$

因

$$z_1 = z_3$$

则

$$\frac{n_1 - n_4}{n_3 - n_4} = -1$$

故

$$n_4 = \frac{n_1 + n_3}{2} \tag{3-4}$$

此外，设汽车转弯所用时间为 $t$，后轮轴转过的角度为 $\varphi$（单位为 rad），则转弯时左后轮所走的路程为 $(r-l)\varphi$，右后轮所走的路程为 $(r+l)\varphi$，因轮子作纯滚动，所以有

$$(r-l)\varphi = t\pi d n_1$$
$$(r+l)\varphi = t\pi d n_3$$

比较上面两式，即得

$$\frac{n_1}{n_3} = \frac{r-l}{r+l} \tag{3-5}$$

将式（3-4）和式（3-5）联立，可得汽车左、右两后轴的转速为

$$n_1 = \frac{r-l}{r} n_4$$

$$n_3 = \frac{r+l}{r} n_4$$

这个例子说明差动轮系能将一个转动分解成为两个独立的转动。

## 复 习 题

3-1 什么叫轮系? 轮系有哪些功用?

3-2 如何区分普通轮系和周转轮系?

3-3 图 3-9 所示的时钟齿轮传动机构由 4 个齿轮组成。已知 $z_1 = 8$,$z_2 = 60$,$z_4 = 64$,其中 $z_1$ 固定在分针轴上,$z_4$ 固定在时针轴上,试求 $z_3$。

图 3-9 题 3-3 图

3-4 在图 3-10 所示的轮系中,已知 $z_1 = 20$,$z_2 = 40$,$z_{2'} = 20$,$z_3 = 30$,$z_{3'} = 20$,$z_4 = 40$,试求轮系的速比 $i_{14}$,并确定轴 $O_1$ 和轴 $O_4$ 的转向是相同还是相反?

图 3-10 题 3-4 图

3-5 在图 3-11 所示的轮系中,$z_1 = 16$,$z_2 = 32$,$z_3 = 20$,$z_4 = 40$,$z_5 = 2$(右旋蜗杆),$z_6 = 40$。若 $n_1 = 800\text{r/min}$,求蜗轮的转速 $n_4$ 并确定各轮的转向。

3-6 在图 3-4b 所示的行星轮系中,已知 $n_1 = 300\text{r/min}$,内齿轮 3 固定不动,$z_1 = 20$,$z_3 = 100$,试求系杆 H 的转速。

3-7 图 3-12 所示为组合机床滑台的周转轮系,已知 $z_1 = 20$,$z_2 = z_{2'} = 24$,$z_3 = z_{3'} = 20$,$z_4 = 24$,蜗轮转速 $n_H = 16.5\text{r/min}$。试求:(1)若 $z_1$ 齿轮固定不动,$z_4$ 齿轮的转速为多少?(2)若 $z_1$ 齿轮的转速 $n_1 = 940\text{r/min}$,当它与蜗轮同向转动或反向转动时,$z_4$ 齿轮的转速各为多少?

图 3-11　题 3-5 图　　　　　　　图 3-12　题 3-7 图

# 第四章

# 轴系零部件

在机器中，轴及与它直接关联的一系列零部件，如轴承、联轴器、离合器、制动器及键等，统称为轴系零部件。本章对前四种部件作简要介绍。

## 第一节　轴

### 一、轴的功用与分类

机器中作旋转运动的零件，如齿轮、带轮等，都安装在轴上，依靠轴和轴承的支承作用来传递运动和动力。图 4-1 表示轴在一减速装置中的应用，电动机通过带传动驱动减速器中的轴 2 旋转，轴 2 又通过一对齿轮带动轴 3 旋转，轴 3 端部装有联轴器，通过它带动工作机械运转。由图可见，除减速器内装有两根轴外，电动机和工作机械还分别装有轴 1 和轴 4。

按照轴的不同用途和受力情况，常用的轴可分为两类：

（1）转轴　这类轴用来支承旋转零件并传递转矩，如图 4-1 所示减速器中的轴。

（2）心轴　这类轴只起支承旋转零件的作用，如图 4-2 所示的滑轮心轴。

按照轴的结构形状，轴又可分为直轴和曲轴（见图 1-20 中的内燃机曲轴）、实心轴和空心轴、刚性轴和挠性轴（软轴）等。

图 4-1　减速装置

图 4-2　滑轮心轴

### 二、轴的结构

图 4-3 是一种常见的转轴部件结构图。轴的合理结构，除了根据受力情况设计适当的尺

寸形状以使其具备必要的抗破坏、抗变形能力外，还必须满足两点要求：一是轴上零件和轴要能实现可靠的定位和紧固；二是便于加工制造、装拆和调整。

**1. 零件在轴上的定位和紧固**

零件在轴上的轴向定位和紧固可采用轴肩（见图4-3中b、e）、弹性挡圈（见图4-3中d）、套筒（见图4-3中g）、螺母（见图4-3中h、j）、圆锥表面（见图4-3中i）等方法。

零件在轴上的周向定位和紧固可采用键联接（见图4-3中f）、花键联接（见图4-4）、销钉联接、过盈配合等方法。

图4-3　轴的典型结构

**2. 便于轴的加工制造、装拆和调整**

一根形状简单的光轴，最易于加工制造。但为了使零件在轴上装拆方便以及零件能在轴向定位，往往把轴做成阶梯形（见图4-3），并在轴肩及轴端倒角（见图4-3中a）。

考虑加工方便，例如为了加工螺纹和磨削轴颈，轴上应留有退刀槽和砂轮越程槽（见图4-5）。当轴上有多个键槽时，应尽可能安排在同一直线上，使加工键槽时无需多次装夹换位。为了减少应力集中，轴肩过渡要缓和，并做成圆角。但这种圆角还须小于装配零件的圆角，零件方能靠紧轴肩（见图4-3中e）。

图4-4　花键联接

图4-5　螺纹退刀槽和砂轮越程槽
1—螺纹退刀槽　2—砂轮越程槽

## 第二节 轴 承

轴承是轴的支承件，有时也可以支承绕轴转动的零件。

按照轴承工作表面的摩擦性质，轴承可分为滑动轴承和滚动轴承两大类。

### 一、滑动轴承

#### 1. 滑动轴承的结构原理

如图4-6所示，滑动轴承主要由轴承座1（或壳体）和轴瓦2组成，这里，图a、b、c分别表示向心滑动轴承、推力滑动轴承和向心推力滑动轴承。

为了减轻轴瓦与轴颈表面之间的摩擦，降低表面磨损，以保持机器的工作精度，除了使轴颈和轴瓦的接触表面有较高的配合精度、并选用减摩材料（如青铜等）制作轴瓦外，还必须在滑动轴承内加入润滑剂，对滑动表面进行润滑。

图4-6 滑动轴承的组成

a）向心滑动轴承 b）推力滑动轴承 c）向心推力滑动轴承

1—轴承座 2—轴瓦

一般来说，滑动轴承的润滑可以有两种不同的状态：非液体摩擦状态和液体摩擦状态。非液体摩擦状态如图4-7a所示，在轴颈1和轴瓦2的表面之间形成一层极薄的不完全的油膜，它使轴颈和轴瓦表面有一部分隔开，但还有一部分直接接触。这时，滑动面的摩擦大为减小，一般滑动轴承中的摩擦都处于这种状态。

液体摩擦状态如图4-7b所示，在轴颈1和轴瓦2的表面之间形成一层较厚的油膜，将滑动表面完全隔开。这是一种理想的润滑状态，它使滑动表面之间形成的摩擦和磨损降到极小的程度。为了获得液体摩擦状态，有如下两种方法：

图4-7 滑动轴承的润滑状态

a）非液体摩擦 b）液体摩擦

1—轴颈 2—轴瓦

（1）动压法 利用润滑油的粘性和轴颈的高速旋转，把润滑油带进轴承的楔形空间（见图4-8），形成一个压力油楔将两摩擦表面分开，这种滑动轴承称为液体动压轴承。

（2）静压法 由液压泵供给的压力油经节流器（一种液压控制元件）后进入轴承油腔，将两摩擦表面分开（见图4-9），这种滑动轴承称为液体静压轴承。

图 4-8　液体动压轴承原理

1—轴颈　2—轴瓦　3—油楔

图 4-9　液体静压轴承原理

### 2. 向心滑动轴承

在滑动轴承中，用得最多的是向心滑动轴承。向心滑动轴承有如下三种主要结构型式：

（1）整体式向心滑动轴承　整体式向心滑动轴承（见图4-10）是在机架（或壳体）上直接制孔并在孔内镶以筒形轴瓦做成的。它的优点是结构简单；缺点是轴颈只能从端部装拆，造成安装检修困难，并且在轴承工作表面磨损后无法调整轴承间隙，必须更换新轴瓦。这种轴承通常只用于轻载、低速或间歇性工作的机器设备中。

（2）剖分式向心滑动轴承　图4-11所示为一种普通的剖分式向心滑动轴承，它主要由轴承座、轴承盖及剖分的两块轴瓦等组成。轴承座与轴承盖的剖分面做成阶梯形的配合止口，以便定位。剖分面可以放置调整垫片，以便安装时或工作表面磨损后调整轴承的间隙。这种轴承克服了整体式轴承的缺点，且装拆方便，故应用较广。

图 4-10　整体式向心滑动轴承

1—机架　2—轴瓦

（3）调心式向心滑动轴承　当轴颈很长（长径比 $l/d \geqslant 1.5 \sim 1.75$）或轴的挠度较大时，由于轴的偏斜易使轴瓦端部严重磨损（见图4-12），这时可采用如图4-13所示的调心式轴承。这种轴承利用轴瓦和轴承座间的球面支架来适应轴的偏斜。

图 4-11　剖分式向心滑动轴承

1—轴承座　2—轴承盖　3—上轴瓦　4—下轴瓦　5—螺栓

图 4-12　轴颈与轴瓦接触不良

图 4-13　调心式向心滑动轴承

## 二、滚动轴承

### 1. 滚动轴承的构造

如图 4-14 所示，滚动轴承由外圈 1、内圈 2、滚动体 3 和保持架 4 等组成。内、外圈上的凹槽形成滚动体作圆周运动的滚道；保持架的作用是把滚动体均匀隔开，以避免它们相互摩擦和聚集到一块；滚动体是滚动轴承的主体，它的大小、数量和形状与轴承的承载能力密切相关。滚动体的形状如图 4-15 所示。

使用时，内圈在轴颈上，外圈装入机架孔内（或轴承座孔内）。通常内圈随轴一起旋转，而外圈固定不动。也有外圈随工作零件旋转而内圈固定不动的。

图 4-14　滚动轴承的构造

1—外圈　2—内圈　3—滚动体
4—保持架

### 2. 滚动轴承的优缺点

与滑动轴承相比较，滚动轴承的主要优点是：

1）摩擦阻力小，因而灵敏、效率高，发热量小，并且润滑简单，耗油量少，维护保养方便。

2）轴承径向间隙小，并且可用预紧的方法调整间隙，以提高旋转精度。

3）轴向尺寸小，某些滚动轴承可同时承受径向载荷与轴向载荷，故可使机器结构简化、紧凑。

4）滚动轴承是标准件，可由专门工厂大批生产供应，使用、更换方便。

图 4-15　滚动体的形状

a）滚球　b）圆柱滚子　c）圆锥滚子　d）鼓形滚子

e）螺旋滚子　f）长圆柱滚子　g）滚针

滚动轴承的主要缺点是：抗冲击性能差；高速时噪声大；工作寿命较低。

**3. 滚动轴承的类型及代号**

滚动轴承的类型很多，现将常用滚动轴承的类型、特点及应用场合列于表4-1中。

表4-1　常用滚动轴承的类型、特点和应用

| 类型及其代号 | 结构简图 | 性能特点 | 适用条件及举例 |
|---|---|---|---|
| 双列角接触球轴承 0 | | 可同时承受径向和轴向负荷。也可承受纯轴向负荷（双向），负荷能力大 | 适用于刚性大、跨距大的轴（固定支承），常用于蜗杆减速器、离心机等 |
| 调心球轴承 1 | | 不能承受纯轴向负荷，能自动调心 | 适用于多支点传动轴，刚性小的轴以及难以对中的轴 |
| 调心滚子轴承 2 | | 负荷能力最大，但不能承受纯轴向负荷，能自动调心 | 常用于其他种类轴承不能胜任的重负情况，如轧钢机，大功率减速器、破碎机、吊车走轮等 |
| 推力调心滚子轴承 2 | | 比推力球轴承有更大的轴向负荷能力，且能承受少量径向负荷，极限转速高于5类轴承，能自动调心，价格高 | 适用于重负荷和要求调心性能好的场合，如大型立式水轮机等 |
| 圆锥滚子轴承 3 31300 （$\alpha = 28°48'39''$）其他 （$\alpha = 10° \sim 18°$） | | 内、外圈可分离，游隙可调，摩擦系数大，常成对使用。31300型不宜承受纯径向负荷，其他型号不宜承受纯轴向负荷 | 适用于刚性较大的轴。应用很广，如减速器、车轮轴、轧钢机、起重机、机床主轴等 |
| 双列深沟球轴承 4 | | 摩擦系数小，径向负荷承受能力较大，高转速时可用来承受不大的纯轴向负荷 | 适用于刚性较大的轴，常用于中等功率电机、减速器、运输机的托辊、滑轮等 |
| 推力球轴承 5 | | 只能承受轴向负荷，轴线必须与轴承底座底面垂直，不适用于高转速 | 常用于起重机吊钩、蜗杆轴、锥齿轮齿、机床主轴等 |
| 深沟球轴承 6 | | 摩擦系数很小，主要承受径向负荷，高转速时可承受不大的纯轴向负荷 | 适用于刚性较大的轴，常用于小功率电机、减速器、运输机的托辊、滑轮等 |

（续）

| 类型及其代号 | 结构简图 | 性能特点 | 适用条件及举例 |
|---|---|---|---|
| 角接触球轴承<br>7000C（$\alpha=15°$）<br>7000AC（$\alpha=25°$）<br>7000C（$\alpha=40°$） | | 可同时承受径向和轴向负荷。也可承受纯轴向负荷 | 适用于刚性大、跨距不大的轴及需在工作中调整游隙时，常用于蜗杆减速器、离心机、电钻、穿孔机等 |
| 外圈无挡边圆柱滚子轴承<br>N | | 内外圈可以分离，滚子用内圈凸缘定向，内外圈允许少量的轴向移动 | 适用于刚性很大，对中良好的轴，常用于大功率电机、机床主轴、人字齿轮减速器等 |
| 滚针轴承<br>NA | | 径向尺寸最小，径向负荷能力很大，摩擦系数较大，旋转精度低 | 适用于径向负荷很大而径向尺寸受限制的地方，如万向联轴节、活塞销、连杆销等 |

为了便于生产和选用轴承，国家标准规定，滚动轴承代号由基本代号、前置代号和后置代号构成。前置、后置代号是轴承在结构形状、尺寸、公差等级（精度）、技术要求等有改变时，在其基本代号的左、右边添加的补充代号。基本代号是轴承代号的基本部分，由轴承类型代号、尺寸系列代号和内径代号构成。轴承类型代号用数字或字母标明，具体内容如表4-1所示。轴承尺寸系列代号由两个数字组合而成，位于左边的数字为轴承宽（高）度系列代号，位于右边的数字为轴承直径系列代号。宽（高）度系列代号表示内、外径相同，而宽（高）度不同的同一类轴承；直径系列代号则表示内径相同而外径不同的同一类轴承。轴承尺寸系列代号如表4-2所示。轴承内径代号表示轴承公称内径，其表示方法如表4-3所示。轴承基本代号由类型代号、尺寸系列代号和内径代号顺序组合的示例见表4-3右栏。

表4-2 轴承尺寸系列代号　　　　　　（单位：mm）

| 直径系列代号 | 向心轴承 | | | | | | | | 推力轴承 | | | |
|---|---|---|---|---|---|---|---|---|---|---|---|---|
| | 宽度系列代号 | | | | | | | | 高度系列代号 | | | |
| | 8 | 0 | 1 | 2 | 3 | 4 | 5 | 6 | 7 | 9 | 1 | 2 |
| | 尺寸系列代号 | | | | | | | | | | | |
| 7 | — | — | 17 | — | 37 | — | — | — | — | — | — | — |
| 8 | — | 08 | 18 | 28 | 38 | 48 | 58 | 68 | — | — | — | — |
| 9 | — | 09 | 19 | 29 | 39 | 49 | 59 | 69 | — | — | — | — |
| 0 | — | 00 | 10 | 20 | 30 | 40 | 50 | 60 | 70 | 90 | 10 | — |
| 1 | — | 01 | 11 | 21 | 31 | 41 | 51 | 61 | 71 | 91 | 11 | — |
| 2 | 82 | 02 | 12 | 22 | 32 | 42 | 52 | 62 | 72 | 92 | 12 | 22 |
| 3 | 83 | 03 | 13 | 23 | 33 | 43 | 53 | 63 | 73 | 93 | 13 | 23 |
| 4 | — | 04 | — | 24 | — | — | — | — | 74 | 94 | 14 | 24 |
| 5 | — | — | — | — | — | — | — | — | — | 95 | — | — |

表 4-3　轴承内径代号

| 轴承公称内径/mm | 内　径　代　号 | 示　　例 |
|---|---|---|
| 0.6 到 10<br>（非整数） | 用公称内径直接表示，在其与尺寸系列代号之间用"/"分开 | 深沟球轴承 618/2.5<br>$d = 2.5$mm |
| 1 到 9<br>（整数） | 用公称内径直接表示，在其与尺寸系列代号之间用"/"分开 | 深沟球轴承 618/5<br>$d = 5$mm |
| 10 到 17　　10<br>　　　　　12<br>　　　　　15<br>　　　　　17 | 00<br>01<br>02<br>03 | 深沟球轴承 61800<br>$d = 10$mm |
| 20 到 480<br>（22，28，32 除外） | 公称内径除以 5 的商数 | 深沟球轴承 61808<br>$d = 40$mm |
| ≥500 以及 22，28，32 | 用公称内径直接表示，在其与尺寸系列代号之间用"/"分开 | 深沟球轴承 618/22<br>$d = 22$mm |

#### 4. 滚动轴承的选用

滚动轴承是标准件，使用时可按具体工作条件选择合适的轴承。表 4-1 已列出了各类轴承的特点及应用场合，可作为选择轴承类型的参考。一般来说，选用滚动轴承应考虑以下几个方面的情况：

1）轴承所受载荷的大小、方向和性质。载荷较小而平稳时，宜用球轴承；载荷大、有冲击时宜用滚子轴承。当轴上承受纯径向载荷时，可采用圆柱滚子轴承或深沟球轴承；当同时承受径向载荷和轴向载荷时，可采用圆锥滚子轴承或角接触球轴承；当承受纯轴向载荷时，可采用推力轴承。

2）轴承的转速。每一型号的滚动轴承都各有一定的极限转速，通常球轴承比滚子轴承有较高的极限转速，所以在高速时宜优先采用球轴承。

3）调心性能的要求。如果轴有较大的弯曲变形，或轴承座孔的同心度较低，则要求轴承的内、外圈在运转中能有一定的相对偏角，此时应采用调心轴承。

4）供应情况、经济性或其他特殊要求。

### 三、轴承的润滑与密封

润滑的作用是减小摩擦与磨损、冷却散热、防锈蚀及减振等。显然这对保证机械的正常运转、提高工作效率、延长机械的使用寿命有着很大的意义。密封主要是为了防止灰尘、水分等污物进入机械的运动部位和防止润滑油漏失。所以在设计和使用机械时都要对润滑和密封问题予以合理解决。

下面扼要介绍一些轴承的润滑与密封知识。

#### （一）润滑剂及润滑方法

常用的润滑剂有润滑油和润滑脂两种。润滑油和润滑脂的使用要看具体情况而定，一般来说，轴承载荷越大，工作环境温度越高，采用的润滑油粘度应越大；速度高则应采用粘度较小的润滑油。通常在低速、重载、工作环境温度较高、有冲击载荷以及不便于加油的轴承中使用不易流失的润滑脂。各种润滑剂的牌号及性能可查阅有关手册。

常用的润滑方法如下:

**1. 油润滑**

（1）手浇润滑　即用油壶通过机壳上的油孔人工间歇加油。为了防止杂物落入油孔，常在油孔口安置压注油杯（见图4-16），压下封口的钢球即可加油。这种方法简单，但要经常照料，只适用于低速、轻载或不重要的轴承。

（2）滴油润滑　如采用图4-17所示的针阀油杯。滴油量由针阀控制，而扳动手柄则可控制针阀的开闭。图中手柄直立位置（双点划线位置）表示针阀上提，打开针阀孔即可滴油。滴出的油可从玻璃管看出。图中手柄处于横卧位置时，表示针阀关闭。拧动螺母可以调节针阀的开启量，以调节滴油量。

（3）油环润滑　如图4-18所示，在轴颈上悬挂一油环，其下部垂浸在油中。当轴旋转时，油环被带动旋转，将

图4-16　压注油杯
1—杯体　2—钢球
3—弹簧

油带到轴颈上实现润滑。这种方法只适用于转速范围在 50～3000r/min 的水平轴。转速过高油会被甩掉，过低则带不上油。

（4）飞溅润滑　使转动零件（例如齿轮、甩油盘等）浸入油面以下适当深度，转动时把油溅到轴承中。齿轮箱中的轴承润滑常使用这种方法。

（5）压力循环润滑　利用油泵把油通过油管打入轴承中或喷向润滑点。这种方法供油充足，比较可靠，但设备费用较高，适用于重要的轴承等零件的润滑与冷却。

图4-17　针阀油杯
1—手柄　2—螺母
3—针阀　4—玻璃管

图4-18　油环润滑
1—油环　2—轴颈　3—轴瓦

**2. 脂润滑**

采用脂润滑时，加一次油脂可使用较长时间，照管起来比油润滑简单。对于滚动轴承，如果容易接近和打开轴承端盖，采用脂润滑可不另加润滑装置。

常用的脂润滑装置是挤油杯（见图 4-19），利用旋盖将油杯内的润滑脂定期挤入轴承内。图 4-16 所示的压注油杯亦可压注油脂，使用这种油杯时，必须用油枪将油脂向油孔中压注。

图 4-19　挤油杯

图 4-20　常见的轴承密封装置
a）毛毡圈式　b）橡胶圈式　c）油沟式　d）曲路式

**（二）密封装置**

常见的密封装置如图 4-20 所示。其中，图 4-20a 为毛毡圈式密封装置，它是在轴承盖（或轴承座）孔内的环槽里装入毛毡圈，将轴与轴承盖间的缝隙密封住。图 4-20b 为橡胶圈式密封装置，它是靠橡胶圈本身的弹力保持与轴颈接触而起密封作用。为使接触可靠，常用环状自紧弹簧将橡胶圈卡紧在轴上。图 4-20c 为油沟式密封装置，它是利用轴承盖与轴间的细小环形间隙来密封的，多用于脂润滑的密封。图 4-20d 为曲路式（又称迷宫式）密封装置，它利用曲折通路所产生的泄油阻力来实现密封，其密封效果比油沟式好得多。

# 第三节　联轴器、离合器、制动器

联轴器和离合器的作用是联接不同机器（或部件）的两根轴，使它们一起回转并传递转矩；制动器的作用则是使机器中的轴停止转动或降低转速，达到制动的目的。

用联轴器联接的两根轴只有在机器停车时用拆卸的方法才能使它们分离；用离合器联接的两根轴在机器运转中可以方便地使他们分离或接合。

## 一、联轴器

按照结构特点，联轴器可分为刚性联轴器和弹性联轴器两大类。

### 1. 刚性联轴器

刚性联轴器是通过若干刚性零件将两轴联接在一起的，它有多种多样的结构形式。

图 4-21 所示是一种最常用的刚性联轴器，称凸缘联轴器。凸缘联轴器主要由两个分别装在两轴端部的凸缘盘和联接它们的螺栓组成。为使被联接两轴的中心线对准，可在联轴器的一个凸缘盘上制出凸肩，而在另一个凸缘盘上制成相配合的凹槽。

图 4-22 所示的套筒联轴器也是一种常用的刚性联轴器。

图 4-23 是万向联轴器的构造示意图。万向联轴器主要由两个叉形接头 1 和 3 及一个十字体 2 通过刚性铰接而构成，故又称铰链联轴器。它广泛用于两轴中心线相交成较大角度（角 α 可达 45°）的联接。

图 4-21 凸缘联轴器

### 2. 弹性联轴器

弹性联轴器包含有各种弹性零件的组成部分，因而在工作中具有较好的缓冲与吸振能力。

图 4-22 套筒联轴器

图 4-23 万向联轴器构造示意
1、3—叉形接头 2—十字体

弹性圈柱销联轴器是机器中常用的一种弹性联轴器，如图 4-24 所示。它的主要零件是弹性橡胶圈、柱销和两个法兰盘。每个柱销上装有好几个橡胶圈，插到法兰盘的销孔中，从而传递转矩。弹性圈柱销联轴器适用于正反转变化多、起动频繁的高速轴联接，如电动机、水泵等轴的联接，可获得较好的缓冲和吸振效果。

尼龙柱销联轴器和上述弹性圈柱销联轴器相似（见图 4-25），只是用尼龙柱销代替了橡胶圈和钢制柱销，其性能及用途与弹性圈柱销联轴器相同。由于结构简单，制作容易，维护方便，所以常用它来代替弹性圈柱销联轴器。

## 二、离合器

离合器的形式很多，常用的有嵌入式离合器和摩擦式离合器。嵌入式离合器依靠齿的嵌合来传递转矩，摩擦式离合器则依靠工作表面间的摩擦力来传递转矩。

离合器的操纵方式可以是机械的、电磁的、液压的等，此外还可以制成自动离合的结构，自动离合器不需要外力操纵即能根据一定的条件自动分离或接合。

图 4-24　弹性圈柱销联轴器
1—柱销　2—弹性橡胶圈　3—法兰盘

图 4-25　尼龙柱销联轴器

### （一）嵌入式离合器

常用的嵌入式离合器有牙嵌离合器和齿轮离合器。

#### 1. 牙嵌离合器

如图 4-26 所示，牙嵌离合器主要由两个端面带有牙齿的套筒所组成。其中，套筒 1（固定套）固定在主动轴上。而套筒 2（滑动套）则用导向键（或花键）与从动轴相联接，利用操纵机构使其沿轴向移动来实现离合器的接合和分离。

牙嵌离合器的齿形有矩形、梯形和锯齿形三种（见图 4-27），前两种齿形能传递双向转矩，锯齿形则只能传递单向转矩。其中，梯形齿易于接合，强度较高，应用较广。

图 4-26　牙嵌离合器
1—固定套筒　2—滑动套筒

牙嵌离合器结构简单，两轴联接后无相对运动，但在接合时有冲击，只能在低速或停车状态下接合，否则容易将齿打坏。

图 4-27　牙嵌离合器的齿形
a）矩形齿　b）梯形齿　c）锯齿形齿

#### 2. 齿轮离合器

齿轮离合器（见图 4-28）由一个内齿套和一个外齿套组成。齿轮离合器除具有牙嵌离合器的特点外，其传递转矩的能力更大。

### （二）摩擦式离合器

根据结构形状的不同，摩擦式离合器分为圆盘式、圆锥式和多片式等类型。圆盘式和圆锥式摩擦离合器结构简单，但传递转矩的能力较小，应用受到一定的限制。在机器中，特别是在金属切削机床中，广泛使用多片式摩擦离合器。

图 4-28　齿轮离合器

图 4-29　多片式摩擦离合器
1—外套　2—外摩擦片　3—内摩擦片　4—弹簧片
5—角形杠杆　6—滑环　7—内套

图 4-29 所示为一种常用的拨叉操纵多片式摩擦离合器的典型结构。外套 1 和内套 7 分别用键联接到两个轴端，而内摩擦片 3 和外摩擦片 2 则以多槽分别与内套和外套相联。当操纵拨叉使滑环 6 向左移动时，角形杠杆 5 摆动，使内、外摩擦片相互压紧，两轴就接合在一起，借各摩擦片之间的摩擦力传递转矩。当滑环 6 向右移动复位后，两组摩擦片松开，两轴即可分离。

摩擦离合器当其操纵力为电磁力时，即成为电磁摩擦离合器。图 4-30 所示为一种多片式电磁摩擦离合器的结构原理，当电流由电气接头 5 进入线圈 6 时，可产生磁通，吸引衔铁 2 将摩擦片 3、4 压紧，使外套 1 和内套 8 之间得以传递转矩。

与嵌入式离合器相比较，摩擦式离合器的优点是：在运转过程中能平稳地离合；当从动轴发生过载时，离合器摩擦表面之间发生打滑，因而能保护其他零件免于损坏。摩擦离合器的主要缺点是：摩擦表面之间存在相对滑动，以致发热较高，磨损较大。

图 4-30　电磁摩擦离合器
1—外套　2—衔铁　3—外摩擦片
4—内摩擦片　5—电气接头
6—线圈　7—轴承　8—内套

### （三）自动离合器

自动离合器常有三种，即安全离合器、离心离合器和超越离合器。现分别举例说明如下：

**1. 安全离合器**

这种离合器当传递的转矩达到某一定值时就能自动分离，具有防止过载的安全保护作用。

图 4-31 所示为牙嵌式安全离合器的一种典型结构。与一般的牙嵌离合器相比较，它的齿形倾角较大，并由弹簧压紧使牙嵌合。当传递的转矩超过某一定值（过载）时，牙间的轴向分力将克服弹簧压力使离合器分开，产生跳跃式的滑动。当转矩恢复正常时，离合器又自动地重新接合。调节螺母可获得不同的弹簧压紧力，从而使离合器可在不同的转矩下滑跳。

**2. 离心离合器**

这种离合器是依靠离心力工作的，当转速达到某一定值时，离合器便自动地接合起来。

图 4-32 所示为一种离心摩擦离合器的工作原理。芯体 1 固定在主动轴上，外壳 2 固定在从动轴上。三个离心块 3 通过弹簧圈 5 拉紧在芯体上，离心块外弧面镶有橡胶摩擦衬垫 4。当主动轴的转速较低时，衬垫外缘与外壳内表面之间不接触，外壳不动。当主动轴的转速达到或超过一定数值时，离心块就压紧外壳而将两轴自动地接合起来一齐转动。

图 4-31 牙嵌式安全离合器

图 4-32 离心摩擦离合器
1—芯体 2—外壳 3—离心块
4—摩擦衬垫 5—弹簧圈

离心离合器常用于电动机的输出轴上，可使电动机在空载或较小的负载下起动，从而改善电动机的发热情况，保护电动机，减少功率损耗，并且还可以减小传动系统的冲击，延长传动件的使用寿命。

**3. 超越离合器**

图 4-33 所示为一单向超越离合器，它主要由星轮 1、外环 2、滚柱 3、顶杆 4 及弹簧 5 等组成。星轮 1 通过键与轴 6 联接，外环 2 通常做成一个齿轮，空套在星轮上。在星轮的三个缺口内，各装有一个滚柱 3，每个滚柱又被弹簧 5、顶杆 4 推向外环和星轮的缺口所形成的楔缝中。

当外环（齿轮）2 以慢速逆时针回转时，滚

图 4-33 单向超越离合器
1—星轮 2—外环 3—滚柱 4—顶杆
5—弹簧 6—轴

柱 3 在摩擦力的作用下被楔紧在外环与星轮之间，因此外环便带动星轮使轴 6 也以慢速逆时针回转。

在外环以慢速作逆时针回转的同时，若轴 6 由另外一个快速电动机带动亦作逆时针方向回转，星轮 1 将由轴 6 带动沿逆时针方向高速回转。由于星轮的转速高于外环的转速，滚柱从楔缝中松开，外环与星轮便自动失去联系，各按各自的速度回转，互不干扰。在这种情况下，是星轮的转速超越外环的转速而自由运转，所以这种离合器称为超越离合器。

当快速电动机不带动轴 6 回转时，滚柱又在摩擦力的作用下，被楔紧在外环与星轮之间，外环与星轮又自动联系在一起，使轴 6 随同外环作慢速回转。

由于超越离合器有上述作用，所以它大量地应用于机床、汽车和飞机等传动装置中。

## 三、制动器

为了对转动的轴进行制动，可使用制动器。常用的制动器有片式制动器、带式制动器和块式制动器等，它们都是利用零件接触表面所产生的摩擦力来实现制动的。

从原理上说，如果把摩擦离合器的从动部分固定起来，就构成了片式制动器。例如，对于图 4-30 所示的片式电磁摩擦离合器，若将外套 1 固定，实际上就成为片式电磁制动器。当线圈 6 通电时，由于电磁力的作用，衔铁 2 将摩擦片压紧，内套 8 与其所联的转动轴即被制动。这种制动器结构紧凑，操纵方便，在机床传动系统中广泛应用。

图 4-34 所示为带式制动器。在与轴连接的制动轮 1 的外缘绕一根制动带 2（一般为钢带），当制动力 $F$ 施加于杠杆 3 的一端时，制动带便将制动轮抱紧，从而使轴制动。为了增大制动所需的摩擦力，制动带常衬有石棉、橡胶、帆布等。带式制动器结构简单，制动效果好，常用于起重设备中。

图 4-35 所示为块式制动器。当压力油进入液压缸 4 后，两个弧形闸块 2 在左右两活塞推力作用下，绕各自的销轴 1 向外摆动，从内部涨紧制动轮 6，便实现轴的制动。油路卸压时，制动器即松闸。这种块式内涨制动器的制动力矩大，结构尺寸小，广泛用于车辆制动。

图 4-34　带式制动器

1—制动轮　2—制动带　3—杠杆

图 4-35　块式制动器

1—销轴　2—闸块　3—摩擦衬料

4—液压缸　5—弹簧　6—制动轮

# 复 习 题

4-1 怎样区别转轴和心轴？试各举一例。

4-2 轴的合理结构应该满足哪些基本要求？

4-3 滑动轴承有哪两种不同的润滑状态？这两种润滑状态通常是怎样形成的？

4-4 与滑动轴承相比较，滚动轴承的主要优缺点是什么？

4-5 解释下列各轴承基本代号的意义：61208、32210、51312、719/32。

4-6 选用滚动轴承时应考虑哪些因素？

4-7 轴承的润滑与密封有什么意义？

4-8 联轴器与离合器有什么区别？

4-9 比较嵌入式离合器和摩擦式离合器的优缺点？

4-10 为什么安全离合器能起安全保护作用？

4-11 简述离心离合器的工作原理及其应用。

4-12 单向超越离合器为什么能自动换接快速和慢速运动？

4-13 试述制动器的作用及基本工作原理。

# 第二篇

## 液压与气压传动

　　液压传动和气压传动同属于流体传动，其工作原理与前述机械传动有本质的区别。当今世界各国都在生产中应用液压与气压传动技术，特别是在高效率的自动化和半自动化机械中应用十分广泛。

　　液压传动的工作介质是液体，气压传动的工作介质是气体。由于工作介质的不同，使得二者各具不同的工作特点，但从传动的基本原理和工作方式来看，液压传动和气压传动又有很大的相似性。本篇将以液压传动为重点，对它们分别予以介绍。

# 第五章

# 液压传动概述

液压传动是以液体作为工作介质来进行传动的。在研究这一新的传动方式之前，先简要了解传动的基本原理、工作参数及液体介质的有关知识。

## 第一节　液压传动的原理和组成

为了认识什么是液压传动，先从观察和分析一些最简单的实例开始。

图5-1是常见的液压千斤顶的工作原理图。大、小两个液压缸6和3的内部分别装有活塞7和2，活塞与缸体之间保持一种良好的配合关系，不仅活塞能在缸内滑动，而且配合面之间又能实现可靠的密封。当向上提起杠杆1时，小活塞2就被带动上升，于是小液压缸3下腔的密封工作容积便增大。这时，由于钢球4和5分别关闭了它们各自所在的油路，所以在小液压缸的下腔形成了部分真空，油池10中的油液就在大气压力作用下推开钢球4沿吸油孔道进入小液压缸的下腔，完成一次吸油动作。接着，压下杠杆1，小活塞下移，小液压

图5-1　液压千斤顶的工作原理

1—杠杆　2—小活塞　3—小液压缸　4、5—钢球　6—大液压缸
7—大活塞　8—重物　9—放油阀　10—油池

缸下腔的工作容积减少，把其中的油液挤出，推开钢球5（此时钢球4自动关闭了通往油池的油路），油液便经两缸之间的连通孔道进入大液压缸6的下腔。由于大液压缸下腔也是一个密封的工作容积，所进入的油液因受挤压而产生的作用力就推动大活塞7上升，并将重物8向上顶起一段距离。这样反复地提、压杠杆1，就可以使重物不断上升，达到起重的目的。

若将放油阀9旋转90°，则在重物自重 $G$ 的作用下，大液压缸6中的油液流回油池10，活塞就下降到原位。

从上述例子可以看出：液压千斤顶是一个简单的液压传动装置。分析液压千斤顶的工作过程，可知液压传动是以液体作为工作介质来传动的一种传动方式，它依靠密封容积的变化传递运动，依靠液体内部的压力（由外界负载所引起）传递动力。液压传动装置本质上是一种能量转换装置，它先将机械能转换为便于输送的液压能，随后又将液压能转换为机械能做功。

图5-2表示一台简化了的机床工作台液压传动系统。可以通过它进一步了解一般的机床液压系统所应具备的基本性能及其组成情况。

在图5-2a中，液压泵3由电动机（图中未画出）驱动从油箱1中吸油。油液经过滤器2过滤以后流往液压泵，经泵向系统输送。来自液压泵的压力油流经节流阀5的开口，并经换向阀6进入液压缸8的左腔，推动活塞连同工作台7往右移动。这时，液压缸右腔的油通过换向阀6经回油管流回油箱。

图5-2　机床工作台液压传动系统

1—油箱　2—过滤器　3—液压泵　4—溢流阀　5—节流阀
6—换向阀　7—工作台　8—液压缸

如果将换向阀的手柄搬到左边位置，使换向阀处于图5-2b所示的状态，则压力油经换向阀进入液压缸的右腔，推动活塞连同工作台往左运动。这时，液压缸左腔的油经换向阀和回油管排回油箱。

工作台的移动速度是通过节流阀来调节的。当节流阀开口较大时，进入液压缸的流量较大，工作台的移动速度也较快；反之，当节流阀开口较小时，工作台移动速度则较慢。

工作台移动时必须克服阻力，例如克服切削力和相对运动表面的摩擦力等。为适应克服不同大小的阻力的需要，泵输出油液的压力应当能够调整；另外，当工作台低速移动时，节流阀开口较小，泵出口多余的压力油也需排回油箱。这些功能是由溢流阀4来实现的，调节溢流阀弹簧的预压力就能调整泵出口的油液压力，并让多余的油在相应压力下打开溢流阀阀口经回油管流回油箱。

从上述例子可以看出，液压传动系统由以下四个部分组成：

（1）动力元件　动力元件即液压泵。它是将电动机输入的机械能转换为液压能的装置，其作用是为液压系统提供压力油，是系统的动力源。

（2）执行元件　执行元件是指液压缸或液压马达。它是将液压能转换为机械能的装置，其作用是在压力油的推动下输出力和速度（或力矩和转速），以驱动工作部件。

（3）控制调节元件　它们包括各种阀类元件，如上例中的溢流阀、节流阀、换向阀等。这类元件的作用是控制液压系统中油液的压力、流量及流动方向，以保证执行元件完成预期的工作运动。

（4）辅助装置　辅助装置如油箱、油管、过滤器等，它们的作用是设置必要的条件以保证液压系统正常工作。

在图5-2a中，组成液压系统的各个元件是用半结构式图形画出来的，这种图形直观性强，较易理解，但难于绘制，系统中元件数量多时更是如此。在工程实际中，除某些特殊情况外，一般都用简单的图形符号来绘制液压系统原理图。对于图5-2a所示的液压系统，若用国家标准GB/T 786.1—2009液压图形符号绘制时，其系统原理图如图5-2c所示。图中的符号只表示元件的功能，不表示元件的结构和参数。使用这些图形符号，可使液压系统图简单明了，便于绘制。GB/T 786.1—2009液压图形符号见本书附录B。

# 第二节　液压传动的优缺点

液压传动和机械传动、电气传动相比较，它的主要优点是：

1）易于获得很大的力或力矩。

2）易于在较大范围内实现无级变速。

3）传动平稳，便于实现频繁换向和自动防止过载。

4）便于采用电液联合控制以实现自动化。

5）机件在油中工作，润滑好，寿命长。

6）液压元件易于实现系统化、标准化、通用化。

由于液压传动有上述优点，所以在各个工业部门得到了广泛应用。但液压传动还存在下述主要缺点：

1）由于泄漏不可避免，并且油有一定的可压缩性，因而传动速比不是恒定的，不适于作定比传动。

2）漏油会引起能量损失（称容积损失），这是液压传动的主要损失；此外，还有管道阻力及机械摩擦所造成的能量损失（称机械损失），所以液压传动的效率较低。

3）液压系统产生故障时，不易找到原因。

总的说来，液压传动的优点是十分突出的，它的缺点将随科学技术的发展而逐渐得到克服。

## 第三节 液压传动的两个基本参数——压力、流量

### 一、压力

液压千斤顶在顶起重物进行工作时，缸内的液体是存在压力的，正是由于这种压力作用在大活塞的底面，才推动重物升起（见图5-1）。根据物理学中静压传递原理（帕斯卡原理）可知，密封容器内的液体，当任意一处受到外力作用时，这个力就会通过液体传到容器内的任何部位，而且压强到处相等。这里所说的压强是作用在液体单位面积上的力，一般用 $p$ 表示，而作用在活塞有效面积上的力用 $F$ 表示。当活塞的有效作用面积为 $A$ 时，则有下列关系式

$$F = pA \tag{5-1}$$

或

$$p = \frac{F}{A}$$

要特别指出的是：在液压传动中所讲到的"压力"是指 $p$，而力 $F$ 则常被称为"液压推力"或"总液压力"。

在式（5-1）中，力 $F$ 的单位是 N，面积 $A$ 的单位是 $m^2$，则压力 $p$ 的单位是 Pa。

在液压千斤顶（见图5-1）中，根据静压传递原理，要使活塞顶起上面的重物（负载），则作用在活塞下端面积 $A$ 上的液压推力 $F$ 至少应该等于物体的重力 $G$（实际上还包括活塞本身的自重），即

$$F = G$$

因为

$$F = pA$$

所以，缸中的油液压力 $p$ 为

$$p = \frac{G}{A} \tag{5-2}$$

由此可知，液压缸中的工作压力 $p$ 随外界负载的变化而变化，负载大压力就大，负载小压力就小。如果活塞上没有负载，缸中的压力也就可以认为等于零了。因此，液压缸的工作压力决定于外界负载。

**例** 在图5-1所示的液压千斤顶中，若已知大活塞 7 的直径 $D = 34mm$，小活塞 2 的直径 $d = 13mm$，手在杠杆 1 右端的着力点到左端铰链的距离为 750mm，杠杆中间铰链到左端铰链的距离为 25mm，当被顶起重物 8 的质量为 5000kg 时，求油液的工作压力及手在杠杆上所加的力各有多大？

**解** 1）求缸中油液的工作压力 $p$

物体所受的重力为

$$G = mg = 5000 \times 9.8N = 49000N$$

据式（5-2）得

$$p = \frac{G}{A} = \frac{G}{\pi D^2/4} = \frac{49000}{\pi(34 \times 10^{-3})^2/4} \text{Pa} \approx 54 \times 10^6 \text{Pa} = 54 \text{MPa}$$

2）求手在杠杆上所加的力 $F$

据式（5-1），可先算出通过连杆作用在小活塞上的力为

$$F_1 = pA_1 = p\left(\frac{\pi}{4}d^2\right) = 54 \times 10^6 \times \frac{\pi}{4}(13 \times 10^{-3})^2 \text{N} \approx 7164 \text{N}$$

显然，连杆作用于杠杆中间铰链处的力也等于 $F_1$，其方向垂直向上。根据杠杆平衡条件，列出下式：

$$F \times 750 \text{mm} = F_1 \times 25 \text{mm}$$

故得出手在杠杆上所加的力为

$$F = \frac{25}{750}F_1 = \frac{25 \times 7164}{750} \text{N} = 238.8 \text{N}$$

由以上计算可见，液压千斤顶对力实现了两级放大：第一级是通过杠杆实现机械放大，第二级是通过液压缸实现液压放大。

## 二、流量

单位时间内流过通道某一截面的液体体积称为流量。若在时间 $t$ 内流过的液体体积为 $V$，则流量为

$$q = \frac{V}{t} \tag{5-3}$$

流量的常用单位是 $\text{m}^3/\text{s}$、$\text{cm}^3/\text{s}$ 或 $\text{L/min}$，它们的换算关系是

$$1\text{m}^3/\text{s} = 10^6 \text{cm}^3/\text{s} = 6 \times 10^4 \text{L/min}$$

图5-3所示为液体在一直管内流动，设管道的通流截面积为 $A$，流过截面Ⅰ-Ⅰ的液体经时间 $t$ 后到达截面Ⅱ-Ⅱ处，所流过的距离为 $l$，则流过的液体体积为 $V = Al$，因此流量为

$$q = \frac{V}{t} = \frac{Al}{t} = Av \tag{5-4}$$

图5-3 流量与平均流速

上式中，$v$ 是液体在通流截面上的平均流速，而不是实际流速。由于液体存在粘性，致使同一通流截面上各液体质点的实际流速分布不均匀，越靠近管道中心，流速越大。因此，在进行液压计算时，实际流速不便使用，需使用平均流速。平均流速是一种假想的均布流速，以此流速流过的流量和以实际流速流过的流量应该相等。

在液压缸中，液体的平均流速与活塞的运动速度相同（见图5-4），因此亦存在如下关系：

$$v = \frac{q}{A} \tag{5-5}$$

式中 $v$——活塞运动的速度；

q——输入液压缸的流量；

A——活塞的有效作用面积。

由式（5-5）可知，当液压缸的活塞有效作用面积一定时，活塞运动速度的大小由输入液压缸的流量来决定。

图5-4 活塞运动速度与流量的关系

### 三、压力损失及其与流量的关系

在液压管路（见图5-5）中，压力与流量这两个基本参数之间有什么关系呢？由静压传递原理可知，密封的静止液体具有均匀传递压力的性质，即当一处受到压力作用时，其各处的压力皆相等。但是，流动的液体情况并不是这样，当液体流过一段较长的管道或各种阀孔、弯管及管接头时，由于流动液体各质点之间以及液体与管壁之间的相互摩擦和碰撞作用，引起了能量损失，这主要表现为液体在流动过程中的压力损失。若以 $\Delta p$ 表示这种压力损失（如图5-5所示，$\Delta p = p_1 - p_2$），根据液压流体力学分析，它与管道中通过的流量 $q$ 之间有如下关系：

$$\Delta p = Rq^n \qquad (5-6)$$

图5-5 液体在流动过程中的压力损失

式中 $q$——通过管道的流量；

$R$——管路中的液阻，与管道的截面形状、截面积大小、管路长度及油液性质等因素有关；

$\Delta p$——油液通过液阻的压力损失，或称液阻前后的压力差；

$n$——指数，由管道的结构形式所决定，通常 $1 \leqslant n \leqslant 2$。

由式（5-6）可知，在管路中流动的液体，其压力损失、流量与液阻之间的关系是：液阻增大，将引起压力损失增大，或使流量减小。液压传动中常常利用改变液阻的办法来控制压力或流量。

## 第四节 液压传动用油的选择

液压传动用油分为可燃性液压油和难燃性液压油两大类：可燃性液压油是指石油型液压油，它主要包括通用液压油、抗磨液压油、低温液压油等，其中，通用液压油是机床液压传动普遍使用的工作介质。难燃性液压油主要有合成型（如磷酸酯液、水-乙二醇液等）和乳化型（油包水液、水包油液）两种，与石油型液压油相比较，其润滑、防锈性能较差，价格较贵，且含有不同程度的毒性，但却具有抗燃这一突出优点，在一些高温、易燃、易爆的工作场合，为了安全起见，还必须使用难燃性液压油。

经过加工提炼的石油型液压油都分成不同的牌号，在进行液压油的选择时，主要是选择适当的牌号。油液的牌号是根据它的粘度数值来划定的，因此选择液压油的牌号，实际上是选择液压油的粘度。所谓粘度，指的是液体粘性的大小，从物理本质来看，粘度表示流动液体分子之间的内摩擦力大小。显然，粘度较大的油液流动性较差。具体来说，在 40°C 的实验条件下，32 号液压油的平均运动粘度是 $32mm^2/s$，46 号液压油的平均运动粘度是 $46mm^2/s$，后者的粘度较大，流动性就差些。在机床液压传动系统中，常用的是 22 号、32 号、46 号液压油。

一般油液，在温度升高时，粘度都要变小，油的粘度变化会影响液压系统的性能和泄漏。温度升高，油还容易被氧化，其析出物会堵塞阀类小孔及管道。所以必须限制油的温升，使系统能正常工作。若使用温度过低，则油的粘度增大，会使液压系统的摩擦损失增大。液压油的正常工作温度是 30 ~ 55°C。在不同的环境温度和工作压力条件下，应该选用不同粘度的油。为了减少漏损，在使用温度、压力较高或速度较低时，应采用粘度较大的油；为了减少管路内的摩擦损失，在使用温度、压力较低或速度较高时，应采用粘度较小的油。不同规格的油具有不同的粘度和其他成分含量，选用时可参看有关手册资料。

## 复 习 题

5-1　说明液压传动的工作原理，并指出液压传动系统通常是由哪几部分组成的？

5-2　液压传动中所用到的压力、流量各表示什么意思？

5-3　在图 5-6 所示的密封容器内充满油液。已知小柱塞 1 的直径为 10mm，大柱塞 2 的直径为 50mm，作用在小柱塞上的力 $F=500N$。求大柱塞上顶起物体 3 的重量是多少（柱塞的重量忽略不计）？

5-4　在如图 5-7 所示的磨床工作台液压缸中，缸体内径 $D=65mm$，活塞杆直径 $d=30mm$，当进入液压缸的压力油流量 $q=2×10^{-4}m^3/s$ 时，工作台的运动速度 $v$ 有多大？

5-5　在管路中流动的压力油为什么会产生压力损失？这种损失与通过该管路的流量之间有什么关系？

5-6　在有的机床使用说明书中规定，冬季使用一种液压油，夏季使用另外一种液压油，这是为什么？

图 5-6　题 5-3 图

图 5-7　题 5-4 图

# 第六章

# 液压泵、液压马达和液压缸

如前所述，在液压系统中，液压泵、液压马达和液压缸都是能量转换装置。液压泵和液压马达在结构上没有很大区别，有些泵可直接作马达使用。液压泵的任务是将输入的机械能转换为液压能输出，而液压马达则相反，是将输入的液压能转换为机械能输出。与电传动相比，液压泵相当于发电机，液压马达则相当于电动机。

图 6-1　液压泵、液压马达和液压缸的作用
1—液压泵　2—液压缸　3—液压马达　4—电动机

在液压系统中，液压马达和液压缸同属于执行元件（或称执行机构）。若将压力油输入液压马达，可得到旋转运动形式的机械能；若将压力油输入液压缸，可得到直线运动形式的机械能。因此，从能量转换的角度来看，液压马达和液压缸可以归纳为一个类型的机械，即所谓液动机。

图 6-1 为用液压图形符号表示的液压泵、液压马达和液压缸三者的作用与关系（各种常用的液压泵、液压马达及液压缸的图形符号规定画法见附录 B）。

## 第一节　液　压　泵

### 一、液压泵的基本原理

图 6-2 是一个简单的单柱塞液压泵的结构示意图，我们可以通过它说明液压泵的基本原理。柱塞 2 安装在泵体 3 内，柱塞在弹簧 4 的作用下和偏心轮 1 接触。当偏心轮转动时，柱塞作左右往复运动。柱塞往右运动时，其左端和泵体所形成的密封容积增大，形成局部真空，油箱中的油液就在大气压作用下通过单向阀 5 进入泵体内，单向阀 6 封住出油口，防止系统中的油液回流，这时

图 6-2　液压泵的基本原理
1—偏心轮　2—柱塞　3—泵体
4—弹簧　5、6—单向阀

液压泵吸油。当柱塞向左运动时，密封容积减小，单向阀 5 封住吸油口，防止油液流回油箱，于是泵体内的油液受到挤压，便经单向阀 6 排往系统，这时就是压油。若偏心轮不停地转动，泵就不断地吸油和压油。

由此可见，液压泵是通过密封容积的变化来实现吸油和压油的。利用这种原理做成的泵统称为容积式泵。

液压传动系统中的液压泵属于容积式泵。按照结构的不同，常用的液压泵有齿轮泵、叶片泵和柱塞泵三种。

## 二、齿轮泵

齿轮泵的工作原理如图 6-3 所示，一对相互啮合的齿轮装在泵体内，齿轮两端面靠端盖密封，齿顶靠泵体的圆弧形内表面密封，在齿轮的各个齿间，形成了密封的工作容积。泵体有两个油口，一个是入口（吸油口），一个是出口（压油口）。

当电动机驱动主动齿轮旋转时，两齿轮转动方向如图所示。这时吸油腔

图 6-3　齿轮泵的工作原理

的轮齿逐渐分离，由齿间所形成的密封容积逐渐增大，出现了部分真空，因此油箱中的油液就在大气压力的作用下，经吸油管和液压泵入口进入吸油腔。吸入到齿间的油液随齿轮旋转带到压油腔，随着压油腔轮齿的逐渐啮合，密封容积逐渐减小，油液就被挤出，从压油腔经出口输送到压力管路中。

齿轮泵由于密封容积变化范围不能改变，故流量不可调，是定量泵。

齿轮泵的结构简单，易于制造，价格便宜，工作可靠，维护方便。但齿轮泵是靠一对一对齿的交替啮合来吸油和压油的，每一对齿啮合过程中的容积变化是不均匀的，这就形成较大的流量脉动和压力脉动，并产生振动和噪声；齿轮泵泄漏较多，由此造成的能量损失较大，即液压泵的容积效率（指泵的实际流量与理论流量的比值）较低；此外，齿轮、轴及轴承所受的径向液压力不平衡。由于存在上述缺点，齿轮泵一般只能用于低压轻载系统。

工程实际中也有用于高压的齿轮泵。与低压齿轮泵相比较，高压齿轮泵由于在结构上采取了一些特殊措施，提高了密封性能，改善了受力状况，因而工作压力可以达到 10MPa 以上。

## 三、叶片泵

叶片泵按其工作方式的不同分为单作用式叶片泵和双作用式叶片泵两种。

### 1. 双作用式叶片泵

双作用式叶片泵的工作原理见图6-4。它主要由定子1、转子2、叶片3和前后两侧装有端盖的泵体4等组成。叶片安放在转子的径向槽内，并可沿槽滑动。转子和定子中心重合，定子内表面近似椭圆形，由两段长半径圆弧（半径为 $R$）、两段短半径圆弧（半径为 $r$）和四段过渡曲线所组成。在端盖上，对应于四段过渡曲线的位置开有四个沟槽，其中两个沟槽 $a$ 与泵的吸油口连通，另外两个沟槽 $b$ 与压油口连通。当电动机带动转子按图示方向旋转时，叶片在离心力作用下以其端部压向定子内表面，并随定子内表面曲线的变化而被迫在转子槽内往复滑动。转子旋

图6-4　双作用式叶片泵的工作原理
1—定子　2—转子　3—叶片　4—泵体

转一周，每一叶片往复滑动两次，每相邻两叶片间的密封容积就发生两次增大和减小的变化。容积增大产生吸油作用，容积减小产生压油作用。因为转子每转一周，这种吸、压油作用发生两次，故这种叶片泵称为双作用式叶片泵。双作用式叶片泵的流量不可调，是定量泵。

双作用叶片泵的输油量均匀，压力脉动较小，容积效率较高。由于吸、压油口对称分布，转子承受的径向液压力相互平衡，所以这种泵可以提高输油压力。常用的中压双作用式叶片泵的额定压力是6.3MPa（其技术规格见有关液压手册）。与齿轮泵相比较，叶片泵的主要缺点是结构比较复杂，零件较难加工，叶片容易被油中的脏物卡死。

将两个双作用式叶片泵的主要工作部件装在一个泵体内，同轴驱动，并在油路上实现两泵并联工作，就构成双联叶片泵（见图6-5a）。双联叶片泵有两个各自独立的出油口，两泵的输出流量可以分开使用，也可以合并使用。

若将两个双作用式叶片泵的主要工作部件装在一个泵体内，同轴驱动，并在油路上实现两泵串联工作，就构成双级叶片泵（见图6-5b）。双级叶片泵的压力可达到单级泵的两倍。

随着生产的发展，出现了高压叶片泵。高压叶片泵是在普通双作用式叶片泵结构的基础上采取一些特殊措施构成的，这些措施的主要作用是使泵在高压下工作仍具有较好的受力状况和密封性能。高压叶片泵的工作压力可达16MPa以上。

### 2. 单作用式叶片泵

图6-6为单作用式叶片泵的工作原理图，与双作用式叶片泵显著不同的是，单作用叶片泵的定子内表面是一个圆形，转子与定子间有一偏心量 $e$，端盖上只开有一条吸油槽和一条压油槽。当转子旋转一周时，每一叶片在转子槽内往复滑动一次，每相邻两叶片间的密封容积发生一次增大和减小的变化，即转子每转一周，实现一次吸油和压油，所以这种泵称为单作用式叶片泵。

图6-5　双联叶片泵和双级
叶片泵的符号示意
a）双联叶片泵　b）双级叶片泵

图6-6　单作用式叶片泵的工作原理
1—定子　2—转子　3—叶片

　　这种泵的偏心量 $e$ 通常做成可调的。偏心量的改变会引起液压泵输油量的相应变化，偏心量增大，输油量也随之增大。所以，单作用式叶片泵是变量液压泵。变量液压泵的符号画法见附录 B。

　　在组合机床液压系统中，常用到一种具有特殊性能的单作用叶片泵，称为限压式变量叶片泵。这种泵当其工作压力增大到预先调定的数值以后，泵的流量便自动随压力增大而显著地减小。

　　图6-7为限压式变量叶片泵的工作原理图。转子3按图示方向旋转，柱塞2左端油腔与泵的压油口连通。若柱塞左端的液压推力小于限压弹簧5的作用力，则定子4保持不动；当泵的工作压力增大到某一数值以后，柱塞左端的液压推力大于弹簧作用力，定子便向右移动，偏心量 $e$ 减小，泵的输油量就随之减小。图中螺钉6用来调节泵的限定工作压力，而螺钉1则用来调节泵的最大流量。

　　图6-8为限压式变量叶片泵的特性曲线。当泵的供油压力没有超过预调的限定压力 $p_B$ 时，流量按曲线 AB 段变化，流量 $q$ 的减小（与理论流量 $q_t$ 之间有不太大的差值），主要由泵内泄漏造成。当泵的供油压力超过 $p_B$ 时，限压弹簧受到压缩，定子偏心量减小，流量随压力增大而迅速减小，流量按曲线 BC 段变化。

图6-7　限压式变量叶片泵的工作原理
1—最大流量调节螺钉　2—柱塞　3—转子　4—定子
5—限压弹簧　6—限定压力调节螺钉

图6-8　限压式变量叶片泵的特性曲线

　　限压式变量叶片泵的流量随压力变化的特性在生产中往往是需要的。当工作部件承受较小的负载而要求快速运动时，泵就相应地输出低压大流量的压力油（利用特性曲线的 *AB* 段）；当工作部件转换为承受较大的负载而要求慢速运动时，泵又能输出高压小流量的压力油（利用特性曲线的 *BC* 段）。在机床液压系统中采用限压式变量叶片泵，可以简化油路，降低功率损耗，减少油液发热。但限压式变量叶片泵的结构复杂，价格较贵。

### 四、柱塞泵

　　柱塞泵按照柱塞排列方向的不同分为轴向柱塞泵和径向柱塞泵两种。径向柱塞泵由于在结构性能上存在着难以克服的缺陷，因而使它的应用和发展受到了限制。下面只介绍轴向柱塞泵。

　　轴向柱塞泵的工作原理如图 6-9 所示，这种泵由配流盘 1、缸体（转子）2、柱塞 3 和斜盘 4 等主要零件组成。斜盘、配流盘均与泵体（图中未示出）相固定，柱塞在弹簧的作用下以球形端头与斜盘接触。在配流盘上开有两个弧形沟槽，分别与泵的吸、压油口连通，形成吸油腔和压油腔。两个弧形沟槽彼此隔开，保持一定的密封性。在斜盘相对于缸体的夹角为 $\gamma$ 时，原动机通过传动轴带动缸体旋转，柱塞就在柱塞孔内作轴向往复滑动。处于 $\pi \sim 2\pi$ 范围内的柱塞向外伸出，使其底部的密封容积增大，将油吸入；处于 $0 \sim \pi$ 范围内的柱塞向缸体内压入，使其底部的密封容积减小，把油压往系统中。

　　显然，泵的输油量决定于柱塞往复运动的行程长度，也就是决定于斜盘的倾角 $\gamma$。如果角 $\gamma$ 可以调整，就成为变量泵。角 $\gamma$ 越大，输油量也就越大。

图 6-9　轴向柱塞泵的工作原理
1—配流盘　2—缸体　3—柱塞　4—斜盘

　　上述这种结构的轴向柱塞泵在用于高压时，为减轻柱塞球形头与斜盘接触点受力严重磨损的现象，往往采用图 6-10 所示的滑履式结构。在这种结构中，柱塞的球形头与滑履的内球面接触，而滑履的底平面与斜盘平面接触，这样，便把点接触改变成面接触，大大降低了柱塞球形头的磨损。

　　轴向柱塞泵的优点是结构紧凑，径向尺寸小，能在高压和高转速下工作，并具有较高的容积效率，因此在高压系统中应用较多。但是这种泵的结构复杂，价格昂贵。

图 6-10　滑履式结构

1—缸体　2—柱塞　3—滑履　4—斜盘

图 6-11　液压泵输出功率的计算

### 五、泵用电动机功率的计算

为了确定液压泵配套用的电动机功率 $P$，需先计算泵的输出功率 $P_o$。

在图 6-11 中，设泵的输出流量 $q$ 全部进入液压缸左腔，其工作压力为 $p$，右腔回油压力等于零。作用在活塞有效工作面积 $A$ 上的液压力为 $pA$，此力推动活塞克服负载阻力 $F$ 向右运动，其速度为 $v$。

假设系统的能量损失很小可以忽略不计，则根据能量守恒定律，可得液压泵的输出功率：

$$P_o = Fv = pAv$$

因

$$Av = q$$

故

$$P_o = pq \tag{6-1}$$

上式中，$p$ 的单位为 Pa，$q$ 的单位为 $m^3/s$，$P_o$ 的单位为 W，但常用的功率单位为 kW，所以将式（6-1）写成便于计算的形式：

$$P_o = \frac{pq}{1000} \tag{6-2}$$

计算泵的配套电动机功率 $P$ 时，应考虑泵的总效率 $\eta$，即

$$P = \frac{P_o}{\eta} = \frac{pq}{1000\eta} \tag{6-3}$$

式中　$P$——配套电动机的功率（kW）；

　　　$p$——液压泵的工作压力（Pa）；

　　　$q$——液压泵的流量（$m^3/s$）；

　　　$\eta$——液压泵的总效率。通常，各种泵的 $\eta$ 值皆可由实验给出：齿轮泵 $\eta = 0.6 \sim 0.8$；叶片泵 $\eta = 0.75 \sim 0.85$；柱塞泵 $\eta = 0.75 \sim 0.9$。

## 第二节　液压马达

液压马达通常也有三种类型，即齿轮式液压马达、叶片式液压马达和柱塞式液压马达。

这里介绍叶片式液压马达的工作原理。

图 6-12 是叶片式液压马达的工作原理图。当压力油输入进油腔 $a$ 以后，此腔内的叶片均受到油液压力 $p$ 的作用。由于叶片 2 比叶片 1 伸出的面积大，所以叶片 2 获得的推力比叶片 1 大，二者推力之差相对转子中心形成一个力矩。同样，叶片 1 和 5、4 和 3、3 和 6 之间，由于液压力的作用而产生的推力差也都形成力矩。这些力矩方向相同，它们的总和就是推动转子沿顺时针方向转动的总力矩。

图 6-12　叶片式液压马达的工作原理

从图 6-12 可以看出，位于回油腔 $b$ 的各叶片不受液压推力作用（设出口压力为零），也就不能形成力矩。工作过的油液随着转子的转动，经回油腔和出口流入油箱。

应当指出，为保证通入压力油之后，液压马达的转子能立即旋转起来，必须在叶片底部设置预紧弹簧，并将压力油引入叶片底部，使叶片能压紧在定子内表面上（图 6-12 中未表示出这种结构）。

叶片式液压马达的体积较小，动作灵敏，但泄漏较大，效率较低。适用于高速、低转矩以及要求动作灵敏的工作场合。

液压马达（或液压泵）的每转排油量称为排量，以 $V_m$ 表示，单位为 $m^3/r$ 或 $cm^3/r$（$mL/r$）。上面介绍的叶片式液压马达因其排量不可调，故属定量马达。若将液压马达做成可以改变排量的结构（如柱塞式液压马达），则为变量马达。

为便于分析液压马达的主要工作特性，假设它的功率损失可以忽略不计，则液压马达的转速与转矩的计算公式如下：

$$n = \frac{q}{V_m} \tag{6-4}$$

$$T = \frac{pV_m}{2\pi} \tag{6-5}$$

式中　$n$——液压马达的输出转速（$r/s$）；

　　　$q$——液压马达的输入流量（$m^3/s$）；

　　　$V_m$——液压马达的排量（$m^3/r$）；

　　　$T$——液压马达的输出转矩（$N \cdot m$）；

　　　$p$——液压马达的工作压力（$Pa$）。

对于定量液压马达，$V_m$ 为定值，在 $q$ 和 $p$ 不变的情况下，其输出转速 $n$ 和转矩 $T$ 皆不可改变；对于变量液压马达，$V_m$ 的大小可以调节，因而它的输出转速 $n$ 和转矩 $T$ 是可以改变的。在 $q$ 和 $p$ 不变的情况下，若使 $V_m$ 增大，则 $n$ 减小，$T$ 增大。

实际应用中还有另一种叶片式液压马达，其输出不是连续的转动，而是往复摆动（摆角小于 $360°$），这种液压马达称摆动液压马达。摆动液压马达的结构原理如图 6-13 所示。

图 6-13　摆动液压马达
1—缸体　2—隔板　3—轴　4—叶片

# 第三节　液　压　缸

液压缸是执行元件，它能将液压能转换成直线运动形式的机械能，输出速度和推力。液压缸有两种基本型式，即活塞式液压缸（有单杆和双杆两种结构）和柱塞式液压缸。此外，实际应用中还出现多种结构型式的组合式液压缸。

## 一、双杆活塞式液压缸

在图 5-2 中，已经表示双杆活塞式液压缸在液压系统中的应用。这种液压缸主要由缸体、活塞和两根直径相同的活塞杆所组成。缸体是固定的，当液压缸的右腔进油、左腔回油时，活塞向左移动；反之，活塞向右移动。

双杆液压缸也可以做成活塞杆固定不动、缸体移动的结构，如图 6-14 所示。这时，活塞杆通常做成空心的，以便进油和回油。在外圆磨床中，带动工作台往复运动的液压缸通常就是这种型式。

图 6-14　缸体移动式双杆活塞液压缸

在双杆液压缸中，由于活塞两边的有效作用面积相等，当左、右两腔相继进入压力油时，若流量及压力皆相等，则活塞（或缸体）往返运动的速度或推力也是相等的。

## 二、单杆活塞式液压缸

单杆活塞式液压缸的工作原理如图 6-15 所示。其特点是活塞的一端有杆，而另一端无杆，所以活塞两端的有效作用面积不等。当左、右两腔相继进入压力油时，即使流量及压力皆相等，活塞往返运动的速度及推力也不相等。当无杆腔进油时，因活塞有效面积大，所以

83

速度小，推力大；当有杆腔进油时，因活塞有效面积小，所以速度大，推力小。

上述特点可以列式说明如下：

假设活塞与活塞杆的直径分别为 $D$ 和 $d$（见图 6-15），当无杆腔进油、工作台向左运动时，速度为 $v_1$，推力为 $F_1$，则有

图 6-15　单杆活塞式液压缸的工作原理

$$v_1 = \frac{q}{A_1} = \frac{q}{\pi D^2 / 4} \tag{6-6}$$

$$F_1 = pA_1 = \frac{\pi}{4} D^2 p \tag{6-7}$$

当有杆腔进油、工作台向右运动时，速度为 $v_2$，推力为 $F_2$，则有

$$v_2 = \frac{q}{A_2} = \frac{q}{\pi (D^2 - d^2) / 4} \tag{6-8}$$

$$F_2 = pA_2 = \frac{\pi}{4} (D^2 - d^2) p \tag{6-9}$$

比较上述公式，因为 $A_1 > A_2$，所以 $v_1 < v_2$，$F_1 > F_2$。这个特点常用于实现机床的工作进给（用 $v_1$、$F_1$）和快速退回（用 $v_2$、$F_2$）。

单杆液压缸还有一个重要特点，就是当液压缸两腔同时接通压力油（见图 6-16）时，由于活塞两端有效面积不等，作用于活塞两端的液压力不等（$F_1 > F_2$），产生的推力等于活塞两侧液压推力的差值，即 $F_3 = F_1 - F_2$，在此推力 $F_3$ 的作用下，活塞产生差动运动，得速度 $v_3$。这时，液压缸左腔排油进入右腔，设流量为 $q_回$，右腔得到的总流量 $q_总$ 为 $q$ 与 $q_回$ 之和，即

图 6-16　单杆液压缸的差动连接

$$q_总 = q + q_回$$

因为 　　　　　　　　　　$q_总 = A_1 v_3$

$$q_回 = A_2 v_3$$

所以 　　　　　　　　　　$A_1 v_3 = q + A_2 v_3$

整理后得

$$v_3 = \frac{q}{A_1 - A_2} = \frac{q}{A_3} \tag{6-10}$$

而推力为

$$F_3 = F_1 - F_2 = p(A_1 - A_2) = pA_3 \tag{6-11}$$

式中，$A_3$ 为活塞两端有效作用面积之差，即活塞杆的截面积 $A_3 = A_1 - A_2 = \frac{\pi}{4} d^2$。

与式（6-6）及式（6-7）相比较，由于 $A_3 < A_1$，所以 $v_3 > v_1$，得到快速运动；但 $F_3 < F_1$，推力减小。

如上所述，当单杆液压缸两腔互通并接入压力油时，活塞可作差动快速运动，液压缸的这种油路连接称为差动连接。液压缸的差动连接是在不增加液压泵流量的情况下实现快速运动的有效方法。在机床液压系统中，常通过控制阀来改变单杆缸的油路连接，从而获得快进（差动连接）—工进（无杆腔进油）—快退（有杆腔进油）的进给工作循环。

单杆活塞式液压缸在实际应用中，可以做成缸体固定、活塞移动的结构，也可做成活塞杆固定、缸体移动的结构。

### 三、柱塞式液压缸

柱塞式液压缸的工作原理如图 6-17 所示。这种液压缸只能在压力油的作用下产生单向运动，另一个方向的运动往往靠它本身的自重（垂直放置时）或弹簧力等其他外力来实现。为了得到大行程的双向运动，柱塞液压缸常成对使用，如图 6-18 所示。

图 6-17　柱塞式液压缸

图 6-18　柱塞缸成对使用

一般机床中常用活塞式液压缸，但行程较长时，宜采用柱塞式液压缸。因对于缸体较长的活塞缸，它的内壁精加工比较困难，而柱塞缸的缸体内壁与柱塞不接触，不需要精加工，这时只需将缸的端盖与柱塞配合的内孔精加工就可以了，这样，结构简单，制造容易。

柱塞液压缸的柱塞通常做成空心的（见图 6-17），这样可以减轻重量，防止柱塞下垂（水平放置时），降低密封装置的单面磨损。

### 四、组合式液压缸

#### 1. 伸缩缸

伸缩缸又称多级缸，它由两级或多级活塞缸套装而成，图 6-19 所示为其示意图。前一级活塞缸的活塞就是后一级活塞缸的缸筒。伸缩缸逐个伸出时，有效工作面积逐次减小，因此，当输入流量相同时，外伸速度逐次增大；当负载恒定时，液压缸的工作压力逐次增高。空载缩回的顺序一般是从小活塞到大活塞，收缩后液压缸总长度较短，结构紧凑，适用于安装空间受到限制而行程要求很长的场合。例如，起重机伸缩臂液压缸、自卸汽车升举液压缸等。

85

**2. 齿条活塞缸**

齿条活塞缸由带有齿条杆的双活塞缸和齿轮齿条机构所组成,如图 6-20 所示。活塞的往复移动经齿轮齿条机构变成齿轮轴的往复转动。它多用于自动线、组合机床等的转位或分度机构中。

图 6-19　伸缩缸

图 6-20　齿条活塞缸
1—齿条杆　2—小齿轮

## 五、液压缸的密封

在液压缸及其他液压元件中,凡是容易造成泄漏的地方,都应该采取密封措施。液压缸的密封,主要是指活塞与缸体、活塞杆与端盖之间的动密封以及端盖与缸体之间的静密封。常用的密封方法有下面两种:

**1. 间隙密封**

它依靠运动件之间很小的配合间隙来保证密封,图 6-21 所示就是这种密封方法。活塞上开有几个环形小槽,环形槽的作用是:一方面可以减少活塞与缸体的接触面积,增强密封作用;另一方面,由于环形槽的油压作用,使活塞处于中心位置工作。这种密封的摩擦力小,但密封性能差,要求加工精度高,只适用于低压的场合。

**2. 密封圈密封**

密封圈密封是液压系统中应用最广泛的一种密封方法。

图 6-21　间隙密封

密封圈通常是用耐油橡胶压制成的,它通过本身的受压弹性变形来实现密封。橡胶密封圈的断面通常做成 O 形、Y 形和 V 形,如图 6-22 所示。其中,O 形密封圈密封性能良好,摩擦阻力较小,结构简单,制造容易,体积小,装卸方便,适用压力范围较广,因此应用极为普遍。它既可以作为运动件之间的动密封,又可作为固定件之间的静密封;既可用于液压缸的密封,又常用于其他液压装置(如泵、阀等)的密封。图 6-23 表示 O 形密封圈在液压缸中的应用。橡胶密封圈是标准件,其技术规格及使用条件可参阅有关手册。

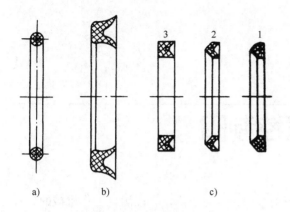

图 6-22　常用的橡胶密封圈

a) O 形圈　b) Y 形圈　c) V 形圈

1—支承环　2—密封环　3—压环

图 6-23　O 形密封圈在液压缸中的应用

a—动密封　b—静密封

1—后盖　2—活塞　3—缸体　4—前盖

## 复 习 题

6-1　从能量转换的角度说明液压泵、液压马达和液压缸的作用。

6-2　液压泵的基本原理是怎样的？常用的液压泵有哪几种？具体说明一种液压泵的工作过程。

6-3　齿轮泵、叶片泵、柱塞泵各适用于什么样的工作压力？

6-4　哪些液压泵可以做成变量泵？其变量原理是怎样的？

6-5　限压式变量叶片泵具有什么样的工作特性？说明限压式变量叶片泵的实用意义。

6-6　用一叶片泵供给系统以压力油，输油流量为 25L/min，最大供油压力为 6MPa，试计算配套电动机的功率。

6-7　柱塞泵适用于高压系统，这是为什么？

6-8　液压泵总效率 $\eta$ 的高低主要与哪些因素有关？为什么齿轮泵的 $\eta$ 值较低？

6-9　简要说明叶片式液压马达的工作原理。叶片式液压马达的转速是否可以调节？

6-10　双杆活塞式液压缸在结构性能方面有什么特点？

6-11　什么叫液压缸的差动连接？单杆液压缸的差动连接在工程实际应用中有什么意义？

6-12　在图 6-24 所示的单杆液压缸中，已知缸体内径 $D=125\text{mm}$，活塞杆直径 $d=70\text{mm}$，活塞向右运动的速度 $v=0.1\text{m/s}$。求进入液压缸的流量 $q_1$ 和从液压缸流出的流量 $q_2$ 各有多大？

6-13　柱塞式液压缸有什么特点？

6-14　说明伸缩缸的工作原理。

6-15　液压缸的哪些部位需要密封？常见的密封方法有哪些？

图 6-24　题 6-12 图

# 第七章

# 液压控制阀

在液压系统中，为了控制与调节油液的流动方向、压力或流量，以满足工作机械的各种要求，就要用到控制阀（简称阀）。按照功用，控制阀分为方向控制阀、压力控制阀和流量控制阀三大类。按照安装联接方式的不同，控制阀有管式（螺纹式）、板式、法兰式、插装式和叠加式等多种结构。控制阀是标准元件，它们的类型代号和技术规格详见有关手册。

## 第一节　方向控制阀

方向控制阀用于控制液压系统中油液的流动方向，按用途分为单向阀和换向阀两种类型。

### 一、单向阀

单向阀的作用是只许油液往一个方向流动，不可倒流。

图 7-1 所示为单向阀的结构原理和符号，其中图 7-1a 为直通式结构，图 7-1b 为直角式结构，图 7-1c 为单向阀的符号。压力油从进油口 $A$ 流入，从出油口 $B$ 流出。反向时，因油口 $B$ 一侧的压力油将阀芯紧压在阀体上，阀芯的锥面使阀口关闭，油流即被切断。

图 7-1　单向阀的结构和符号
a）管式　b）板式　c）符号
1—阀体　2—阀芯　3—O 形密封圈

直通式单向阀，通常将它的进出油口制成连接螺纹，直接与油管接头连接，成为管式单向阀；直角式单向阀，通常将它的进出油口开在同一平面内，成为板式单向阀。安装板式元件时，可将阀对着底板用螺钉固定，底板与阀的油口之间用 O 形密封圈密封，底板与油管接头又采用螺纹连接。

　　根据系统的需要，有时要使被单向阀所闭锁的油路重新接通，因此可把单向阀做成闭锁油路能够控制的结构，这就是液控单向阀。图 7-2 所示为液控单向阀的结构原理和符号。在图 7-2a 中，当控制油口 $X$ 未通控制压力油时，主通道中的油液只能从进油口 $A$ 流入，顶开阀芯从出油口 $B$ 流出，相反方向则闭锁不通。当控制油口 $X$ 接通控制压力油时，控制活塞往右移动，借助于右端悬伸的顶杆将阀芯顶开，使进油口和出油口接通，油液可以沿两个方向自由流动。图 7-2b 是液控单向阀的符号。

## 二、换向阀

### （一）换向阀的工作原理

　　换向阀的作用是利用阀芯和阀体间相对位置的改变，来变换油流的方向，接通或关闭油路，从而控制执行元件的换向、启动或停止。当阀芯和阀体处于图 7-3 所示的相对位置时，液压缸两腔不通压力油，处于停机状态。若对阀芯施加一个从右往左的力使其左移，阀体上的油口 $P$ 和 $A$ 连通，$B$ 和 $T$ 连通，压力油经 $P$、$A$ 进入液压缸左腔，活塞右移；右腔油液经 $B$、$T$ 回油箱。反之，若对阀芯施加一个从左往右的力使其右移，则 $P$ 和 $B$ 连通，$A$ 和 $T$ 连通，活塞便左移。

图 7-2　液控单向阀的结构原理和符号
a）结构原理　b）符号

图 7-3　换向阀的工作原理
1—阀芯　2—阀体

### （二）换向阀的分类

　　按阀芯在阀体内的工作位置数和换向阀所控制的油口通路数分，换向阀有二位二通、二位三通、二位四通、二位五通、三位四通、三位五通等类型（见表 7-1）。不同的位数和通数是由阀体上的沉割槽和阀芯上台肩的不同组合形成的。将五通阀的两个回油口 $T_1$ 和 $T_2$ 沟通成一个油口 $T$，即成四通阀。

　　按阀芯换位的控制方式分，换向阀有手动、机动、电动、液动和电液动等类型。

### （三）换向阀的主体结构和图形符号表示（见表 7-1、图 7-4、图 7-5）

表 7-1　换向阀的主体结构和图形符号

| 名　　称 | 结构原理图 | 符　　号 |
|---|---|---|
| 二位二通 | （A　P） | （A／P） |

（续）

| 名　称 | 结构原理图 | 符　号 |
|---|---|---|
| 二位三通 | | |
| 二位四通 | | |
| 三位四通 | | |
| 二位五通 | | |
| 三位五通 | | |

图 7-4　三位四通电磁换向阀

a）结构原理　b）符号

1—阀体　2—弹簧　3—弹簧座　4—阀芯　5—线圈　6—衔铁　7—隔套　8—壳体　9—插头组件

1）位数用方格（一般为正方格，五通阀用长方格）数表示，二格即二位，三格即三位。

2）在一个方格内，箭头或封闭符号"⊥"与方格的交点数为油口通路数，即"通"数。箭头表示两油口连通，但不表示流向；"⊥"表示该油口不通流。

3）控制机构和复位弹簧的符号画在主体符号两端的任意位置上（位于中间或一侧）。

图 7-5　二位四通电磁阀的符号

a）单电磁铁弹簧复位式　b）双电磁铁机械定位式

4）P 表示进油口，T 表示通油箱的回油口，A 和 B 表示联接其他两个工作油路的油口。

5）三位阀的中格、二位阀画有弹簧的一格为阀的常态位。常态位应画出外部联接油口。

### （四）三位换向阀的中位机能

三位阀常态位各油口的连通方式称为中位机能。中位机能不同，阀在中位时对系统的控制性能也不相同。三位四通换向阀常见的中位机能型号、符号及其特点如表 7-2 所示。

表 7-2　三位四通换向阀的中位机能

| 机能型号 | 符　号 | 中位油口状况、特点及应用 | 机能型号 | 符　号 | 中位油口状况、特点及应用 |
|---|---|---|---|---|---|
| O | | $P$、$A$、$B$、$T$ 四油口全封闭，液压缸闭锁，液压泵不卸荷 | P | | $P$、$A$、$B$ 三油口相通，$T$ 油口封闭，泵与缸两腔相通，可构成差动油路 |
| H | | $P$、$A$、$B$、$T$ 四油口全串通，液压缸活塞处于浮动状态，泵卸荷 | M | | $P$、$T$ 相通，$A$、$B$ 封闭，缸闭锁，泵卸荷 |
| Y | | $P$ 油口封闭，$A$、$B$、$T$ 三油口相通，活塞浮动，泵不卸荷 | | | |

### （五）几种常用的换向阀

#### 1. 电磁换向阀

（1）结构原理　电磁换向阀是利用电磁铁吸力操纵阀芯换位的方向控制阀。图 7-4 所示为三位四通电磁换向阀的结构原理和符号。阀的两端各有一个电磁铁和一个对中弹簧，阀在常态时阀芯处于中位。当右端电磁铁通电吸合时，衔铁通过推杆将阀芯推至左端，换向阀就在右位工作；反之，左端电磁铁通电吸合时，换向阀就在左位工作。

图 7-5 所示为二位四通电磁阀的符号，图 7-5a 为单电磁铁弹簧复位式，图 7-5b 为双电磁铁机械定位式。二位电磁阀一般都是单电磁铁控制的，但无复位弹簧的双电磁铁二位阀由于电磁铁断电后仍能保留通电时的状态，从而减少了电磁铁的通电时间，延长了电磁铁的寿命，节约了能源。此外，当电源因故中断时，电磁阀的工作状态仍能保留下来，可以避免系统失灵或出现事故，这种"记忆"功能，对于一些连续作业的自动化机械和自动线来说，往往是十分需要的。

91

（2）电磁铁的性能　电磁铁按所接电源的不同，分交流和直流两种基本类型。交流电磁铁使用方便，起动力大，但换向时间短（约 0.01 ~ 0.07s），换向冲击大，噪声大，换向频率低（约 30 次/min），而且当阀芯被卡住或由于电压低等原因吸合不上时，线圈易烧坏。直流电磁铁需直流电源或整流装置，但换向时间长（约 0.1 ~ 0.15s），换向冲击小，换向频率允许较高（最高可达 240 次/min），而且有恒电流特性，当电磁铁吸合不上时，线圈不会烧坏，故工作可靠性高。还有一种本整型（本机整流型）电磁铁，其上附有二极管整流线路和冲击电压吸收装置，能把接入的交流电整流后自用，因而兼具了前述两者的优点。

（3）电磁球阀　上述电磁阀的阀芯皆为滑动式圆柱阀芯，故这种电磁阀又称电磁滑阀。近年来出现了一种电磁球阀（又称电磁球式座阀），它以电磁力为动力，推动钢球来实现油路的切换。电磁球阀目前只能做成二位阀，但可以用两个二位阀组成一个三位阀。图 7-6、图 7-7 分别给出了二位三

图 7-6　二位三通电磁球阀的符号

a）常开型　b）常闭型

通电磁球阀的符号和用两个二位三通电磁球阀组成一个三位四通电磁球阀的原理示意。

与电磁滑阀相比较，电磁球阀具有密封性好、反应速度快、使用压力高和适应能力强等优点，是一种颇具特色的换向阀。电磁球阀的主要缺点是不像滑阀那样具备多种位通组合形式和多种中位机能，故目前应用还不够广泛。

图 7-7　三位四通电磁球阀的组成原理

**2. 液动换向阀和电液换向阀**

（1）液动换向阀　液动换向阀依靠油压作用来改变滑阀阀芯的位置，以实现油路的切换。图 7-8a、b 所示皆为三位四通液动换向阀的符号。

液动换向阀的工作流量通常都比较大，为了控制阀芯移动的速度，减少换向冲击和噪声，对于有较高要求的液动换向阀，它的两端带有单向节流装置（称阻尼调节器，见图 7-8b），调节节流开口，即可调节阀的换向时间。

（2）电液换向阀　电液换向阀由电磁阀和液动阀组合而成。这里，电磁阀起先导作用（称先导阀），用以改变控制压力油的流动方向，实现液动阀（主阀）换向。所以，可以用较小规格的电磁阀来实现对较大流量的主压力油流动方向的切换控制。

电液换向阀的符号如图 7-9 所示，其中，图 7-9a 是详细符号，图 7-9b 是简化符号。下

面根据图 7-9a 来说明电液换向阀的工作原理：当三位电磁阀左侧的电磁铁通电时，它的左位接入控制油路，控制压力油推开左边的单向阀进入液动阀的左端油腔，液动阀右端油腔的油液经右边的节流阀及电磁阀流回油箱，这时液动阀的阀芯右移，它的左位接入主油路系统。当三位电磁阀右侧的电磁铁通电（左侧电磁铁断电）时，情况则相反，液动阀右位便接入主油路系统。当电磁阀两侧电磁铁皆不通电时，液动阀两端油腔皆通过电磁阀中位与油箱连通，在平衡弹簧的作用下，液动阀的中位也接入系统（图示情况）。

图 7-8　液动换向阀的符号

a）换向时间不可调型

b）换向时间可调型

图 7-9　电液换向阀的符号

a）详细符号　b）简化符号

### 3. 机动换向阀和手动换向阀

（1）机动换向阀　机动换向阀也叫行程阀，它通常用装在工作台一侧的行程挡块来推压阀芯，实现油路的切换。机动阀通常为二位阀，它有二通、三通、四通、五通等几种。二位二通阀有常闭和常开两种形式。机动阀的控制机构又分为顶杆式和滚轮式两种。图 7-10 给出了顶杆控制式二位二通（常闭和常开）机动阀和滚轮控制式二位三通机动阀的符号。

（2）手动换向阀　手动换向阀是用手动杠杆操纵的换向阀。手动阀分为自动复位式和机械定位式两种，图 7-11 给出了三位四通手动换向阀的符号。

图 7-10　机动换向阀的符号

a）顶杆控制、二通、常闭　b）顶杆控制、二通、常开　c）滚轮控制、三通

图 7-11　手动换向阀的符号

a）自动复位式　b）机械定位式

# 第二节　压力控制阀

压力控制阀用来控制液压系统中的压力，或利用系统中的压力变化来控制某些元件的动作。按照用途的不同，压力控制阀分为溢流阀、减压阀、顺序阀和压力继电器等。

## 一、溢流阀

溢流阀的主要功用是控制和调整液压系统的压力（故又称调压阀），以保证系统在一定压力或安全压力下工作。

### （一）溢流阀的结构原理

溢流阀有多种用途，主要是在溢去系统多余油液的同时使泵的供油压力得到调整并保持基本恒定。溢流阀按其结构原理分为直动式和先导式两种。

### 1. 直动式溢流阀

图 7-12 所示为锥阀型（还有球阀型和滑阀型）直动式溢流阀。当进油口 $P$ 从系统接入的油液压力不高时，锥阀芯被弹簧紧压在阀座上，阀口关闭。当进口油压升高到能克服弹簧阻力时，便推开锥阀芯使阀口打开，油液就由进油口 $P$ 流入，再从回油口 $T$ 流回油箱（溢流），进油压力也就不会继续升高。当通过溢流阀的流量变化时，阀口开度即弹簧压缩量也随之改变。但在弹簧压缩量变化甚小的情况下，可以认为阀芯在液压力和弹簧力作用下保持平衡，溢流阀进口处的压力基本保持为定值。拧动调压螺钉改变弹簧预压缩量，便可调整溢流阀的溢流压力。

图 7-12　直动式溢流阀
1—阀体　2—锥阀芯
3—弹簧　4—调压螺钉

这种溢流阀因进口压力油直接作用于阀芯，故称直动式溢流阀。直动式溢流阀一般只能用于低压或小流量处。因控制较高压力或较大流量时，需要装刚度较大的硬弹簧，不但手动调节困难，而且阀口开度（弹簧压缩量）略有变化便引起较大的压力波动，不能稳定。系统压力较高时就需要采用先导式溢流阀。

### 2. 先导式溢流阀

图 7-13 所示为一种板式连接的先导式溢流阀。由图可见，先导式溢流阀由先导阀和主阀两部分组成。先导阀就是一个小规格的直动式溢流阀，而主阀阀芯是一个具有锥形端部、中间开有阻尼小孔 $R$ 的圆柱筒体。

如图 7-13 所示，油液从进油口 $P$ 进入，经阻尼孔 $R$ 到达主阀弹簧腔，并作用在先导阀阀芯上（一般情况下，外控口 $X$ 是堵塞的）。当进油压力不高时，液压力不能克服先导阀的弹簧阻力，先导阀口关闭，阀内无油液流动。这时，主阀芯因前后腔油压相同，故被主阀弹簧压在阀座上，主阀口亦关闭。当进油压力升高到超过先导阀弹簧的预调压力时，先导阀口打开，主阀弹簧腔的油液流过先导阀口并经阀体上的通道和回油口 $T$ 流回油箱。这时，油液流过阻尼小孔 $R$，产生压力损失，使主阀芯两端形成了压力差。主阀芯在此压差作用下克服弹簧阻力向上移动，使进、回油口连通，达到溢流稳压的目的。拧动先导阀的调压螺钉便能

94

调整溢流压力。更换不同刚度的调压弹簧，便能得到不同的调压范围。

在先导式溢流阀中，先导阀的作用是控制和调节溢流压力，主阀的功能则在于溢流。先导阀因为只通过泄油，其阀口直径较小，即使在较高压力的情况下，作用在锥阀芯上的液压推力也不是很大，因此调压弹簧的刚度不必很大，压力调整也就比较轻便。主阀芯因两端均受油压作用，主阀弹簧只需很小的刚度，当溢流量变化引起弹簧压缩量变化时，进油口的压力变化不大，故先导式溢流阀的稳压性能优于直动式溢流阀。但先导式溢流阀是二级阀，其灵敏度低于直动式阀。

图 7-14 所示为溢流阀的符号。其中，图 7-14a 为直动式溢流阀的符号；图 7-14b 为先导式溢流阀的符号。

图 7-13　先导式溢流阀
1—先导阀　2—主阀
P—进油口　T—回油口　X—外控口　R—阻尼孔

图 7-14　溢流阀的符号
a）直动式符号
b）先导式符号

**（二）溢流阀的应用**

图 7-15 所示为溢流阀的三种应用实例。

图 7-15　溢流阀的应用
a）用于溢流稳压　b）用于防止过载　c）用于远程调压

（1）用于溢流稳压　图 7-15a 所示为一定量泵供油系统，与执行机构油路并联一个溢流阀，起着溢流稳压的作用。在系统工作的情况下，溢流阀的阀口通常是打开的，进入液压缸的流量由节流阀调节，系统的工作压力由溢流阀调节并保持恒定。

（2）用于防止过载　图 7-15b 所示为一变量泵供油系统，与执行机构油路并联一个溢流阀，起着防止系统过载的安全保护作用，故又称安全阀。此阀的阀口在系统正常工作情况下是闭合的。在此系统中，液压缸需要的流量由变量泵本身调节，系统中没有多余的油液，系统的工作压力决定于负载的大小。只有当系统的压力超过预先调定的最大工作压力时，溢流阀的阀口才打开，使油溢回油箱，保证了系统的安全。

（3）实现远程调压　机械设备液压系统中的泵、阀通常都组装在液压站上，为使操作人员就近调压方便，可按图 7-15c 所示，在控制工作台上安装一远程调压阀 1（实际就是图 7-12 所示的直动式溢流阀），并将其进油口与安装在液压站上的先导式溢流阀 2 的外控口相连。这相当于使阀 2 除自身先导阀外又加接了一个先导阀。调节阀 1 便可对阀 2 实现远程调压。显然，远程调压阀 1 所能调节的最高压力不得超过溢流阀 2 自身先导阀的调定压力。

## 二、减压阀

减压阀可以用来减压、稳压，将较高的进口油压降为较低而稳定的出口油压。

减压阀的工作原理是依靠压力油通过缝隙（液阻）降压，使出口压力低于进口压力，并保持出口压力为一定值。缝隙愈小，压力损失愈大，减压作用就愈强。

图 7-16a 为常用的先导式减压阀的结构原理图。压力为 $p_1$ 的压力油从阀的进油口 A 流入，经过缝隙 $\delta$ 减压以后，压力降低为 $p_2$，再从出油口 B 流出。当出口压力 $p_2$ 大于调整压力时，锥阀就被顶开，主滑阀右端油腔中的部分压力油便经锥阀开口及泄油孔 Y 流入油箱。由于主滑阀阀芯内部阻尼小孔 R 的作用，滑阀右端油腔中的油压降低，阀芯失去平衡而向右移动，因而缝隙 $\delta$ 减小，减压作用增强，使出口压力 $p_2$ 降低至调整的数值。当出口压力 $p_2$ 小于调整压力时，其作用过程与上述相反。减压阀出口压力的稳定数值，可以通过上部调压螺钉来调节。

图 7-16　减压阀
a）结构原理　b）符号

图 7-16b 为先导式减压阀的符号。

减压阀与溢流阀相比较，最主要的区别是：

1）减压阀利用出口油压与弹簧力平衡，而溢流阀则利用进口油压与弹簧力平衡。

2）减压阀的进、出油口均有压力，所以弹簧腔的泄油需从外部单独接回油箱（称外部回油）。而溢流阀的泄油可沿内部通道经回油口流回油箱（称内部回油）；

3）非工作状态时，减压阀的阀口是常开的（为最大开口），而溢流阀则是常闭的。

这三点区别从它们二者的符号中也可以看出。

图 7-17 所示为减压阀的应用举例。在使用定量泵的机床油路系统中，液压缸的工作压力 $p_1$ 较高，用溢流阀调节。控制油路的工作压力 $p_2$ 较低，润滑油路的工作压力 $p_3$ 则更低，皆可用减压阀来调节。

图 7-17　减压阀应用举例

## 三、顺序阀

顺序阀的功用是利用液压系统中的压力变化来控制油路的通断，从而实现某些液压元件按一定的顺序动作。顺序阀也有直动式和先导式两种结构。此外，根据所用控制油路连接方式的不同，顺序阀又可以分为内控型和外控型两种。

**1. 结构原理**

图 7-18a 所示为一种直动式顺序阀的结构原理。压力油由进油口 $A$ 经阀体 4 和下盖 7 的小孔流到控制活塞 6 的下方，使阀芯 5 受到一个向上的推力作用。当进口油压较低时，阀芯在弹簧 2 的作用下处于下部位置，这时进、出油口 $A$、$B$ 不通。当进口油压增大到预调的数值以后，阀芯底部受到的推力大于弹簧力，阀芯上移，进、出油口连通，压力油就从顺序阀流过。顺序阀的开启压力可以用调压螺钉 1 来调节。在此阀中，控制活塞的直径很小，因而阀芯受到的向上推力不大，所用的平衡弹簧就不需太硬，这样，可以使阀在较高的压力下工作（可达 7MPa）。

顺序阀的进、出油口均有压力，所以它的弹簧腔泄油需从上盖 3 的泄油口 $Y$（见图 7-18a）单独接入油箱，这是区别于溢流阀的一个重要标志。

在图 7-18a 中，控制活塞下方的控制压力油经内部通道直接来源于阀的进口，这种控制方式的顺序阀称为内控顺序阀。图 7-18b 为内控顺序阀的符号。

若将图 7-18a 所示的阀稍加改装，即将下盖转过 90°安装，并打开外控口 $X$ 的堵头，接通外控油路，就成了外控顺序阀。外控顺序阀的符号如图 7-18c 所示。

**2. 应用举例**

图 7-19 所示为机床加工常用的定位夹紧油路，顺序阀用来实现对工件先定位后夹紧的动作顺序。当二位四通手动阀的右位接入油路时，压力油首先进入定位缸下腔，完成定位动作以后，系统中压力升高，达到顺序阀的调定压力时，顺序阀被打开，压力油就经过顺序阀流入夹紧缸下腔，实现液压夹紧。当搬动二位四通阀的手柄使它的左位接入油路时，压力油则同时进入定位缸和夹紧缸的上腔，拔出定位销，松开工件，此时夹紧缸通过单向阀回油。

在图 7-19 中，顺序阀和单向阀并联工作。为了减少接入油路的元件数量，实用中往往将此二阀用一个组合式元件——单向顺序阀来代替。图中带点画线框的组合图形即为单向顺序阀的符号。

97

图 7-18　顺序阀　　　　　　　　　　　　　图 7-19　顺序阀应用举例

a) 结构原理　b) 内控型符号　c) 外控型符号

1—调压螺钉　2—弹簧　3—上盖　4—阀体

5—阀芯　6—控制活塞　7—下盖

## 四、压力继电器

压力继电器的功用是利用液压系统中的压力变化来控制电路的通断，从而将液压信号转变为电气信号，以实现系统的程序控制或安全控制。任何压力继电器都由压力-位移转换装置和微动开关两部分组成。按前者的结构分，有柱塞式、弹簧管式、膜片式和波纹管式四类，其中以柱塞式最常用。

图 7-20 所示为单柱塞式压力继电器的结构原理及符号。压力油从油口 $P$ 通入作用在柱塞 1 的底部，若其压力已达到调定值时，便克服上方弹簧阻力和柱塞摩擦力推动柱塞上升，通过顶杆 3 触压微动开关 5 发出电信号。限位挡块 2 可在压力超载时保护微动开关。

压力继电器的性能指标主要有两项：

（1）调压范围　即发出电信号的最低和最高工作压力间的范围。打开面盖，拧动调节螺杆 4，即可调整工作压力。

（2）通断区间　压力继电器发出电信号时的压力称为开启压力，切断电信号时的压力称为闭合压力。开启时，柱塞、顶杆向上移动所受的摩擦力方向与压力方向相反，闭合时则相同，故开启压力比闭合压力大。两者之差称为通断区间。

通断区间要有足够的数值，否则，系统压力脉动时，压力继电器发出的电信号会时断时续。为此，有的产品在结构上可人为地调整柱塞摩擦力的大小，使通断区间的数值可调。

图 7-21 是压力继电器的应用举例。当活塞带动工作部件碰上死挡块（又称死挡铁）以后，液压缸进油腔的压力升高，达到某一调定数值时，压力继电器就发出电信号，使电磁铁 1YA 断电，2YA 通电，活塞快速退回。

图 7-20 单柱塞式压力继电器
a) 结构原理 b) 符号
1—柱塞 2—限位挡块 3—顶杆
4—调节螺杆 5—微动开关

图 7-21 压力继电器应用举例

# 第三节 流量控制阀

流量控制阀用于控制液压系统中液体的流量。常用的流量控制阀有节流阀、调速阀等。

流量控制阀是液压系统中的调速元件，其调速原理是依靠改变阀口的通流截面积来控制液体的流量，以调节执行机构（液压缸或液压马达）的运动速度。

## 一、节流阀

### 1. 节流阀的结构原理

图 7-22a 所示为节流阀的结构原理。油从油口 $A$ 流入，经过阀芯下部的轴向三角形节流槽，再从油口 $B$ 流出。拧动阀上方的调节螺钉，可以使阀芯作轴向移动，从而改变阀口的通流截面积，使通过的流量得到调节。图 7-22b 为节流阀的符号。

### 2. 节流阀的流量特性

根据式（5-6）

$$\Delta p = Rq^n$$

有

$$q = \left(\frac{\Delta p}{R}\right)^{1/n}$$

令

$$\varphi = \frac{1}{n}$$

则

$$q = \left(\frac{\Delta p}{R}\right)^{\varphi} = \frac{(\Delta p)^{\varphi}}{R^{\varphi}}$$

图 7-22 节流阀
a) 结构原理 b) 符号

根据流体力学分析,有

$$\frac{1}{R^\varphi} = CA_T$$

因此,得节流阀流量特性方程

$$q = CA_T(\Delta p)^\varphi$$

式中　$q$——通过节流阀的流量;

　　　$C$——与阀口形状、几何尺寸、油液性质有关的系数;

　　　$A_T$——阀口的通流截面积;

　　　$\Delta p$——节流阀前后的压力差;

　　　$\varphi$——指数,由阀口结构形式所决定,通常 $0.5 \leqslant \varphi \leqslant 1$。

由流量特性方程可知:

1) 当阀口形状、结构尺寸及油液性质、节流阀前后的压力差一定（$C$、$\varphi$、$\Delta p$ 一定）时,只要改变阀的通流截面积 $A_T$,便可调节流量。

2) 当阀口通流截面积调整好以后（$A_T$ 一定）,若阀的前后压力差或油的粘度发生变化（$\Delta p$ 或 $C$ 值变化）,通过节流阀的流量也要发生变化。

在实际使用中,一方面由于执行机构的工作负载经常变化,导致节流阀前后的压力差变化;另一方面由于油温变化,会导致油的粘度变化,所以通过节流阀的流量也经常发生变化,使工作部件运动不平稳。

## 二、调速阀

### 1. 工作原理

通过节流阀流量特性分析可知,节流阀可用来调节速度,但不能稳定速度。对于运动平稳性要求较高的液压系统,通常采用调速阀。

调速阀是由减压阀和节流阀串联而成的组合阀。这里所用的减压阀与本章第二节介绍的先导式减压阀不同,是一种直动式减压阀,称定差减压阀。用这种减压阀和节流阀串联在油路里,可以使节流阀前后的压力差保持不变,从而使通过节流阀的流量亦保持不变,因此,执行机构的运动速度就得到稳定。

在图7-23a中,减压阀1和节流阀2串联在液压泵和液压缸之间。来自液压泵的压力油其压力为 $p_P$（由溢流阀调定）,经减压阀槽 $a$ 处的开口缝隙减压以后,流往槽 $b$,压力降为 $p_1$。接着,再通过节流阀流入液压缸,压力降为 $p_2$,在此压力的作用下,活塞克服负载力 $F$ 向右运动。若负载不稳定,当 $F$ 增大时,$p_2$ 也随之增大,减压阀阀芯左端液压推力增大,阀芯将失去平衡而向右移动,使槽口 $a$ 处的开口缝隙增大,减压作用减弱,$p_1$ 则亦增大,因而使压力差 $\Delta p = p_1 - p_2$ 保持不变,通过节流阀进入液压缸的流量也就保持不变。反之,当 $F$ 减小时,$p_2$ 也随之减小,减压阀阀芯失去平衡而向左移动,使槽 $a$ 处的开口缝隙减小,减压作用增强,则 $p_1$ 亦减小,因而仍使 $\Delta p = p_1 - p_2$ 保持不变,流量也就保持不变。

调速阀的符号如图7-23b、c所示,其中图b为详细符号,图c为简化符号。

### 2. 流量的温度补偿

在一般情况下,上述调速阀能获得较好的稳速性能。但是当通过的流量很小时,因为节流口的通流截面积也很小,油的粘度变化对流量的影响就比较大。所以当油温升高使油的粘

图 7-23  调速阀的工作原理和符号
a）工作原理  b）详细符号  c）简化符号

度变小时，通过调速阀的流量仍会增大。为了减小温度对流量的影响，可以采取一种补偿措施，做成温度补偿调速阀。温度补偿调速阀的结构原理跟普通调速阀大体上是相同的，主要不同之处在于温度补偿调速阀中的节流阀芯上方装了一个温度补偿杆，如图 7-24 所示。这种温度补偿杆是用热膨胀系数较大的聚氯乙烯塑料做成的，它能自动实现流量的温度补偿作用。当油温升高时，由于油的粘度减小，流量本应增加，但由于塑料杆受热膨胀而伸长，推动节流阀芯移动，关小了节流开口，这就在一定程度上控制了由于温度升高后油的粘度变小而引起的流量增加。

图 7-24  流量的温度补偿
1—阀芯  2—温度补偿杆

# 第四节  插装阀、比例阀、数字阀和电液伺服阀

本节从液压技术实用角度介绍插装阀、比例阀、数字阀和电液伺服阀等几种新型阀类。

## 一、插装阀

普通液压阀在流量小于 300L/min 的系统中性能良好，但用于大流量系统并不具有良好的性能，特别是阀的集成更成为难题。20 世纪 70 年代初，插装阀的出现为此开创了道路。

如图 7-25a 所示为插装阀的结构原理，它由控制盖板、插装主阀（由阀套、弹簧、阀芯及密封件组成）、插装块体和先导元件（置于控制盖板上、图中未画）组成。插装主阀采用插装式连接，阀芯为锥形。根据不同的需要，阀芯的锥端可开阻尼孔或节流三角槽，也可以是圆柱形阀芯。图 7-25b 为插装阀的一般符号。

控制盖板将插装主阀封装在插装块体内，并沟通先导阀和主阀。通过主阀阀芯的启闭，可对主油路的通断起控制作用。使用不同的先导阀可构成压力控制、方向控制或流量控制，并可组成复合控制。若干个不同控制功能的二通插装阀组装在一个或多个插装块体内便组成液压回路。

就工作原理而言，一个插装阀相当于一个液控单向阀，$A$ 和 $B$ 为主油路的两个仅有的工作油口（故又称为二通插装阀），$X$ 为控制油口。通过控制油口的启闭和对压力大小的控制，即可控制主阀阀芯的启闭和油口 $A$、$B$ 的流向与压力。

图 7-26 示出几个插装方向控制阀的实

图 7-25　插装阀
a) 结构原理　b) 符号
1—控制盖板　2—阀套　3—弹簧
4—阀芯　5—插装块体

例。图 7-26a 表示用作单向阀。设 $A$、$B$ 两腔的压力分别为 $p_A$ 和 $p_B$，当 $p_A > p_B$ 时，锥阀关闭，$A$ 和 $B$ 不通；当 $p_A < p_B$ 时，且 $p_B$ 达到一定数值（开启压力）时，便打开锥阀使油液从 $B$ 流向 $A$（若将图 7-26a 改为 $B$ 和 $X$ 腔沟通，便构成油液可从 $A$ 流向 $B$ 的单向阀）。图 7-26b 表示用作二位二通换向阀，在图示状态下，锥阀开启，$A$ 和 $B$ 腔连通；当二位三通电磁阀通电且 $p_A > p_B$ 时，锥阀关闭，$A$、$B$ 油路切断。图 7-26c 表示用作二位三通换向阀，在图示状态下，$A$ 和 $T$ 连通，$A$ 和 $P$ 断开；当二位四通电磁阀通电时，$A$ 和 $P$ 连通，$A$ 和 $T$ 断开。图 7-26d 表示用作二位四通阀，在图示状态下，$A$ 和 $T$、$P$ 和 $B$ 连通；当二位四通电磁阀通电时，$A$ 和 $P$、$B$ 和 $T$ 连通。用多个先导阀（如上述各电磁阀）和多个主阀相配，可构成复杂位通组合的二通插装换向阀，这是普通换向阀做不到的。

图 7-26　插装方向控制阀
a) 单向阀　b) 二位二通换向阀
c) 二位三通换向阀　d) 二位四通换向阀

对 $X$ 腔采用压力控制可构成插装压力控制阀。例如，构成先导型溢流阀的结构原理如图 7-27a 所示，在 $X$ 腔用直动型溢流阀 1 作为先导阀来控制插装主阀 2，并将 $B$ 口接通油箱。当 $A$ 腔油压升高到先导阀调定的压力时，先导阀打开，油液流过主阀芯阻尼孔 $R$ 造成两端压差，使主阀芯克服弹簧阻力开启，$A$ 腔压力油便通过打开的阀口经 $B$ 溢回油箱，实现溢流稳压。插装溢流阀的符号见图 7-27b。

若在控制盖板上设置阀芯行程调节机构以调节锥阀阀口的开度，则可做成流量控制阀，图 7-28 给出了带有手动调节推杆的插装节流阀符号。

图 7-27 插装溢流阀
a）结构原理 b）符号
1—先导阀 2—主阀芯 $R$—阻尼孔

图 7-28 插装节流阀的符号

插装阀及其集成系统有如下特点：

1）插装主阀结构简单，通流能力大，故用通径很小的先导阀与之配合便可构成通径很大的各种插装阀，最大流量可达 10000L/min。

2）不同的阀有相同的插装主阀，一阀多能，便于实现标准化。

3）泄漏小，便于实现无管连接，先导阀功率又很小，具有明显的节能效果。

插装阀目前广泛用于冶金、船舶、塑料机械、压力加工机械等大流量系统中。

## 二、比例阀

比例阀的全称为电液比例控制阀，它可以根据电信号的强弱成比例地控制液压系统的压力、流量和方向。

比例阀由两部分组成：液压部分和电气部分。液压部分的结构原理和普通阀基本上是一样的，而电气操纵部分是一种比例电磁铁，这种电磁铁的吸力或行程与通过电流的大小成正比（与普通电磁铁通电吸合、失电断开的情况不同）。当通入电磁铁的电流大小受到控制时，阀芯所受的力或位移也就按比例地得到了控制，这样就能很方便地对系统中的压力、流量和方向实行自动连续的调节。

用比例电磁铁取代直动式溢流阀的手调装置，便成直动式比例溢流阀，如图 7-29 所示。图中，比例电磁铁 1 的推杆 2 对调压弹簧 3 施加推力，随着输入电信号强度的变化，便可改变调压弹簧的压缩量，该阀便连续地或按比例地远程控制其输出油液的压力。把直动式比例溢流阀作先导阀与普通压力阀的主阀相配，便可组成先导式比例溢流阀、比例顺序阀和比例减压阀。

图 7-30 所示为应用比例溢流阀的自动连续调压回路，这里用了两个溢流阀：一个是先导式溢流阀，另一个是比例溢流阀。当电信号输入并经放大器放大以后，送到比例溢流阀，就能使先导式溢流阀的外控油压得到按电信号变化的自动控制，因此，系统的压力得到自动连续的调节。

图 7-29　直动式比例溢流阀的结构原理
1—比例电磁铁　2—推杆　3—弹簧
4—锥阀　5—进油口　6—回油口

图 7-30　应用比例溢流阀的自动连续调压回路
1—先导式溢流阀　2—比例溢流阀　3—电信号放大器

用比例电磁铁取代电磁换向阀中的普通电磁铁，便构成直动式比例换向阀，其结构原理如图 7-31 所示。由于使用了比例电磁铁，阀芯不仅可以换位，而且换位的行程可以连续地或按比例地变化，因而连通油口间的通流面积也可以连续地或按比例地变化，所以比例换向阀不仅能控制执行元件的运动方向，而且能控制其速度。同样，在大流量的情况下，应采用先导式比例方向阀。此外，多个比例方向阀也能组成比例多路阀。

图 7-31　直动式比例换向阀的结构原理
1—位移传感器　2—比例电磁铁　3—阀体　4—阀芯

用比例电磁铁取代节流阀或调速阀的手调装置，以输入电信号控制节流口开度，便可连续地或按比例地远程控制其输出流量。图 7-32 便是比例调速阀的工作原理图，图中的节流阀芯 1 由比例电磁铁 3 的推杆 2 操纵，故节流口开度便由输入电信号的强度决定。由于串联的定差减压阀已保证了节流口前后压差为定值，所以一定的输入电流就对应一定的输出流量。

图 7-32　比例调速阀的工作原理
1—节流阀芯　2—推杆　3—比例电磁铁

在比例电磁铁的后端都附有位移传感器（或称差动变压器），故这种电磁铁称为行程控制比例电磁铁。位移传感器能准确地测定比例电磁铁的行程，并向电放大器发出电反馈信号。电放大器将输入信号和反馈信号加以比较后，再向电磁铁发出纠正信号以补偿误差，这样便能消除液动力等干扰因素，保持准确的阀芯位置或节流口面积。这是比例阀技术进入成熟阶段的标志。当今，由于采用各种更加完善的反馈装置和优化设计，比例阀的动态性能虽仍低于伺服阀，但静态性能已大致相同，而价格却低廉得多。

## 三、数字阀

用计算机对电液系统进行控制是今后技术发展的必然趋向，但比例阀能接受的信号是连续变化的电压或电流，而计算机的指令是"开"或"关"的数字信息，要用计算机控制必须进行"数－模"转换，结果使设备复杂，成本提高，可靠性降低。在这种技术要求下，20 世纪 80 年代初期出现了数字阀，全面解决了上述问题。

接受计算机数字控制的方法有多种，当今技术较成熟的是增量式数字阀，即用步进电动机驱动的液压阀，已有数字流量阀、数字压力阀和数字方向流量阀等系列产品。步进电动机能接受计算机发出的经驱动电源放大的脉冲信号，每接受一个脉冲便转动一定的角度。步进电动机的转动又通过凸轮或丝杠等机构转换成直线位移量，从而推动阀芯或压缩弹簧，实现液压阀对方向、流量或压力的控制。

图 7-33 所示为增量式数字流量阀。计算机发出信号后，步进电动机 1 转动，通过滚珠丝杠 2 转化为轴向位移，带动节流阀芯 3 移动。该阀有两个节流口，阀芯移动时首先打开右边的非全周节流口，流量较小；继续移动则打开左边的第二个全周节流口，流量较大，可达 3600L/min。该阀的流量由阀芯 3、阀套 4 及阀杆 5 的相对热膨胀取得温度补偿，维持流量恒定。

该阀无反馈功能，但装有零位移传感器6，在每个控制周期终了时，阀芯都可在它控制下回到零位。这样就保证每个工作周期都在相同的位置开始，使阀有较高的重复精度。

图 7-33　数字流量阀

1—步进电动机　2—滚珠丝杠　3—阀芯　4—阀套　5—阀杆　6—传感器

## 四、电液伺服阀

电液伺服阀既是电液转换元件，也是功率放大元件，它能将小功率的电信号转换为大功率的液压信号。电液伺服阀具有体积小、结构紧凑、放大系数高、控制性能好等优点，在电液伺服系统中得到广泛应用。

**1. 电液伺服阀的结构原理**

图 7-34 是一种典型的电液伺服阀的结构原理图。它由电磁和液压两部分组成，电磁部分

图 7-34　电液伺服阀的结构原理

1、3—导磁体　2—衔铁　4—永久磁铁　5—线圈　6—弹簧管

7—挡板　8—喷嘴　9—滑阀　10—固定节流孔　11—过滤器

是一个力矩马达，液压部分是一个两级液压放大器。第一级是双喷嘴挡板阀，称前置放大级；第二级是零开口四边滑阀，称功率放大级。

（1）力矩马达　力矩马达把输入的电信号转换为力矩输出。它主要由一对永久磁铁4、上下导磁体1和3、衔铁2、线圈5和弹簧管6等组成。永久磁铁把上下两块导磁体磁化成N极和S极，形成一个固定磁场。衔铁和挡板连在一起，由固定在阀座上的弹簧管支承，使之位于上下导磁体中间。

当线圈无电流通过时，力矩马达无输出，衔铁处于中间位置。当输入信号电流通过线圈时，衔铁被磁化，如果衔铁的左端为N极，右端为S极，则由于同性相斥、异性相吸的原理，衔铁逆时针方向偏转，同时弹簧管弯曲变形，产生反力矩，直到电磁力矩与弹簧管反力矩相平衡为止。电流越大，产生的电磁力矩也越大，衔铁偏转的角度$\theta$就越大，两者成正比关系。这样，力矩马达就把输入的电信号转换为力矩输出。

（2）液压放大器　力矩马达产生的力矩很小，无法直接操纵滑阀9以产生足够的液压功率。所以，液压放大器一般都采用两级放大。在图7-34所示结构中，力矩马达、喷嘴挡板阀、滑阀三者通过挡板7下端的反馈杆建立协调关系。衔铁、挡板、反馈杆、弹簧管是连接在一起的组合件，反馈杆具有弹性，其端部小球卡在滑阀阀芯的中间，将滑阀产生的位移转换为力，反馈到衔铁上。

当没有控制电流时，衔铁处于中位，挡板也处于中位，$p_1 = p_2$，滑阀阀芯不动，四个阀口均关闭。因此，无液压信号输出。当有控制电流时，设衔铁逆时针方向偏转，则挡板向右偏移，右喷嘴出口缝隙减小，左喷嘴出口缝隙变大，导致$p_1$升高，$p_2$降低，在压差作用下，滑阀阀芯左移。此时反馈杆产生弹性变形，对衔铁挡板组件产生一个反力矩，一方面带动挡板向中位移动，从而使滑阀阀芯两端压力差相应地减小；另一方面产生反作用力阻止滑阀阀芯继续左移。最终，当作用在衔铁挡板组件上的电磁力矩与弹簧管反力矩、反馈杆反力矩达到平衡时，滑阀阀芯停止运动，取得一个平衡位置，并有相应的流量输出。输入电流越大，滑阀阀芯的位移就越大。当控制电流反向时，则衔铁顺时针方向偏转，滑阀阀芯右移，输出压力油也反向流动。

从上述原理可知，滑阀阀芯的位置是由反馈杆组件弹性变形力反馈到衔铁上与电磁力平衡而决定的，故称此阀为力反馈式电液伺服阀。

**2. 电液伺服阀应用举例**

在生产自动线中通常用到机械手，机械手应能按要求完成一系列动作，包括伸缩、回转、升降、手腕动作等，这些动作可以通过电液伺服系统来完成。由于每一个电液伺服系统的原理均相类似，现仅以机械手手臂伸缩运动伺服系统为例，说明其应用原理。

图7-35是机械手手臂伸缩运动的电液伺服系统原理图。系统主要由电液伺服阀1、液压缸2、机械手手臂3、齿轮齿条机构4、电位器5、步进电动机6和电放大器7等元件组成。步进电动机将数控装置发出的脉冲信号转换成角位移，其输出转角与输入脉冲数成正比，输出转速与输入脉冲频率成正比。步进电动机的输出轴与电位器的动触头连接，电位器输出的微弱电压经放大器放大后产生相应的信号电流控制电液伺服阀，从而推动液压缸产生相应的位移。其位移又通过齿条带动齿轮转动，由于电位器固定在齿轮上，因此，最终又使触头回到中位，从而控制机械手的伸缩运动。其工作过程如下：

由数控装置发出一定数量的脉冲信号，使步进电动机带动电位器的动触头转过一定的角

图 7-35 机械手伸缩运动电液伺服系统原理图

1—电液伺服阀 2—液压缸 3—机械手手臂 4—齿轮齿条机构
5—电位器 6—步进电动机 7—放大器

度 $\theta_i$（假定为顺时针转动），动触头偏离电位器中位，产生微弱电压 $u_1$，经放大器放大成 $u_2$ 后输入电液伺服阀的控制线圈，使伺服阀在左位工作，产生一定的开口量。这时压力油以流量 $q$ 流经阀的开口进入液压缸的左腔，推动活塞连同机械手手臂一起向右移动，行程为 $x_v$；液压缸右腔的回油经伺服阀流回油箱。由于电位器的齿轮和机械手手臂的齿条相啮合，手臂向右移动时，电位器跟着作顺时针方向转动，转角为 $\theta_f$。当转到 $\theta_f = \theta_i$ 时，电位器的中位和触头重合，动触头输出电压为零，电液伺服阀失去信号，阀口关闭，手臂停止移动。手臂移动的行程决定于脉冲数量，速度决定于脉冲频率。当数控装置发出反向脉冲时，步进电动机逆时针方向转动，手臂退回。

图 7-36 为机械手手臂伸缩运动伺服系统框图。

图 7-36 机械手伸缩运动伺服系统框图

# 复 习 题

7-1 单向阀有什么用途？说明液控单向阀的工作原理，并画出它的符号。

7-2 试画出二位三通电磁换向阀的符号，并说明当电磁铁通电或断电时，该阀和油路的连接情况怎样？

7-3 和交流电磁阀相比较，直流电磁阀有哪些优缺点？

7-4 什么叫做滑阀中位机能？试画出两种不同机能的三位五通换向阀符号，并说明该阀处于中位时的性能特点。

7-5 画出下列换向阀的符号：

①二位二通电磁阀（常开）；②二位三通机动阀（顶杆控制）；③三位五通手动阀（机械定位式）；④三位四通电液动阀（M 型中位机能）。

7-6　用两个常开型二位三通电磁球阀可以组合成一个三位四通电磁球阀，试用符号表示，并加以说明。

7-7　电液换向阀中的先导阀是否可以采用 O 型中位机能的三位四通电磁阀？为什么？

7-8　溢流阀有什么用途？它的工作原理怎样？

7-9　在图 7-15c 中，若将先导式溢流阀外控油路中的直动式溢流阀换成二位二通电磁阀，其出口接入油箱，试画出此图，并说明当电磁铁通电或断电情况下，泵出口压力如何确定？

7-10　减压阀具有什么功能？它的工作原理是怎样的？

7-11　画出溢流阀、减压阀和顺序阀的符号，并比较它们的不同之处。

7-12　画出压力继电器的符号，并根据图 7-20 说明如何调节其工作压力。

7-13　写出节流阀流量特性方程，并据此分析节流阀的工作性能。

7-14　调速阀为何既能调速又能稳速？若将一个普通减压阀（先导型减压阀）和一个节流阀串联安装在液压缸的进油路或回油路中，能否代替调速阀使用？

7-15　插装阀由哪几部分组成？它们各起什么作用？试根据图 7-27 说明插装溢流阀的工作原理。

7-16　什么叫做比例阀？比例阀的作用原理是怎样的？电液比例控制有什么好处？

7-17　说明增量式数字流量阀的工作原理。

7-18　电液伺服阀为什么能将微弱的电气输入信号放大成大功率的液压能量输出？

# 第八章

# 液压辅助装置

液压辅助装置也是液压系统的基本组成部分之一。下面简要介绍常用的一些辅助装置：过滤器、蓄能器、压力计、压力计开关、油管、油管接头、阀类连接块和油箱等。各种辅助装置在液压系统中需要表示的符号详见本书附录B。

## 第一节 过 滤 器

在液压系统中保持油液的清洁是十分重要的。油中的脏物会引起运动零件划伤、磨损，甚至卡死，还会堵塞阀和管道小孔，影响系统的工作性能并造成故障，因此需用过滤器对油液进行过滤。

过滤器可以安装在液压泵的吸油管路上，或安装在液压泵的输出管路上以及重要元件的前面。在通常情况下，泵的吸油口装粗过滤器，泵的输出管路与重要元件之前装精过滤器。

常用的过滤器有网式、线隙式、烧结式和纸芯式等多种类型。

网式过滤器也称滤网，是用铜丝网包装在骨架上制成的。它结构简单，通油性能好，但过滤效果差，一般作粗滤用。

图8-1所示为线隙式过滤器，它是用铝线（或铜线）1绕在筒形芯架2的外部制成的，芯架上开有许多纵向槽 $a$ 和径向孔 $b$，油液从铝线的缝隙中进入槽 $a$，再经孔 $b$ 进入过滤器内部，然后从端盖3的孔中流出。这种过滤器只能用于吸油管道。当上述过滤器带有特制的金属壳体时，可用于压力油路。线隙式过滤器结构简单，过滤效果好，通油能力也较大，但不易清洗。

烧结式过滤器如图8-2所示，它的滤芯一般由金属粉末压制后烧结而成，靠其颗粒间的孔隙滤油。这种过滤器强度大，抗腐蚀性能好，制造简单，过滤精度高，适用于精滤。缺点是通油能力较差，压力损失较大，堵塞后清洗比较困难。

纸芯式过滤器是用微孔滤纸做的纸芯装在壳体内而成的。这种过滤器过滤精度高，但易

图8-1 线隙式过滤器
1—铝线 2—芯架 3—端盖
$a$—纵向槽 $b$—径向孔

堵塞，无法清洗，纸芯需常更换。一般用于精滤，和其他过滤器配合使用。

在过滤器的具体应用中，为便于了解滤芯被油液杂质堵塞的状态，做到及时清洗或更换滤芯，有的过滤器在其顶部装有一个污染指示器。污染指示器与过滤器并联，其工作原理如图8-3所示。过滤器1上下游的压差 $p_1 - p_2$ 作用在活塞2上，与弹簧3的推力相平衡。当滤芯逐渐堵塞时，压差加大，以至推动活塞接通电路，报警器4就发出堵塞报警信号，提醒操作人员清洗或更换滤芯。

图8-2　烧结式过滤器

图8-3　污染指示器的工作原理

1—过滤器　2—活塞　3—弹簧　4—报警器

# 第二节　蓄　能　器

蓄能器是储存压力油的一种容器。它在系统中的主要作用是：在短时间内供应大量压力油，以实现执行机构的快速运动；补偿泄漏以保持系统压力；消除压力脉动；缓和液压冲击。

图8-4所示为蓄能器的一种应用实例。在液压缸停止工作时，泵输出的压力油进入蓄能器 $A$，将压力能储存起来。液压缸动作时，蓄能器与泵同时供油，使液压缸得到快速运动。

蓄能器有重锤式、弹簧式和充气式等多种类型，其中常用的是充气式中的活塞式和气囊式两种。

图8-5所示为活塞式蓄能器。它利用活塞把压缩气体与

图8-4　蓄能器应用举例

油上下隔开，其优点是结构简单，寿命长；缺点是活塞运动时有惯性，密封处有摩擦阻力，因而反应不够灵敏。

图8-6所示为气囊式蓄能器。它利用气囊把油和空气隔开，能有效地防止气体进入油中。气囊用耐油橡胶制成，其优点是气囊惯性小，反应快，容易维护；缺点是气囊及壳体制造困难，容量较小。

图 8-5　活塞式蓄能器
1—缸体　2—活塞　3—气　4—油

图 8-6　气囊式蓄能器
1—气囊　2—壳体　3—油

## 第三节　压力计和压力计开关

压力计用于观察系统的压力。图 8-7 所示为常用的弹簧管式压力计。压力油从下部油口进入弹簧弯管 1 后，弯管变形，其弯曲半径加大，弯管端部的位移通过齿扇杠杆 2 和中心小齿轮（图中因被其他零件遮住没有画出）放大成为指针 3 的转角。压力越大，指针偏转的角度也越大。压力数值可由刻度盘读出。

压力计开关用于切断或接通压力计和油路的通道。压力计开关的通道很小，有阻尼作用，测压时可减轻压力计的急剧跳动，防止压力计损坏。在无需测压时，用它切断油路，亦保护了压力计。压力计开关按其所能测量的测点数目分为一点、三点和六点三种。多点压力计开关，可使一个压力计分别和几个被测油路相接通，以测量几部分油路的压力。

图 8-7　压力计
1—弹簧弯管　2—齿扇杠杆
3—指针

图 8-8 为板式连接的压力计开关结构原理图。图示位置是非测量位置，此时压力计与油箱接通。若将手柄推进去，使阀芯的槽 L 将测量点与压力计接通，并将压力计连接油箱的通道隔断，便可测出一个点的压力。若将手柄转到另一位置，便可测出另一点的压力。

图 8-8　压力计开关结构原理
1—阀体　2—阀芯
*P*—压力计接口　*A*、*B*—测点接口　*T*—油箱接口　*L*—凹槽

# 第四节　油管和管接头

## 一、油管

液压传动中常用的油管有钢管、铜管、橡胶软管（用耐油橡胶制成，有高压和低压之分）、尼龙管和塑料管等。

固定元件间的油管常用钢管和铜管，有相对运动的零件之间一般采用软管联接。在回油路中可用尼龙管或塑料管。

## 二、管接头

管接头的型式很多。图 8-9 所示为几种常用的管接头结构。

图 8-9a 为扩口式薄管接头，适用于铜管或薄壁钢管的连接，也可用来连接尼龙管或塑料管。在工作压力不高的机床液压系统中，扩口薄管接头应用较为普遍。

图 8-9b 为焊接式钢管接头，用于连接管壁较厚的钢管，适用于中压系统。

图 8-9c 为卡套式管接头，这种管接头装拆方便，适用于高压系统的钢管连接，但制造工艺要求较高，对油管的要求也比较严格。

图 8-9d 为高压软管接头，多用于中、低压系统的橡胶软管连接。

图 8-9  管接头

a) 扩口薄管接头  b) 焊接钢管接头  c) 卡套式管接头  d) 高压软管接头

1—接头体  2—螺母  3—管套  4—扩口薄管  5—密封垫  6—接管  7—钢管  8—卡套  9—组合密封垫  10—橡胶软管

# 第五节  阀类连接块

一台设备的液压系统往往由很多阀类元件组成，这些元件的安装目前普遍采用集成式安装连接方式，如集成块式、叠加阀式、插装阀式等。所谓阀类连接块主要是指板式阀集中安装在若干个块体上所构成的一种块式集成连接装置。下面介绍两种常用的阀类连接块：油路板和集成块。

## 一、油路板

目前应用较多的有两种结构的油路板：一种用两块平板，在其中一块上铣槽代替各元件间的连接油管，然后将两个结合面磨光，用环氧树脂粘结并用螺钉拧紧。这种结构的工艺性较好，但往往因粘接不可靠而使油路之间有害地串通起来，同时检修也非常困难。另一种结构如图 8-10 所示，是在一个较厚的平板上钻很多深孔，造成各元件间的必要通路。这种结构使用可靠，应用较为普遍，但工艺性较差。

## 二、集成块

集成块连接目前应用相当广泛。图 8-11 是

图 8-10  油路板连接

1—油路板  2—阀  3—管接头

用集成块连接的组装图形。这种联接方式的特点是采用通用化的集成回路块，在每一回路块上按某种基本回路加工出压力油孔、回油孔、控制油孔和泄漏油孔等，再将各种阀类元件固定在回路块的侧面。把各块叠积起来，就组成整个液压系统的集成油路。阀类元件采用集成块连接，其优点是结构紧凑，少用油管，回路块可标准化，便于设计和制造。

图 8-11　集成块连接

1—油箱　2—液压泵　3—电动机　4—阀　5—回路块　6—油管

# 第六节　油　　箱

　　油箱除了用来储油以外，还起到散热以及分离油中杂质和空气的作用。在机床液压系统中，可以利用床身或底座内的空间作油箱。利用床身或底座作油箱时，结构比较紧凑，并容易回收机床漏油，但是，当油温变化时容易引起机床的热变形，并且液压泵装置的振动也要影响机床的工作性能。所以，精密机床多采用单独油箱。

　　单独油箱的液压泵和电动机有两种安装方式：卧式（如图 8-12 所示）和立式（如图 8-13 所示）。卧式安装时，泵及油管接头露在外面，安装维修比较方便；立式安装时，泵及油管接头均在油箱内部，便于收集漏油，外形比较整齐，但维修不太方便。

图 8-12 液压泵卧式安装的油箱

1—电动机 2—联轴器 3—液压泵 4—吸油管 5—盖板
6—油箱体 7—过滤器 8—隔板 9—回油管
10—加油口 11—阀类连接板 12—油标

图 8-13 液压泵立式安装的油箱

1—电动机 2—盖板 3—液压泵 4—吸油管
5—隔板 6—油箱体 7—回油管

# 复 习 题

8-1 常用的过滤器有哪几种形式? 各有什么特点? 有的过滤器上装有电信号压差指示器, 它的作用和工作原理是怎样的?

8-2 分别说明蓄能器、压力计开关及油箱的功用。

8-3 参观一台液压设备, 指出这台设备用到哪些类型的液压辅助装置?

# 第九章

# 液压基本回路

一台设备的液压系统，不论它的复杂程度如何，总是由一些具备各种功能的基本回路所组成的。熟悉并掌握这些基本回路的结构原理和性能，对于分析液压系统是非常必要的。下面介绍一些常用的液压基本回路。每一个基本回路主要完成一种基本功用，和这一功用关系不大的其他液压元件在本章图中大都省略未画。

液压基本回路按其功用可分为方向控制回路、压力控制回路、速度控制回路、多缸动作回路等。其中，方向控制回路主要是用各类换向阀对执行元件的动作进行换向控制，这类回路遍及本章各个部分，因此就不再单独介绍。

## 第一节 压力控制回路

为了控制系统的压力，以适应执行机构对力的要求，可采用压力控制回路。常用的压力控制回路有调压回路、增压回路、保压回路和卸荷回路等。

### 一、调压回路

用单个溢流阀（或减压阀）实现调压的基本回路在前面章节中已有叙述，这里介绍一种用三个溢流阀的多级调压回路。在图9-1中，主溢流阀1的外控口通过三位四通阀4分别接溢流阀2和3，使系统有三种压力调定值：换向阀左位接入回路时，系统压力由阀2调定；换向阀右位接入回路时，系统压力由阀3调定；换向阀在中位时，系统压力由主溢流阀1调定。在此系统中，溢流阀2和3的调整压力必须低于主溢流阀的调整压力，否则将不起调压作用。

图9-1 多级调压回路

### 二、增压回路

在某些机器的液压系统中，有时需要压力较高但流量不大的压力油，可以采用增压回路。这时液压泵在较低的压力下工作，可减少功率损失。

最简单的增压方法是采用增压器。如图9-2所示，增压器1由串接在一起的两腔面积不同的两个活塞缸组成。当向大腔输入低压油时，就能从小腔中输出高压油。增压的倍数等于大、小两腔的有效面积之比。在图示位置，液压泵输出的低压油进入增压器的大腔，推动活塞右移，使增压器小腔输出高压油送往工作缸 3 进行工作。当二位四通阀换向后，液压泵来油进入增压器的活塞腔，使活塞向左退回，工作液压缸的活塞则在弹簧作用下退回。这时，补油箱 2 中的油液可以通过单向阀进入增压器的小腔，以补充这部分油路中的泄漏。

### 三、保压回路

有些机床液压装置，在工作过程中要求油路系统保持一定的压力，这时应当采用保压回路。在定量泵系统中，由于设置了溢流阀，使油路保持一定的压力，这是常用的一种保压方法，但是这种回路的效率较低，一般用于液压泵流量不大的情况。图 9-3 所示为用蓄能器保持夹紧液压缸压力的回路。在液压缸实现夹紧的过程中，蓄能器 1 充油蓄能，当系统的压力升高到一定的数值时，外控顺序阀 2 被打开，液压泵卸荷，这时，单向阀 3 将压力油路和卸荷油路隔开，由蓄能器输出压力油补偿系统的泄漏，以保持夹紧液压缸的压力。

本回路在缸保压的同时使泵卸荷，因此能量使用合理，具有较高的效率。这里，外控顺序阀作卸荷阀用，阀的弹簧腔泄油可经内部通道流往出口回油箱（见图 7-18）

图 9-2　采用增压器的增压回路

1—增压器　2—补油箱　3—工作缸

图 9-3　采用蓄能器的保压回路

1—蓄能器　2—外控顺序阀　3—单向阀

### 四、卸荷回路

当工作部件停止运动时（如装、卸工件等），液压缸不需进压力油，这时若使液压泵出口油液在极低的压力下流回油箱（电动机不停止转动），泵就处于卸荷状态。液压泵卸荷可以降低功率损耗，减少油液发热，并有利于延长泵的使用寿命。

使泵卸荷的方法很多，上述保压回路就是使用外控顺序阀实现卸荷。这里再介绍两种简单的卸荷回路。

**1. 用三位换向阀使泵卸荷的回路**

图 9-4 所示为用 M 型中位机能的三位四通换向阀使泵卸荷的回路。当换向阀在中间位置时，液压泵可通过换向阀直接连通油箱，这种卸荷方法比较简单。

可以看出，中位机能为 H 型或 K 型的三位换向阀亦可用来使泵卸荷。

**2. 用二位二通阀使泵卸荷的回路**

图 9-5 所示为用二位二通电磁阀使泵卸荷的回路。当系统工作时，二位二通电磁阀通

电，卸荷油路断开，泵输出的压力油进入系统。当工作部件停止运动后，使二位二通电磁阀断电，这时，泵输出的油液就通过它流回油箱，实现卸荷。

图 9-4　用三位四通换向阀使泵卸荷的回路　　　　图 9-5　用二位二通电磁阀使泵卸荷的回路

# 第二节　速度控制回路

速度控制回路在液压系统中应用十分普遍，它包括各种形式的调速回路、增速回路和速度换接回路等。

## 一、调速回路

由式 $v = q/A$ 和 $n = q/V$ 可知，液压缸的有效面积 $A$ 改变较难，故合理的调速途径是改变流量 $q$（用流量阀或用变量泵）或改变排量 $V$（用变量马达）。因此调速回路有节流调速、容积调速和容积节流调速三种。对调速的要求是调速范围大、调好后的速度稳定性好和效率高。

### （一）节流调速回路

节流调速回路由定量泵、流量阀、溢流阀和执行机构等组成（如图 9-6 所示），它利用改变流量阀阀口的通流截面积来控制流入或流出执行机构的流量，以调节其运动速度。这种回路的优点是结构简单，成本低，使用维护方便，所以在机床液压系统中得到广泛的应用。但是由于液流通过较大的液阻，产生较大的能量损失，效率低，发热大，所以一般多用于功率不大的场合，例如用于各类机床的进给传动装置中。

图 9-6　进油路节流调速回路

节流调速回路，按照流量阀安装位置的不同，有进油路节流调速、回油路节流调速和旁油路节流调速三种。下面对常用的前两种基本回路进行简要分析，并提出改善回路工作性能的措施。

### 1. 进油路节流调速回路

图 9-6 所示是将节流阀安装在液压缸的进油路上，是进油路节流调速回路。

当活塞承受的负载阻力（切削力、摩擦力等）为 $F$ 时，压力油作用在活塞上的推力必须克服这一负载阻力，才能使活塞运动。因此有

$$p_1 A = F + p_2 A \tag{9-1}$$

式中　$p_1$——液压缸右腔的工作压力；

　　　$p_2$——液压缸左腔的背压，在此 $p_2 \approx 0$；

　　　$A$——活塞有效作用面积。

整理上式得

$$p_1 = \frac{F}{A}$$

由此可知，$p_1$ 随负载阻力 $F$ 的变化而变化。因液压泵的工作压力 $p_p$ 由溢流阀调定，它是一常数，所以节流阀前后存在的压力差为

$$\Delta p = p_p - p_1 = p_p - \frac{F}{A} \tag{9-2}$$

因通过节流阀进入液压缸的流量为

$$q_1 = C A_T (\Delta p)^{\varphi}$$

故活塞运动的速度为

$$v = \frac{q_1}{A} = \frac{C A_T}{A}(\Delta p)^{\varphi} = \frac{C A_T}{A}\left(p_p - \frac{F}{A}\right)^{\varphi} \tag{9-3}$$

根据上式及对回路工作情况的分析可知，进油路节流调速有如下性能：

1）活塞运动速度 $v$ 与节流阀阀口的通流截面积 $A_T$ 成正比。

2）当节流阀通流截面积 $A_T$ 调定以后，若负载阻力 $F$ 增加，则活塞运动速度随之减小；反之，则速度增大。这种执行机构速度随负载增加而变小的特性，通常称为软的速度—负载特性。

3）运动平稳性较差。因为液压缸回油直通油箱，无背压力，当负载突然减小或为负值负载时，就会出现前冲及爬行现象。

**2. 回油路节流调速回路**

图 9-7 所示是将节流阀装在液压缸的回油路上，是回油路节流调速回路。活塞受力关系仍为

$$p_1 A = F + p_2 A$$

图 9-7　回油路节流调速回路

但

$$p_1 = p_p$$

则

$$p_2 = p_1 - \frac{F}{A} = p_p - \frac{F}{A}$$

因为节流阀出口接油箱，压力可认为等于零，故节流阀前后的压力差为

$$\Delta p = p_2 = p_p - \frac{F}{A}$$

所以活塞运动的速度为

$$v = \frac{q_1}{A} = \frac{CA_T}{A}(\Delta p)^\varphi = \frac{CA_T}{A}\left(p_p - \frac{F}{A}\right)^\varphi$$

所得公式与进油路节流调速公式完全相同，可知回油路节流调速的一些基本性能也都和进油路节流调速相同，其不同之点有：

1）回油路节流调速回路因节流阀使缸的回油腔产生背压，故运动比较平稳。

2）进油路节流调速回路较易实现压力控制。因为当工作部件在行程终点碰到死挡块后，缸的进油腔油压会上升到等于泵压，利用这个压力变化，可使并接于此处的压力继电器发出信号，对系统的下步动作实现控制。而在回油路节流调速时，进油腔压力没有变化，不易实现压力控制。虽然在工作部件碰死挡块后，缸的回油腔压力下降为零，可以利用这个变化值使压力继电器失压发出信号，但电路比较复杂，且可靠性也不高。

3）若回路使用单杆缸，无杆腔进油流量大于有杆腔回油流量，故在缸径、活塞运动速度相同的情况下，进油路节流调速回路的节流阀开口较大，低速时不易阻塞。因此，进油路节流调速回路能获得更低的稳定速度。

为提高回路的综合性能，实践中常采用进油路节流调速回路，并在回油路加装背压阀（用溢流阀、顺序阀或装有硬弹簧的单向阀均可），因而兼具了两回路的优点。

**3. 节流调速回路工作性能的改善**

由上述可知，采用节流阀的节流调速回路虽然可以调速，但速度—负载特性软，运动平稳性差，只适用于负载变化不大、对运动平稳性要求不高的工作场合。如果在调速回路中，用调速阀代替节流阀，则回路的工作性能将大为改善。这是因为调速阀有很好的稳速性能，当负载变化引起调速阀两端压差变化时，通过调速阀的流量并不随之变化。所以采用调速阀的节流调速回路，其速度—负载特性是硬的，速度稳定性很好。这种回路的缺点主要是能量损失大，油液发热情况比用节流阀更加严重。此回路多用于对运动平稳性要求较高的低速小功率系统，如机床进给液压系统等。

**（二）容积调速回路**

用变量泵或变量马达实现调速的回路称为容积调速回路。根据变量泵和变量马达组合形式的不同，容积调速回路分为变量泵调速回路、变量马达调速回路和变量泵-变量马达调速回路三种。

图9-8a所示为变量泵调速回路。变量泵输出的压力油全部进入液压缸中，推动活塞运动。调节泵的输出流量，即可调节活塞运动的速度。系统中溢流阀起安全保护作用，在系统过载时才打开溢流。

图9-8　容积调速回路
a）变量泵调速回路　b）变量马达调速回路　c）变量泵–变量马达调速回路

在变量泵调速回路中，若执行机构为定量马达，则当调节泵的流量时，马达的转速也同样可以得到调节。

图9-8b所示为变量马达调速回路。定量泵输出的压力油全部进入液压马达，输入流量是不变的。若改变液压马达的排量，则可调节它的输出转速。

图9-8c所示为变量泵－变量马达调速回路，它是上述两种回路的组合，调速范围较大。

与节流调速相比较，容积调速的主要优点是压力和流量的损耗小，发热少；但缺点是难于获得较高的运动平稳性，且变量泵和变量马达的结构复杂，价格较贵。

### （三）容积节流调速回路

用变量泵和流量阀相配合来进行调速的方法，称为容积节流调速。这里介绍机床进给液压系统常用的一种容积节流调速回路——用限压式变量叶片泵和调速阀的调速回路。

如图9-9所示，调节调速阀节流开口的大小，就能改变进入液压缸的流量，因而可以调节液压缸的运动速度。假设回路中的调速阀所调定的流量为$q_1$，泵的流量为$q_P$，且$q_P > q_1$。由于在泵的出口油路中，多余的油没有去处，势必使泵和调速阀之间的油路压力升高，通过压力反馈，限压式变量叶片泵的流量自动减小，直到$q_P = q_1$为止，回路便在这一稳定状态下工作。

图9-9　用限压式变量叶片泵和调速阀的调速回路

可见，在容积节流调速回路中，泵的输油量与系统的需油量是相适应的，因此效率高，发热小；同时，由于进入液压缸的流量能保持恒定，活塞运动速度基本上不随负载变化，因而运动平稳。故容积节流调速回路兼具了节流调速和容积调速二者的优点。

## 二、增速回路

增速回路又称快速运动回路，其功用在于使执行元件获得必要的高速，以提高系统的工作效率或充分利用能源。按照增速方法的不同，有多种增速回路，如双泵供油增速回路、液压缸差动连接增速回路、变量泵供油增速回路、蓄能器供油增速回路等。下面仅介绍前两种回路。

### 1. 双泵供油增速回路

在图9-10所示的回路中，$A$为小流量泵，$B$为大流量泵。在液压缸快速进退阶段，泵$B$输出的油经单向阀后，和泵$A$输出的油汇合在一起流往液压缸，使缸获得快速；在液压缸慢速工作阶段，缸的进油路压力升高，外控顺序阀$C$被打开，泵$B$即卸荷，由泵$A$单独向系统供油。在此阶段，系统的压力由溢流阀调定，单向阀将高低压油路隔开。

### 2. 液压缸差动连接增速回路

如图9-11所示回路，阀1左电磁铁通电吸合时，其左位接入系统，单杆液压缸差动连接作快速运动。当阀3通电后，差动连接即被切除，液压缸回油经过调速阀2，实现慢速工进运动。当阀1切换至右位工作时，缸即快速退回。

差动快进简单易行，是机床常用的一种增速方法。

图 9-10　双泵供油增速回路

图 9-11　液压缸差动连接增速回路

## 三、速度换接回路

能使执行元件依次实现几种速度转换的液压回路，称为速度换接回路。

### 1. 快速与慢速的换接回路

快速运动和慢速工作进给运动的换接常用行程阀或电磁阀来实现。图 9-12 所示为采用电磁阀的速度换接回路，图中与调速阀并联了一个二位二通电磁阀。当二位二通电磁阀通电时，调速阀被短接，活塞快速运动（快进或快退）；当二位二通电磁阀断电时，液压缸回油经过调速阀流往油箱，流量受到限制，活塞实现慢速工进运动。二位二通电磁阀是否通电，由工作台侧面的挡块压下行程开关来控制。这种回路比较简单，液压元件的布置也比较方便。

### 2. 两种慢速的换接回路

这里介绍用两个调速阀实现速度换接的常用方法。

图 9-13 所示为二调速阀串联的两工进速度换接回路。当阀 1 在左位工作且阀 3 将油路断开时，控制阀 2 对所在油路的通、断切换，使油液经调速阀 A 或既经 A 又经 B 才能进入液压缸左腔，从而实现第一次工进或第二次工进。但阀 B 的开口需调得比 A 小，即二工进速度必须比一工进速度低；此外，二工进时油液经过两个调速阀，能量损失较大。

图 9-14a 所示为二调速阀并联的两工进速度换接回路，主换向阀 1 在左位或右位工作时，缸作快进或快退运动。当主换向阀 1 在左位工作时，并使阀 2 通电，根据阀 3 不同的工作位置，进油需经调速阀 A 或 B 才能进入缸内，便可实现第一次工进和第二次工进速度的换接。两个调速阀可单独调节，两速度互无限制。但当一阀工作时，另一阀无油液通过，其内的减压阀处于非工作状态，减压阀口将完全打开，一旦换接，油液大量流过此阀，缸会出现前冲现象。若将二调速阀如图 9-14b 方式并联，则不会发生液压缸前冲的现象。

图 9-12　用电磁阀的快慢速换接回路

图 9-13　二调速阀串联的两工进速度换接回路

124

a)　　　　　　　　b)

图 9-14　二调速阀并联的两工进速度换接回路

## 四、数字式多级选速回路

图 9-15 所示是一种数字式多级选速回路，多用于数字控制系统。回路由若干个二位二通电磁阀和调速阀的串联油路再并联后组成。各调速阀按等比数列调节好流量，公比为 2。

图 9-15　数字式多级选速回路

若调速阀 6 调定的流量为 $q$，则调速阀 7、8、9、10 的流量分别为 $2q$、$4q$、$8q$、$16q$。在此回路中，控制 1～5 电磁阀的电路，即可调节供给系统的流量。当用数字控制调速时，若电磁阀无电为 0，有电为 1，则当控制 5 个电磁阀的数字信号为 00110 时，供给系统的流量为 $(4+8)$ $q = 12q$。用不同的数字控制信号，可得到从 $1q$ 至 $31q$ 的 31 级流量。若使泵的流量阀经阀 11 直接供给系统，则执行机构可获得快速运动。

### 第三节 多缸动作回路

在多缸液压系统中，各液压缸之间往往要求按一定的顺序运动，或者要求有同步动作，或者要求各缸动作互不干扰，这时可相应采用顺序回路、同步回路、互不干扰回路。

## 一、顺序回路

实现多缸顺序动作的方法很多，例如，前面介绍过的图 7-19 所示的回路就是用顺序阀控制二缸的动作顺序。下面再介绍两个常用的顺序回路实例。

**1. 用行程开关和电磁阀联合控制的顺序回路**

在图 9-16 所示的回路中，用四个电气行程开关和两个电磁阀实现 $A$、$B$ 二缸的顺序动作控制。当按下开关使电磁铁 1YA 通电以后，液压泵来油进入 $A$ 缸的左腔，实现动作 1。当 $A$ 缸活塞所连接的挡块（通常固定在工作台一侧）压下行程开关 1ST 时，电磁铁 2YA 通电，液压泵来油又进入 $B$ 缸的左腔，实现动作 2。当 $B$ 缸活塞的挡块压下行程开关 2ST 时，电磁铁 1YA 断电，液压泵来油进入 $A$ 缸的右腔，活塞返回，实现动作 3。当 $A$ 缸活塞的挡块压下行程开关 3ST 时，电磁铁 2YA 断电，液压泵来油又进入 $B$ 缸的右腔，活塞亦返回，实现动作 4。当 $B$ 缸活塞的挡块压下行程开关 4ST 时，可使电磁铁 1YA 重新通电，继而进行下一个顺序动作循环。

采用行程开关和电磁阀的顺序回路，各缸动作顺序由电气线路保证，改变电气线路，即可改变动作顺序，因此比较方便灵活，应用非常普遍。

**2. 用压力继电器和电磁阀联合控制的顺序回路**

在图 9-17 所示的回路中，当电磁铁 1YA 通电以后，压力油进入 $A$ 缸的左腔，推动活塞右移，实现动作 1。碰上死挡块（或夹紧工件）后，系统压力升高，安装在 $A$ 缸进油腔附近的压力继电器发出信号使电磁铁 2YA 通电，于是压力油又进入 $B$ 缸的左腔，推动活塞慢速右移，实现动作 2。回路中的节流阀以及和它并联的二通电磁阀是用来改变 $B$ 缸运动速度的。为了防止压力继电器乱发信号，其压力调整数值一方面应比 $A$ 缸动作时的最大压力高 $0.3～0.5\text{MPa}$，另一方面又要比溢流阀的调整压力低 $0.3～0.5\text{MPa}$。

用压力继电器和电磁阀的顺序回路结构简单，工作可靠，在金属切削机床液压系统中，常用来实现先定位夹紧、后进给加工的顺序动作。

## 二、同步回路

同步回路的种类很多，下面介绍两种。

**1. 用机械连接的同步回路**

如图 9-18 所示，将两活塞杆用齿条 1、齿轮 2 和轴 3 等机械零件联接起来，并使两缸并联，即能实现两缸同步。假设其中的一个缸，比如是右缸，由于某种原因使其速度变慢时，

图 9-16　用行程开关和电磁阀的顺序回路

图 9-17　用压力继电器和电磁阀的顺序回路

则通过齿轮、齿条和轴的联接作用，将使负载偏加到左缸上，右缸的负载即自动减小，因而速度又会自动加快，直到保持同步为止。这种同步方法比较简单，但由于联接的机械零件有制造、安装误差，故不易获得很高的同步精度。

### 2. 用调速阀并联的同步回路

如图 9-19 所示，用两个调速阀分别串接在两个液压缸的回油路（或进油路）上，再并联起来，用以调节两缸运动速度，即可实现同步。这是一种常用的比较简单的同步方法，但因为两个调速阀的性能不可能完全一致，同时还受到载荷变化和泄漏的影响，同步精度受到限制。

图 9-18　用机械连接的同步回路

图 9-19　用调速阀并联的同步回路

为了提高本回路的同步精度，可将并联二调速阀中的一个换成比例调速阀。两缸出现位置误差时，检测装置发出信号，比例调速阀便立即自动调整开口，修正误差，即可保证同步。

### 三、互不干扰回路

在多缸液压系统中，往往由于一个液压缸的快速运动，吞进大量油液，造成整个系统的压力下降，干扰了其他液压缸的慢速工作进给运动。因此，对于工作进给稳定性要求较高的多缸液压系统,必须采用互不干扰回路。

实现多缸运动互不干扰的方法较多,下面介绍一种常用的互不干扰回路。

图9-20所示为双泵供油防干扰回路,各缸快速进退皆由大泵2供油。任一缸进入工进,即改由小泵1供油,彼此无牵连,也就无干扰。图示状态各缸在原位停止。当阀7、阀8皆通电时,各缸都由大泵2供油作差动快进。小泵1供油在阀5、阀6处被堵截。设缸A先完成快进,由行程开关使阀5通电,阀7断电,此时大泵2对缸A的进油路被切断,而小泵1的进油路打开,缸A由调速阀3调速作工进,缸B仍作快进,互不影响。当各缸都转为工进后,它们全由小泵供油。此后,若缸A又率先完成工进,行程开关应使阀5和7都通电,缸A即由大泵供油快退。当各电磁铁皆断电时,各缸皆停止运动,并被锁于所在位置上。

图9-20 互不干扰回路

127

## 复 习 题

9-1 若将图9-1中的阀1的外控油路(包含阀2、阀3和阀4)改接到泵的出口,同样可以实现三级调压。试改画回路图,并说明各阀的工作情况是否有什么变化?

9-2 在图9-2所示的增压回路中,增压倍数等于增压器的大、小两腔有效面积之比,为什么?

9-3 在液压系统中,当工作部件停止运动以后,使泵卸荷有什么好处?常用的卸荷方法有哪些?

9-4 进油路节流调速和回油路节流调速在性能方面有什么相同点和不同点?

9-5 若将图9-6中的节流阀改接到液压缸的进油路和回油路之间,使其与缸并联,即构成旁油路节流调速回路。试根据此回路说明下列问题:

1)溢流阀是否仍起溢流稳压作用?

2)当节流阀开口增大时,缸的运动速度将如何变化?

3)当液压缸的负载增大时,缸的运动速度将如何变化?

9-6 某机床进给回路如图9-21所示,它可以实现快进—工进—快退的工作循环。试说明此回路的工作原理，并列出电磁铁动作表（电磁铁通电记"＋"号；断电记"－"号）。

9-7　将二调速阀如图9-22并联使用时，亦能实现两种工作速度的换接。试分析这一回路的主要优缺点。

9-8　图9-12所示的回路能否实现液压缸往返双向调速？若将图中的液压缸改成单杆液压缸，能否实现双向调速？试说明道理。

9-9　图9-23所示的回路能否实现先定位、后夹紧以及夹紧油路保压和液压泵自动卸荷等作用？说明理由。

9-10　在图9-17的回路中，若缸A为夹紧缸，缸B为进给缸，其工作循环为：夹紧—进刀—退刀—松夹。试回答：

1）列出电磁铁和压力继电器动作顺序表。

2）夹紧油路上的单向阀起什么作用？

3）如果将图中的机械定位式二位四通电磁阀用弹簧复位式阀来取代，该阀与油路应如何联接（作图表示）。

9-11　双缸回路如图9-24所示，缸A速度可用节流阀调节。试回答：

1）在缸A运动到底以后，缸B能否自动顺序动作而向右移动？说明理由。

2）在不增加也不改换元件的条件下，如何修改回路以实现上述动作？请作图表示。

图9-21　题9-6图

图9-22　题9-7图

图9-23　题9-9图

图9-24　题9-11图

# 第十章

# 典型液压系统

本章列举几台设备的典型液压系统，通过对它们的学习和了解，借以加深理解液压元件的功能和应用，熟悉阅读液压系统图的基本方法，锻炼提高分析液压系统的能力。

设备的液压系统需要用液压系统图来表示。在液压系统图中，各个液压元件及它们之间的联接与控制方式，均按规定的图形符号（或半结构式符号）画出。正确而迅速地阅读液压系统图，对于分析或设计液压系统与电气系统以及使用、检修、调整液压设备都有重要的作用。

阅读液压系统图的方法和步骤是：①了解液压系统任务、工作循环、应具备的特性和所要满足的要求；②查阅系统图中所有的液压元件及其联接关系，分析它们的作用；③分析油路，了解系统的工作原理。

## 第一节　组合机床动力滑台液压系统

### 一、概述

滑台是组合机床的重要通用部件之一，在滑台上可以配置各种用途的切削头或工件，用以实现进给运动。

图 10-1 所示为 YT4543 型动力滑台的液压系统。它可以实现的典型工作循环是：快进—

图 10-1　YT4543 型动力滑台的液压系统

第一次工作进给—第二次工作进给—死挡块停留—快退—原位停止。

系统的主要元件及其作用：

1）液压泵 1——限压式变量叶片泵，它和调速阀一起组成容积节流联合调速回路，使系统工作稳定，效率较高。

2）电液换向阀 3——由三位四通电磁阀（先导阀）A 和三位五通液动阀（主阀）B 所组成。适当地调节液动阀两端阻尼调节器中的节流开口，能有效地提高主油路换向的平稳性。

3）外控顺序阀 5——它的阀口打开或关闭，完全受系统压力的控制。工作进给时，系统压力高，顺序阀的阀口打开，液压缸回油通过它流入油箱；而快进时，系统压力低，顺序阀的阀口关闭，液压缸回油不能通过它流入油箱，只能从有杆腔流往无杆腔，形成差动连接，提高快进速度。

4）背压阀 4——用溢流阀调定回油路的背压，以提高系统工作的稳定性。

5）调速阀 7 和 8——串接在液压缸的进油路上，为进油路节流调速。两阀分别调节第一次工进和第二次工进的速度。

6）二位二通电磁阀 10——和调速阀 8 并联。当它的电磁铁 3YA 断电时，阀 8 被短接，实现第一次工进；当 3YA 通电时，阀 8 的并联通路被切断，实现第二次工进。

7）二位二通行程阀 11——和调速阀 7、8 并联。当行程挡块未压到它时，压力油通过此阀，使液压缸快速前进；当行程挡块将它压下时，压力油通过调速阀进入液压缸，使液压缸慢速进给。

8）液压缸 13——缸体移动式单杆活塞液压缸。进、回油管皆从空心活塞杆的尾端接入，图中没有详细表示这一具体结构。应当指出，目前工业生产中较多采用的 HY、IHY 系列液压滑台已将液压缸结构改成缸体固定、活塞移动的方式，这样可以简化活塞杆的结构工艺，便于安装检修，并使滑台座体的刚性得到了加强。

9）压力继电器 9——装在液压缸进油腔（对工作进给而言）的附近，当液压缸工作进给结束碰到死挡块停留时，进油路压力升高，使压力继电器动作，发出快退信号。

10）单向阀 2、6、12——作用是防止油液倒流。这里特别要指出单向阀 2 的作用：第一个作用是保护液压泵。在电动机刚停止转动时，系统中的压力油经液压泵倒流入油箱，就会加剧液压泵的磨损。在液压泵的出口处装一单向阀，隔断系统油液与液压泵之间的反向联系，起到保护液压泵的作用；第二个作用是为阀 3 正常工作创造了必要的条件。在泵卸荷期间，通往阀 3 的控制油路因设有阀 2 而保持一定的油压，使阀 B 离开中位的换向动作获得了动力。

## 二、系统的工作过程

### 1. 快进

按下启动按钮，电磁阀 A 的电磁铁 1YA 通电，阀的左位接入油路系统，控制压力油自液压泵 1 的出口经阀 A 进入液动换向阀 B 的左侧，推动阀芯右移，使阀 B 的左位接入油路系统。这时的主油路是：

进油路：液压泵 1→阀 2→油路 a→阀 B→油路 b→阀 11→油路 c→液压缸 13 左腔。

回油路：液压缸 13 右腔→油路 d→阀 B→油路 e→阀 6→油路 b→阀 11→油路 c→液压缸 13 左腔。

这时形成差动连接回路，液压缸 13 的缸体带动滑台向左快速前进。因为这时滑台的负载较小，系统的压力较低，所以变量泵 1 输出大流量，以满足快进需要。

**2. 第一次工作进给**

在快进终了时，挡块压下行程阀 11，切断了快进油路，同时系统压力升高将外控顺序阀 5 打开。这时的主油路是：

进油路：液压泵 1→阀 2→油路 a→阀 B→油路 6→阀 7→阀 10→油路 c→液压缸 13 左腔。

回油路：液压缸 13 右腔→油路 d→阀 B→油路 e→阀 5→阀 4→油箱。

因为工作进给时，系统压力升高，所以变量泵 1 的流量自动减小，适应滑台第一次工作进给的需要，滑台进给量的大小可用调速阀 7 调节。

**3. 第二次工作进给**

在第一次工作进给终了时，挡块压下行程开关，使电磁铁 3YA 通电，阀 10 左位接入，切断调速阀 8 的并联通路，这时的主进油路需要经过阀 7 和阀 8 两个调速阀，所以滑台作速度更低的第二次工作进给。进给量的大小由调速阀 8 调节。

**4. 死挡块停留**

当滑台第二次工作进给终了碰到死挡块后，系统的压力进一步升高，压力继电器 9 发出信号给时间继电器，经过适当的延时停留以后，电磁铁 1YA 断电、2YA 通电，滑台快速退回，死挡块停留一定时间的作用是为了保证加工精度。

**5. 快退**

当电磁铁 1YA 断电、2YA 通电以后，阀 A 右位接入系统，控制油路使阀 B 右位接入系统。这时的主油路是：

进油路：液压泵 1→阀 2→油路 a→阀 B→油路 d→液压缸 13 右腔。

回油路：液压缸 13 左腔→油路 c→阀 12→油路 b→阀 B→油箱。

因为这时系统压力较低，变量泵输出大流量，滑台快速退回。

**6. 原位停止**

当滑台退回到原始位置时，挡块压下行程开关，使电磁铁 2YA 断电（1YA 已断电），阀 A 和阀 B 都处于中间位置，滑台停止不动。这时变量泵输出的油液经换向阀 3 直接回油箱，泵卸荷。

表 10-1 是这个液压系统的电磁铁和行程阀动作顺序表。

表 10-1　电磁铁和行程阀动作表

| 工作环节 ＼ 电磁铁和阀 | 1YA | 2YA | 3YA | 行程阀 |
|---|---|---|---|---|
| 快进 | + | − | − | − |
| 一工进 | + | − | − | + |
| 二工进 | + | − | + | + |
| 快退 | − | + | − | + 、 − |
| 停止 | − | − | − | − |

注："+"表示电磁铁通电或压下行程阀，"−"则相反。

# 第二节 数控车床液压系统

## 一、概述

用数字程序控制的车床简称为数控车床。在数控车床上进行车削加工，其自动化程度很高，并能获得较高的加工质量。目前，多数数控车床都应用了液压传动技术。下面介绍 MJ-50 型数控车床的液压系统，图 10-2 为该系统的原理图。

机床卡盘的夹紧与松开、卡盘夹紧力的高低压转换、刀架的松开与夹紧、刀架的正转与反转、尾座套筒的伸出与缩回都是由液压系统驱动的。液压系统中各电磁阀的电磁铁动作是由数控系统的可编程序控制器 PLC 控制实现的。

图 10-2 MJ-50 型数控车床的液压系统

该液压系统的主要元件及其作用是：

1）单向变量液压泵 1——向系统提供所需压力油。

2）单向阀 2——防止油液经泵倒流入油箱。

3）换向阀 3——控制卡盘液压缸的换向，以实现卡盘的夹紧或松开。

4）换向阀 4——控制卡盘高压和低压夹紧的转换。

5）换向阀 5——控制刀架转位马达的转向，以实现刀架的正、反转。

6）换向阀 6——控制刀架液压缸的换向，以实现刀架的夹紧或松开。

7）换向阀 7——控制尾座套筒液压缸的换向，以实现套筒的伸出或缩回。

8）减压阀 8、9——分别调节高压夹紧或低压夹紧的压力大小。

9）减压阀 10——调节尾座套筒伸出工作时的预紧力大小。

10）单向调速阀 11、12——分别调节刀架转位马达的正、反转速。

11）单向调速阀 13——调节尾座套筒的伸出速度。

12）压力计 14、15、16——分别显示系统相应处的压力大小。

## 二、系统的工作过程

机床的液压系统采用单向变量泵供油，系统的压力调至 4MPa，由压力计 15 显示。泵输出的压力油经过单向阀进入系统，其工作原理如下：

### 1. 卡盘的夹紧与松开

当卡盘处于正卡（或称外卡）且在高压夹紧状态下，夹紧力的大小由减压阀 8 来调整，由压力计 14 显示卡盘压力。当 1YA 瞬时通电以后，阀 3 左位工作，系统压力油经阀 8→阀 4→阀 3→液压缸右腔；液压缸左腔的油液经阀 3 直接回油箱。这时，活塞杆左移，卡盘夹紧。反之，当 2YA 瞬时通电后，阀 3 右位工作，系统压力油经阀 8→阀 4→阀 3→液压缸左腔；液压缸右腔的油液经阀 3 直接回油箱，活塞杆右移，卡盘松开。

当卡盘处于正卡且在低压夹紧状态下，夹紧力的大小由减压阀 9 来调整。这时，3YA 通电，阀 4 右位工作。阀 3 的工作情况与高压夹紧时相同。

卡盘反卡（或称内卡）时的油路亦易分析，不再赘述。

### 2. 回转刀架的动作

回转刀架换刀时，首先是刀架松开，之后刀架就转位到达指定的刀位，最后刀架复位夹紧。当 4YA 通电时，阀 6 右位工作，刀架松开；当 8YA 通电时，系统来油使马达带动刀架正转，转速由单向调速阀 11 控制。若 7YA 通电，则系统来油使马达带动刀架反转，转速由单向调速阀 12 控制；当 4YA 断电时，阀 6 左位工作，刀盘夹紧。

### 3. 尾座套筒的伸缩运动

当 6YA 通电时，阀 7 左位工作，系统压力油经减压阀 10→阀 7→液压缸左腔；液压缸右腔油液经单向调速阀 13→阀 7 回油箱，缸筒带动尾座套筒伸出，套筒伸出工作时的预紧力大小通过压力计 16 显示。反之，当 5YA 通电时，阀 7 左位工作，系统压力油经减压阀 10→阀 7→阀 13→液压缸右腔；液压缸左腔的油液经阀 7 直接回油箱，套筒缩回。

各电磁铁动作如表 10-2 所示。

表 10-2 电磁铁动作表

| 动作 | | 电磁铁 | 1YA | 2YA | 3YA | 4YA | 5YA | 6YA | 7YA | 8YA |
|---|---|---|---|---|---|---|---|---|---|---|
| 卡盘正卡 | 高压 | 夹紧 | + | − | − | | | | | |
| | | 松开 | − | + | − | | | | | |
| | 低压 | 夹紧 | + | − | + | | | | | |
| | | 松开 | − | + | + | | | | | |
| 卡盘反卡 | 高压 | 夹紧 | − | + | − | | | | | |
| | | 松开 | + | − | − | | | | | |
| | 低压 | 夹紧 | − | + | + | | | | | |
| | | 松开 | + | − | + | | | | | |

（续）

| 动作＼电磁铁 | | 1YA | 2YA | 3YA | 4YA | 5YA | 6YA | 7YA | 8YA |
|---|---|---|---|---|---|---|---|---|---|
| 刀架 | 正转 | | | | | | | － | ＋ |
| | 反转 | | | | | | | ＋ | － |
| | 松开 | | | | ＋ | | | | |
| | 夹紧 | | | | － | | | | |
| 尾座 | 套筒伸出 | | | | | － | ＋ | | |
| | 套筒退回 | | | | | ＋ | － | | |

注："＋"表示电磁铁通电，"－"表示电磁铁断电。

# 第三节　液压机液压系统

## 一、概述

用液压驱动的压力机通称液压机。液压机是工业部门广泛使用的压力加工设备，常用于可塑性材料的压制工艺，如冲压、弯曲、薄板拉伸等，也可用于零件校正、压装及塑料、粉末制品的压制成型工艺。

液压机液压系统一般应满足下列基本要求：

1）为完成一般的压制工艺，主缸（上缸）和顶出缸（下缸）能分别实现如下的典型工作循环：

主缸：快速下行—慢速下行、加压压制—保压延时—卸压换向、快速返回—停止。

顶出缸：向上顶出—向下退回。

2）为避免两缸动作不协调，系统应保证只有当上缸处于停止时才允许下缸作顶出动作。

3）系统中的压力要能经常变换调节，并能产生较大的压制力，以满足工作要求。

4）压力高，流量大，空行程和加压行程的速度差异大，因此要求功率利用合理，工作平稳性和安全可靠性要高。

图 10-3 所示为采用插装阀的液压机液压系统。该系统所用的主要液压元件及其作用是：

1）变量轴向柱塞泵 1——向系统提供所需压力油。泵的额定压力为 32MPa，额定流量为 100L/min。

2）过滤器 2——对进入系统的油液进行过滤。本过滤器带污染指示器，其工作压差为 0.35MPa。

3）插装阀 3、调压阀 10 和 14——阀 3 和阀 10 一起构成安全溢流阀，以限制顶出缸下腔的最大工作压力。阀 14 为远程调压阀，主要用以调整顶出缸液压垫的工作压力。

4）插装阀 4、调压阀 11 和电磁阀 16——三阀组合构成电磁溢流阀，控制泵的最大工作压力和卸荷。

5）插装阀 5——为单向阀，防止系统油液向泵倒流。

图 10-3 液压机的液压系统

6）插装阀6、顺序阀12、调压阀13、电磁阀20——四阀组合构成一复合机能调压阀，用以调节主缸下腔的平衡压力或实现无背压回油（由阀20、阀12控制），并控制主缸卸压换向的压力数值。

7）插装阀7、电磁阀18、梭阀22——三阀组合构成二位二通换向阀，以切换主缸下腔的进油通路。这里的梭阀相当于两个单向阀的组合体，使插装阀控制腔与梭阀两端压力较高的油路相通。

8）插装阀8、调压阀15——二阀组合构成安全溢流阀，以限制主缸上腔的最大工作压力。

9）插装阀9、电磁阀19、梭阀23——三阀组合构成二位二通换向阀，以切换主缸上腔的进油通路。

10）电液换向阀17——用以控制顶出缸活塞的运动方向。

11）单向阀24——用于主缸上腔保压。

12）液控单向阀25——又称充液阀，当主缸活塞连同上滑块快速下行时，此阀在负压下打开，使主缸充液；当主缸活塞换向返回时，此阀对上腔预先卸压，后全开回油。

## 二、系统的工作过程

下面以一般的定压成型压制工艺为例，说明系统的工作过程。

**1. 主缸活塞快速下行**

启动泵，并让电磁铁1YA、2YA、6YA通电。1YA通电，泵由卸荷状态转为工作状态，向系统供给压力油；2YA通电，阀19的A、T口相通，插装阀9打开，系统压力油经过阀5、阀7、阀9、阀24进入主缸上腔；6YA通电，插装阀6的控制油口通油箱，阀6打开，主缸下腔油液经阀6快速回油，于是上滑块在自重作用下快速下行，此时主缸上腔产生负压，通过充液阀25从高位油箱对上腔充液。

**2. 主缸活塞慢速下行，加压压制**

当上滑块的挡块触压行程开关2ST后，电磁铁6YA断电，主缸下腔产生由阀13调定的背压，上腔压力相应增高，故充液阀因此而关闭，进入上腔的流量减少，使上滑块减速。当上滑块的工作部件接触工件后，开始加压工作行程。系统压力增高，压力补偿变量泵流量自动减小，同时，主缸上腔压力油打开顺序阀12，使下腔经阀6无背压回油，上腔全部压力作用于工件上。

**3. 主缸保压延时**

加压行程完毕，挡块触压限位开关5ST，或缸内压力升高，压力继电器21发出信号，转为保压。此时，所有电磁铁断电，泵卸荷，系统保压，保压时间由电控系统中的时间继电器调定。

**4. 主缸卸压，换向返回**

保压到时后，时间继电器发出信号，电磁铁1YA、3YA通电。1YA通电，泵转入工作状态；3YA通电，阀18的P、B口相通，A、T口相通，打开插装阀7和充液阀25的卸压阀芯，主缸上腔开始卸压，在上腔压力未降到阀12的调定压力前，阀6保持开启，故下腔油路不能升压。只有当主缸上腔压力降低到阀12的调定压力以下时，阀12关闭，阀6也关闭，下腔油路才能升压，使主缸实现先卸压后换向返回。

**5. 顶出缸动作**

主缸回程触压限位开关1ST后发出信号，电磁铁3YA断电，5YA通电。3YA断电，阀7关闭，使主缸活塞靠下腔背压悬停在上方；5YA通电，阀17的P、A口相通，B、T口相通，系统向顶出缸下腔供油，实现顶出缸顶出动作。顶出动作完成后，碰到行程开关3ST发出信号，5YA断电，4YA通电，阀17的P、B口相通，A、T口相通，顶出缸活塞下降，直至碰到4ST，全部电磁铁断电，顶出缸活塞停止在下方，液压机回到初始位置，完成一个工作循环。另外，顶出缸动作完成后，如需下腔液压垫支撑活塞停留在上部位置一段时间，则可通过时间继电器延缓4YA通电来达到。

电磁铁动作顺序表见表10-3。

表 10-3　电磁铁动作顺序表

| 动作 | 电磁铁 | 1YA | 2YA | 3YA | 4YA | 5YA | 6YA |
|---|---|---|---|---|---|---|---|
| 主缸 | 快速下行 | + | + | − | − | − | + |
| | 慢速下行、加压 | + | + | − | − | − | − |
| | 保压延时 | − | − | − | − | − | − |
| | 卸压返回 | + | − | + | − | − | − |
| 顶出缸 | 顶出 | + | − | − | − | + | − |
| | 退回 | + | − | − | + | − | − |

注："＋"表示电磁铁通电，"－"表示电磁铁断电。

# 第四节　注塑成型机液压系统

## 一、概述

　　注塑成型机简称注塑机，它能将颗粒状塑料加热熔化到流动状态，采用注射装置快速高压注入模腔，经一定时间的保压、冷却，得到一定形状的塑料制品。注塑机具有成型周期短、对各种塑料的加工适应性强、自动化程度高等特点。SZ-250A 型注塑机属中小型注塑机，它要求液压系统能够完成合模、注射座整体前移、注射、保压、注射座整体后退、开模、顶出缸将制品顶出、顶出缸后退等动作。通常实现的工作循环为：合模→注射座整体前移→注射→保压→冷却和预塑→注射座整体后退→开模→顶出制品→顶出缸后退→合模。

　　SZ-250A 型注塑机要求：液压系统能够提供足够的合模力，避免在注射时导致模具离缝而产生塑料制品的溢边现象；提供可以调节的开模和合模速度（在开、合模过程中，要求合模缸有慢、快、慢的速度变化），以提高生产率和保证制品质量，并避免产生冲击；提供足够的推力，以保证注射时喷嘴和模具浇口的紧密接触；为适应不同塑料品种、注射成型制品几何形状和模具浇注系统的要求，能够提供可以调节的注射压力和注射速度；提供可以调节的保压压力；顶出制品时，要求有足够的顶力，顶出速度平稳、可调。

## 二、系统的工作过程

　　图 10-4 所示为 SZ-250A 型注塑机液压系统工作原理图。该机采用了液压-机械式合模机构，合模缸 19 通过具有增力和自锁作用的对称连杆机构推动模板进行开、合模，依靠连杆变形所产生的预应力来保证所需的合模力，使模具可靠锁紧，并使合模缸直径减少，节省功率，也易于实现高速。该系统为双泵、定量、多缸工作系统，包含的基本回路有：采用双泵合流调速回路实现液压缸不同运行速度的调节，采用进油节流调速回路实现注射速度和制品顶出速度的调节，采用比例溢流阀的比例调压回路实现系统需要的多级压力调节。

　　SZ-250A 型注塑成型机液压系统各个阶段的工作情况如下：

图 10-4　SZ-250A 型注塑机液压系统原理图

1—油箱　2—过滤器　3—二位二通电磁换向阀　4—先导型溢流阀　5—大流量泵　6—小流量泵　7—单向阀
8—先导型比例电磁溢流阀　9—背压阀　10—节流阀　11、13、14—电液换向阀　12—电磁换向阀
15—压力继电器　16、18—单向节流阀　17—注射座移动缸　19—合模缸　20—顶出缸　21—注射缸

**1. 合模**

合模过程包括慢速合模、快速合模、低压合模和高压合模几个动作，其目的是先使动模板慢速起动，然后快速前移，当接近定模板时液压系统压力减小，以减小合模缸的推力，防止在两个模板之间存在硬质异物损坏模具的表面。接着，系统压力升高，使合模缸产生较大的推力将模具压合，并使连杆机构产生弹性变形锁紧模具。具体动作如下：

（1）慢速合模　电磁铁 1YA 断电，2YA 通电，大流量泵 5 通过先导型溢流阀 4 卸荷，电液换向阀 11 左位接入系统，小流量泵 6 的压力由比例溢流阀 8 调定。主油路油液流动路线为

进油路：油箱 1→过滤器 2→小流量泵 6→电液换向阀 11（左位）→合模缸 19 左腔。

回油路：合模缸 19 右腔→电液换向阀 11（左位）→油箱 1。

（2）快速合模　慢速合模转为快速合模时，由行程开关发出指令使电磁铁 1YA 通电，大流量泵 5 不再卸荷，实现双泵供油，使合模缸运动，系统压力仍由比例溢流阀 8 调定。主油路油液流动路线为

进油路：油箱 1→过滤器 2→大流量泵 5 串单向阀 7、并联小流量泵 6→电液换向阀 11（左位）→合模缸 19 左腔。

回油路：合模缸 19 右腔→电液换向阀 11（左位）→油箱 1。

（3）低压慢速合模　电磁铁 1YA 断电，2YA 通电，大流量泵 5 卸荷，小流量泵 6 的压

力由比例溢流阀 8 调定较低，从而实现合模缸在低压下慢速合模，保护模具表面。主油路油液流动路线与慢速合模时相同。

（4）高压合模　当动模板越过保护段时，由比例溢流阀 8 使小流量泵 6 的压力升高，主油路油液流动路线与慢速合模时相同。系统压力的升高使得合模缸产生较大的推力。

**2. 注射座整体前移**

电磁铁 2YA 断电，6YA 通电，电液换向阀 13 右位接入系统，压力油进入注射座移动缸 17 右腔，活塞杆推动注射座整体向前移动，直到喷嘴与模具贴紧。主油路油液流动路线为

进油路：油箱 1→过滤器 2→小流量泵 6→节流阀 10→电液换向阀 13（右位）→注射座移动缸 17 右腔。

回油路：注射座移动缸 17 左腔→电液换向阀 13（右位）→油箱 1。

**3. 注射**

注射速度分为慢速注射和快速注射两种，具体应用可根据制品和注射工艺的条件来确定。注射速度即为注射缸的运动速度，快、慢速注射时的压力均由比例溢流阀 8 控制。

（1）慢速注射　电磁铁 1YA 断电，6YA、8YA 通电，只有小流量泵 6 供油，电液换向阀 13 和 14 均为右位接入系统，通过调节单向节流阀 18 可以调节注射速度。6YA 通电的目的是保持喷嘴与模具紧贴。主油路油液流动路线为

进油路：油箱 1→过滤器 2→小流量泵 6→电液换向阀 14（右位）→单向节流阀 18→注射缸 21 右腔。

回油路：注射缸 21 左腔→电液换向阀 14（右位）→背压阀 9→油箱 1。

（2）快速注射　电磁铁 1YA、6YA、8YA 通电，液压泵 5、6 双泵合流，实现注射缸的快速运动，注射速度仍可通过节流阀 18 调节。主油路油液流动路线为

进油路：油箱 1→过滤器 2→大流量泵 5 串单向阀 7、并联小流量泵 6 →电液换向阀 14（右位）→单向节流阀 18→注射缸 21 右腔。

回油路：注射缸 21 左腔→电液换向阀 14（右位）→背压阀 9→油箱 1。

**4. 保压**

保压的目的是为了使注射缸对模腔内的熔料保持一定的压力并进行补塑。此时只需要极少量的油液，并且保压的压力也不需要很高。所以，通过比例溢流阀 8 重新调定压力，电磁铁 1YA 断电，小流量泵 6 单独供油就能够满足需要。

**5. 冷却、预塑**

注入模腔内的熔料需要经过一定时间的冷却才能定型，同时需要将塑料颗粒加热到能够流动的状态才能进行注射，冷却、预塑就是为了完成这些功能。此时，8YA 断电，电液换向阀 14 回到中位，电动机 M 通过减速机构带动螺杆转动，塑料颗粒通过料斗进入料筒，被转动的螺杆输送到料筒前端进行加热塑化。螺杆头部熔料的压力推动注射缸 21 的活塞后退，注射缸右腔的油液冲开节流阀 18 的单向阀，一部分经电液换向阀 14 的中位进入注射缸的左腔，另一部分经背压阀 9 流回油箱。

**6. 注射座后退**

电磁铁 6YA 断电、5YA 通电，电液换向阀 13 的左位接入系统，注射座移动缸 17 的活塞带动注射座后退。此时的主油路油液流动路线为

进油路：油箱 1→过滤器 2→小流量泵 6→节流阀 10→电液换向阀 13（左位）→注射座

移动缸 17 左腔。

回油路：注射座移动缸 17 右腔→电液换向阀 13（左位）→油箱 1。

**7. 开模**

（1）慢速开模　电磁铁 3YA 通电，电液换向阀 11 的右位接入系统，电磁铁 1YA 处于断电状态，只有小流量泵 6 单独供油，合模缸 19 的活塞带动动模板慢速后退开模。此时的主油路油液流动路线为

进油路：油箱 1→过滤器→小流量泵 6→电液换向阀 11（右位）→合模缸 19 右腔。

回油路：合模缸 19 左腔→电液换向阀 11（右位）→油箱 1。

（2）快速开模　电磁铁 1YA、3YA 通电，电液换向阀 11 的右位接入系统，泵 5 和泵 6 双泵合流，使得合模缸 19 的活塞后退速度加快。主油路油液流动路线为

进油路：油箱 1→过滤器 2→大流量泵 5 串单向阀 7、并联小流量泵 6→电液换向阀 11（右位）→合模缸 19 右腔。

回油路：合模缸 19 左腔→电液换向阀 11（右位）→油箱 1。

**8. 顶出制品**

（1）顶出缸前进　电磁铁 1YA 断电，大流量泵 5 卸荷，4YA 通电，电磁换向阀 12 左位接入系统，顶出缸 20 的活塞前移速度由单向节流阀 16 调节。此时的主油路油液流动路线为

进油路：油箱 1→过滤器 2→小流量泵 6→电磁换向阀 12（左位）→阀 16 的节流阀→顶出缸 20 左腔。

回油路：顶出缸 20 右腔→电磁换向阀 12（左位）→油箱 1。

（2）顶出缸后退　顶出缸顶出到位后，其左腔油路压力升高到一定数值，压力继电器 15 发出信号，使电磁铁 4YA 断电，电磁换向阀 12 右位接入系统。此时的主油路油液流动路线为

进油路：油箱 1→过滤器 2→小流量泵 6→电磁换向阀 12（右位）→顶出缸 20 右腔。

回油路：顶出缸 20 左腔→阀 16 的单向阀→电磁换向阀 12（右位）→油箱 1。

**9. 螺杆后退**

在拆卸和清洗螺杆时，螺杆需要退出。此时电磁铁 7YA 通电，电液换向阀 14 的左位接入系统，小流量泵 6 的压力油经电液换向阀 14 的左位进入注射缸 21 左腔，右腔回油，就可以使注射缸带动螺杆后退。

## 复 习 题

10-1　简要说明 YT4543 型液压滑台液压系统的工作原理，并指出此系统应用了哪几种基本液压回路？

10-2　说明 MJ-50 数控车床液压系统的几个问题：

1）卡盘夹紧油路中用到了哪些控制元件？各起什么作用？

2）简述回转刀架换刀的工作过程。

10-3　据图 10-3 说明液压机液压系统的以下问题：

1）各元件在系统中所起的作用。

2）主缸活塞是如何由快速下行转换为慢速下行的？

3）主缸返回时，为什么要先卸压再换向？它是如何实现的？

10-4　指出图 10-4 所示 SZ-250A 型注塑机液压系统是怎样对压力及速度进行控制的。

# 第十一章

# 气 压 传 动

气压传动是以压缩空气作为工作介质进行能量传递的一种传动方式。气压传动及其技术（简称气动技术）目前在国内外工业生产中应用较多，发展较快。

由于气压传动也像液压传动一样，都利用流体作为工作介质而传动，在工作原理、系统组成、元件结构及图形符号等方面，二者之间存在着不少相似之处，所以在学习本章时，前面几章液压传动的一些基本知识，在此仍有很大的参考和借鉴作用。

## 第一节 气压传动的工作原理、组成及优缺点

### 一、气压传动的工作原理

为了对气压传动的工作原理有所了解，现以气动剪切机为例，观察其工作情况。图11-1为气动剪切机的气动系统工作原理示意图，图示位置为工料被剪前的情况。当工料12由上料装置（图中未画出）送入剪切机并到达规定位置时，机动阀9的顶杆受压而使阀内通路打开，气控换向阀10的控制腔便与大气相通，阀芯受弹簧力作用而下移，由空气压缩机1产生并经过初次净化处理后储藏在气罐4中的压缩空气，经空气干燥器5、空气过滤器6、减压阀7和油雾器8及气控换向阀10，进入气缸11的下腔；气缸上腔的压缩空气通过气控换向阀10排入大气。此时，气缸活塞向上运动，带动剪刃将工料12切断。工料剪下后，即与机动阀脱开，机动阀复位，所在的排气通道被封死，气控换向阀10的控制腔气压升高，迫使阀芯上移，气路换向，气缸活塞带动剪刃复位，准备第二次下料。由此可以看出，剪切机构克服阻力切断工料的机械能是由压缩

图 11-1 剪切机气动系统工作原理示意图
a）结构原理 b）图形符号
1—空气压缩机 2—冷却器 3—分水排水器 4—气罐
5—空气干燥器 6—空气过滤器 7—减压阀 8—油雾器
9—机动阀 10—气控换向阀 11—气缸 12—工料

空气的压力能转换后得到的；同时，换向阀的控制作用使压缩空气的通路不断改变，气缸活塞方可带动剪切机构频繁地实现剪切与复位的动作循环。

图11-1a 所示为剪切机气动系统的结构原理，图11-1b 为该系统的图形符号。可以看出，气动图形符号和液压图形符号的表示有很明显的一致性和相似性，但也存在不少重大区别之处，例如气动元件向大气排气，就不同于液压元件回油接入油箱的表示方法。常用气动元件的图形符号见本书附录附表 B。

## 二、气压传动系统的组成

由上例可见，气压传动系统由以下四个部分组成：

（1）气源装置　其主体部分是空气压缩机。它将原动机（如电动机）供给的机械能转变为气体的压力能，为各类气动设备提供动力。用气量较大的厂矿都专门建立压缩空气站，通过管道向各用气点输送压缩空气。

（2）执行元件　包括各种气缸和气马达。它的功用是将气体的压力能转变为机械能，输送给工作部件。

（3）控制元件　包括各种阀类，如各种压力阀、流量阀、方向阀、逻辑元件等，用以控制压缩空气的压力、流量和流动方向以及执行元件的工作程序，以便使执行元件完成预定规律的运动。

（4）辅助元件　是使压缩空气净化、润滑、消声以及用于元件间连接所需的装置，如各种过滤器、干燥器、油雾器、消声器及管件等。它们对保持气动系统可靠、稳定和持久地工作，起着十分重要的作用。

## 三、气压传动的优缺点

气压传动与机械、电气、液压传动相比，有以下优缺点：

**1. 优点**

1）以空气为工作介质，不仅易于取得，而且用后可直接排入大气，处理方便，也不污染环境。

2）因空气的粘度很小（约为油的万分之一），在管道中流动时的能量损失很小，因而便于集中供气和远距离输送。

3）气动动作迅速，调节方便，维护简单，不存在介质变质及补充等问题。

4）工作环境适应性好，无论在易燃、易爆、多尘埃、强磁场、辐射、振动等恶劣环境中，还是在食品加工、轻工、纺织、印刷、精密检测等高净化、无污染场合，都具有良好的适应性，且工作安全可靠，过载时能自动保护。

5）气动元件结构简单，成本低，寿命长，易于实现标准化、系列化和通用化。

**2. 缺点**

1）由于空气具有较大的可压缩性，因而运动平稳性较差。

2）因工作压力低（一般0.3~1MPa），不易获得较大的输出力或力矩。

3）有较大的排气噪声。

## 第二节 气动元件

### 一、气源装置及辅助元件

气压传动系统的动力元件是空气压缩机（气源）。由空气压缩机产生的压缩空气，必须经过降温、净化、稳压等一系列处理方可供给系统使用，这就需要在空气压缩机出口管路上安装一些辅助元件，如冷却器、油水分离器、过滤器、干燥器、气罐等；此外，为了提高气压传动系统的工作性能，改善工作条件，还需要用到其他辅助元件，如油雾器、转换器、消声器等。

#### 1. 空气压缩机

空气压缩机的种类很多，气压传动中最常用的是活塞式空气压缩机，其工作原理如图11-2所示。图中曲柄9作回转运动，通过连杆8、滑块6、活塞杆5带动活塞4作往复直线运动。当活塞4向右运动时，气缸3的密封腔内形成局部真空，吸气阀1打开，空气在大气压力作用下进入气缸，此过程称为吸气过程；当活塞向左运动时，吸气阀关闭，缸内空气被压缩，此过程称为压缩过程；当气缸内被压缩空气的压力高于排气管内的压力时，排气阀2即被打开，压缩空气进入排气管内，此过程称为排气过程。图中所示为单缸式空气压缩机，工程实际中常用的空气压缩机大都是多缸式的。

图 11-2　活塞式空气压缩机的工作原理
1—吸气阀　2—排气阀　3—气缸　4—活塞　5—活塞杆　6—滑块　7—滑道　8—连杆　9—曲柄

#### 2. 气动辅助元件

这里只择要介绍部分辅助元件。

（1）冷却器　它装在空气压缩机的后面，也称后冷却器，其主要作用是冷却空气和除水除油。常用的冷却器有列管式、套管式、蛇管式和散热片式等几种。图11-3a所示为列管式冷却器的结构原理。图11-3b为冷却器的符号。

图 11-3　列管式冷却器
a）结构原理　b）符号

（2）分水排水器 分水排水器的作用是分离并排除空气中凝聚的水分、油分和灰尘等杂质。如图 11-4a 所示，当压缩空气由入口进入分水排水器后，首先与隔板撞击，一部分水和油留在隔板上，然后气流上升产生环形回转，这样，凝聚在压缩空气中的水滴、油滴及灰尘杂质受惯性力作用而分离析出，沉降于壳体底部，由下面的放水阀定期排出。图 11-4b 为分水排水器的符号。

（3）过滤器 过滤器的作用是滤除压缩空气中的杂质微粒（如灰尘、水分等），达到系统要求的净化程度。图 11-5a 所示是过滤器的结构原理。图中，从入口进入的压缩空气流过旋风叶子 1，旋风叶子上有许多呈一定角度的缺口，迫使空气沿切线方向产生强烈旋转。这样，夹杂在空气中的较大水滴、油滴、灰尘等便依靠自身的惯性与存水杯 2 的内壁碰撞，并从空气中分离出来沉到杯底，而微粒灰尘和雾状水汽则由滤芯 3 滤除。为防止气体旋转将存水杯中积存的污水卷起，在滤芯下部设有挡水板 4。此外，存水杯中的污水应通过下面的排水阀 5 及时排放掉。图 11-5b 为人工排水式空气过滤器的符号。

图 11-4 分水排水器
a）结构原理 b）符号

图 11-5 过滤器
a）结构原理 b）符号
1—旋风叶子 2—存水杯 3—滤芯
4—挡水板 5—排水阀

（4）干燥器 压缩空气经过除水、除油、除尘的初步净化以后，已能满足一般气压传动系统的需要，对于某些要求较高的气动装置或气动仪表，其用气还需经过干燥处理。图 11-6a 是一种常用的吸附式干燥器结构原理图，当压缩空气通过具有吸湿性能的吸附剂后，水分即被吸附，从而达到干燥的目的。图 11-6b 为空气干燥器的符号。

（5）气罐 气罐的功用，一是消除压力波动；二是储存一定量的压缩空气，维持供需气量之间的平衡；三是沉积分离气中的水、油等杂质。气罐一般采用圆筒状焊接结构，有立式和卧式两种，通常以立式应用较多。

上述冷却器、分水排水器、过滤器、干燥器和气罐等辅助元件通常安装在空气压缩机的出口管路上，组成了一套气源净化装置，是压缩空气站的重要组成部分，它们的安装联接示例见图 11-1。

（6）油雾器　压缩空气通过净化装置以后，所含污油浊水得到了清除，但是一般的气动装置还要求压缩空气具有一定的润滑性，以减轻其相对运动零件的表面磨损，改善工作性能，因此要用油雾器对压缩空气喷掺少量的润滑油。油雾器的工作原理可以通过图 11-7a 来说明。当压力为 $p_1$ 的压缩空气流经狭窄的颈部通道时，因流速增大，压力降低为 $p_2$，由于压差 $\Delta p = p_1 - p_2$ 的存在，油池中的润滑油就沿竖直细管（称文氏管）被吸往上方，并滴向颈部通道，随即被压缩气流喷射雾化带入系统。图 11-7b 为油雾器的符号。

（7）消声器　气压传动系统一般不设排气管道，用后的压缩空气便直接排入大气，伴随有强烈的排气噪声，一般可达 100～120dB。这种噪声使工作环境恶化；危害人体健康。一般说来，噪声高于 85dB 就要设法降低，为此通常在换向阀的排气口安装消声器来降低排气噪声。图 11-8a 所示是气动装置中常用的一种吸收型消声器的结构原理，它是依靠装在体内的吸声材料（玻璃纤维、毛毡、泡沫塑料、烧结材料等）来消声的。图 11-8b 为消声器的符号。

（8）转换器　气动系统的工作介质是气体，而信号的传感和动作的执行不

图 11-6　空气干燥器
a）结构原理　b）符号
1—湿空气进气管　2—顶盖　3、5、10—法兰
4、6—再生空气排气管　7—再生空气进气管
8—干燥空气输出管　9—排水管　11、22—密封垫
12、15、20—钢丝过滤网　13—毛毡　14—下栅板
16、21—吸附剂层　17—支撑板　18—筒体　19—上栅板

一定全用气体，可能用电或液体传输，这就要通过转换器来转换。常用的转换器有三种，即电气转换器，气电转换器和气液转换器。因为电磁换向阀可以作为电气转换器，将在气动控制元件一节中研究，故此处仅介绍气电转换器和气液转换器。

1）气电转换器是将气信号转变为电信号的装置，常称压力继电器。压力继电器按信号压力的大小分为低压型（0～0.1MPa）、中压型（0.1～0.6MPa）和高压型（0.6～1.0MPa）三种。图 11-9 所示为高中压型压力继电器的结构原理和符号，压缩空气进入下部气室 A 后，膜片 6 受到由下往上的气压力作用，当压力升高到某一数值后，膜片上方的圆盘 5 就通过其联接件带动爪枢 4 克服弹簧力向上移动，使微动开关 3 的触头受压发出电信号。旋转定压螺

图 11-7　油雾器
a）工作原理　b）符号

图 11-8　消声器
a）工作原理　b）符号

母 1，即可调节转换压力的数值。

　　2）气液转换器是将气信号转换为液压信号的装置。气液转换器有两种结构型式，一种是直接作用式，即在一筒式容器内，压缩空气直接作用在液面上，或通过活塞、隔膜等作用在液面上，推压液体以同样的压力输出。图 11-10 所示为直接作用式气液转换器的结构原理和符号。另一种气液转换器是换向阀式元件，它是一个气控液压换向阀。采用这种转换器需要另备液压源。

图 11-9　压力继电器
a）工作原理　b）符号
1—定压螺母　2—弹簧　3—微动开关
4—爪枢　5—圆盘　6—膜片　A—气室

图 11-10　气液转换器
a）工作原理　b）符号

## 二、气动执行元件

　　气动执行元件是将压缩空气的压力能转换为机械能的元件，它驱动工作机构作往复直线运动、摆动或回转运动，其输出量为力或转矩。气动执行元件可分为气缸和气马达。

（一）气缸

**1. 气缸的分类**

气缸应用十分广泛，其结构形式有多种多样，通常分类如下：

（1）按压缩空气的作用方向分　有单作用气缸和双作用气缸。单作用气缸的特点是压缩空气只能使活塞（或柱塞）往一个方向运动，反方向的运动则需借助于外力或重力。双作用气缸的特点是压缩空气可使活塞向两个方向运动。

（2）按气缸的结构特征分　主要有活塞式气缸、叶片式气缸、薄膜式气缸、伸缩式气缸等。

（3）按气缸的功能分　有普通气缸和特殊气缸。常用的特殊气缸如气液阻尼缸、冲击气缸、回转气缸、无油润滑气缸等。

**2. 几种气缸简介**

一般形式的气缸类似于液压缸，此处不再赘述。下面仅对几种有特殊结构功能的气缸作简要介绍。

（1）气液阻尼缸　普通气缸工作时，由于气体的可压缩性，使气缸工作不稳定。为了使活塞运动平稳，普遍采用气液阻尼缸。气液阻尼缸是由气缸和油缸组合而成的，它以压缩空气为能源，利用油液的近似不可压缩性和控制流量来获得活塞的平稳运动和调节运动速度。图 11-11 所示为气液阻尼缸的工作原理。在此缸中，油缸和气缸共一个活塞杆，故气缸活塞运动必然带动油缸活塞往同一方向运动。当活塞右移时，油缸右腔排油只能经节流阀流入左腔，所产生的阻尼作用使活塞平稳运动，调节节流阀，即可改变活塞的运动速度；反之，活塞左移，油缸左腔排油经单向阀流入右腔，因无阻尼作用，故活塞以快速退回。图中，油缸上方的油箱只用来补充油缸因泄漏而减少的油量。由于补油量不大，通常只用油杯补油。

（2）冲击气缸　它可把压缩空气的能量转化为活塞高速运动的动能，利用此动能做功，可完成型材下料、打印、破碎、冲孔、锻造等多种作业。冲击气缸的结构原理如图 11-12 所示，当活塞 6 处于图示原始位置时，中盖 5 的喷嘴口 4 被活塞封闭，随着换向阀的换向，蓄

图 11-11　气液阻尼缸

图 11-12　冲击气缸

1—活塞杆腔　2—活塞腔　3—蓄能腔

4—喷嘴口　5—中盖　6—活塞　7—缸体

能腔3充入0.5~0.7MPa的压缩空气,活塞杆腔1与大气连通,活塞在喷嘴口面积上的气压作用下移动,喷嘴口开启,积聚在蓄能腔中的压缩空气通过喷嘴口突然作用在活塞的全部面积上,喷嘴口处产生高速气流喷入活塞腔2,使活塞获得强大的动能高速下冲。

(3) 回转气缸　回转气缸的工作原理如图11-13所示,它由导气头、缸体、活塞杆、活塞等组成。这种气缸的缸体3连同缸盖及导气头芯6可被带动回转,活塞4及活塞杆1只能作往复直线运动,导气头体9外接管路,固定不动。回转气缸主要用于机床夹具和线材卷曲等装置上。

(4) 薄膜式气缸　图11-14所示为薄膜式气缸,它主要由膜片和中间硬芯相连来代替普通气缸中的活塞,依靠膜片在气缸作用下的变形来使活塞杆运动。活塞的位移较小,一般小于40mm。这类气缸的特点是结构紧凑,重量轻,密封性能好,制造成本低,维修方便,但只适用于一些小行程的机械设备中。

图11-13　回转气缸
1—活塞杆　2、5—密封装置　3—缸体　4—活塞
6—缸盖及导气头芯　7、8—轴承　9—导气头体

图11-14　薄膜式气缸
1—缸体　2—硬芯　3—膜片　4—活塞杆

(5) 无油润滑气缸　这种气缸的结构与普通气缸没有什么两样,只是气缸内的一些相对运动零件如活塞、密封圈、导向套等采用一种特殊的树脂材料制成,有自润滑作用,运动摩擦阻力小,因此这种气缸在运行时不需要在压缩空气中加入起润滑作用的油雾而能长时间工作。由于气缸排气中不含油分,故此种气缸特别适用于食品、医药工业。

(二) 气马达

气马达能将压缩空气的压力能转换为机械能,实现旋转运动。其种类很多,这里只介绍叶片式气马达的工作原理。如图11-15所示,压缩空气由孔A输入后,分为两路:一路经定子两端密封盖的槽进入叶片底部(图中未表示)将叶片推出,使其贴紧定子内表面;压缩空气的另一路则进入相应的密封容腔,作用于叶片表面。由于转子与定子偏心放置,相邻两叶片伸出的长度不一样,就产生了转矩差,从而推动转子按逆时针方向旋转。做功后的气体由孔C排出,剩余残气经孔B排出。若使压缩空气改由孔B输入,便可使转子按顺时针方向旋转。

气马达具有尺寸小、重量轻、可正反转且无级调速、起动转矩较大、操作简单、维修容易、工作安全等优点,但它的输出功率较小、效率低、耗气量大、噪声大。它广泛用于工业

生产中的风动扳手、风钻等气动工具以及医疗器械中的高速牙钻等。

## 三、气动控制元件

如同液压传动，气压传动的控制元件也有三类控制阀，即压力控制阀、流量控制阀、方向控制阀。此外，气动控制元件还应包括各种逻辑元件和射流元件，限于篇幅，对这部分元件不作专门介绍。

### （一）压力控制阀

压力控制阀按其功能分为减压阀、安全阀和顺序阀三种。下面只对减压阀作一介绍。

气压传动系统与液压传动系统不同的一个特点是，液压传动系统的压力油是由安装在每台设备上的液压源直接提供的，而气压传动则是将压缩空气站中气罐储存的压缩空气通过管道引出，并减压到适于系统应用的压力。因此每台气动装置的供气压力都需要用减压阀来减压，并保持供气压力稳定。气动系统中的减压阀常称调压阀。图 11-16 所示为直动型调压阀的结构原理和符号。在图示情况下，阀芯 5 的台阶面上方形成一定的开口，压力为 $p_1$ 的压缩空气流过此阀口后，压力降低为 $p_2$。与此同时，出口边的一部分气流由阻尼孔 7 进入膜片室，对膜片 4 产生一个向上的推力与上方的弹簧力相平衡，调压阀便有稳定的压力输出。当输入压力 $p_1$ 增高时，输出压力 $p_2$ 随之升高，膜片室的压力也升高，将膜片向上推，阀芯 5 在复位弹簧 9 的作用下上移，使阀口开度减小，节流作用增强，直至输出压力降低到调定值为止；反之，若输入压力下降，则输出压力也随之下降，膜片下移，阀口开度增大，节流作用减弱，直至输出压力升到调定值再保持稳定。调节调压手柄 1 以控制阀口开度的大小，即可控制输入压力的大小。一般调压阀的最大输出压力是 0.6MPa，调压范围是 0.1～0.6MPa。

图 11-15　叶片式气马达的工作原理

1—定子　2—转子　3—叶片

a)

图 11-16　直动型调压阀

a）结构原理　b）符号

1—调压手柄　2—调压弹簧　3—下弹簧片　4—膜片

5—阀芯　6—阀套　7—阻尼孔　8—阀口　9—复位弹簧

149

**（二）流量控制阀**

在气动系统中，要控制执行元件的运动速度，或控制换向阀的切换时间，或控制气动信号的传递速度，都需要通过调节压缩空气流量来实现。用于调节流量的流量控制阀包括节流阀、单向节流阀、排气节流阀等。由于节流阀和单向节流阀的工作原理与液压阀中的同类型阀十分相似，故此处不再赘述。下面只介绍排气节流阀。

图 11-17 所示为排气节流阀的结构原理和符号。气流从 $A$ 口进入阀内，由节流口 1 节流后经消声套 2 排出，因而它不仅能调节空气流量，还能起到降低排气噪声的作用。排气节流阀通常安装在换向阀的排气口处与换向阀联用，起单向节流阀的作用，它实际上只不过是节流阀的一种特殊形式。由于其结构简单，安装方便，能简化回路，故应用较广。

图 11-17 排气节流阀
a) 结构原理 b) 符号
1—节流口 2—消声套

150

**（三）方向控制阀**

方向控制阀用于控制气流方向与通断，按其功用可分为单向型控制阀和换向型控制阀。

**1. 单向型控制阀**

单向型控制阀通常包括单向阀、或门型梭阀、与门型梭阀和快速排气阀。单向阀的结构原理和符号与液压阀中的单向阀基本相同，这里不再重复，而只介绍其他三种阀。

（1）或门型梭阀 图 11-18 所示为或门型梭阀的工作原理和符号。该阀的结构相当于两个单向阀的组合。当通路 $P_1$ 进气时，将阀芯推向右边，通路 $P_2$ 被关闭，于是气流从 $P_1$ 进入通路 $A$，如图 11-18a 所示；反之，气流从 $P_2$ 进入 $A$，如图 11-18b 所示；当 $P_1$、$P_2$ 同时进气时，哪端压力高，$A$ 口就与哪端相通，另一端就自动关闭。图 11-18c 为该阀的图形符号。这种梭阀在气动回路中起到"或"门的作用，是构成逻辑回路的重要元件。图 11-19 所示为或门型梭阀在手动-自动换向回路中的应用。当按压三通手动阀按钮或使三通电磁阀通电时，控制信号气流便经或门型梭阀进入四通气控阀右腔，实现换向。

图 11-18 或门型梭阀

（2）与门型梭阀 这种阀又称双压阀，其工作原理如图 11-20a、b、c 所示。它也是相当于两个单向阀的组合，其特点是当两个输入口 $P_1$、$P_2$ 同时进气时，$A$ 口有输出；当两端进气压力不等时，则低压气通过 $A$ 口输出；若只有一个输入口进气，$A$ 口无输出。图 11-20d 为与门型梭阀的符号。图 11-21 所示为与门型梭阀在钻床进给控制回路中的应用，机动阀 1 由工件定位信号控制，机动阀 2 由工件夹紧信号控制。当两个信号同时存在时，与门型梭阀 3 才有输出，使换向阀 4 切换，气缸 5 作进给运动。

（3）快速排气阀 快速排气阀简称快排阀，它能将气缸大流量的空气直接排出，替代经过长管路和方向阀排气，降低排气阻力，使活塞获得最快的运动速度。图 11-22 所示为快排阀的工作原理和符号。其中，图 a 表示气缸进气时，快排阀的排气口 O 自行关闭的情况；图 b 表示气缸排气时，快排阀的排气口 O 自动打开实现快速排气的情况，图 c 为快排阀的符号。图 11-23 所示为快排阀的应用举例，它可以实现气缸的快速往返运动。

**2. 换向型控制阀**

换向型控制阀简称换向阀。气压换向阀和液压换向阀相类似，分类方法也大致相同。但由于气压传动所具有的特点，气压换向阀的结构与液压换向阀有所不同。按阀芯的结构型式，气压换向阀可分为滑柱型（又称滑阀型）、截止型（又称提动式）、平面型（又称滑块式）和膜片型等几种。按阀的控制方式，气压换向阀可分为电磁控制式、气动控制式、机械控制式和人力控制式等几种，其中，后三种换向阀的工作原理和结构与液压中的相应阀类基本相同。

图 11-19　或门型梭阀在手动-自动
换向回路中的应用

151

图 11-20　与门型梭阀

图 11-21　与门型梭阀的应用
1、2—机动阀　3—与门型梭阀
4—换向阀　5—气缸

图 11-22　快速排气阀

气压传动对电磁控制换向阀的应用较为普遍。按电磁力作用方式的不同，电磁换向阀分为直动式和先导式两种。图 11-24 所示为采用截止型阀芯的单电磁铁直动式电磁换向阀的工作原理和符号；图 11-25 所示为采用滑柱型阀芯的双电磁铁直动式电磁换向阀的工作原理和符号；图 11-26 所示为采用滑柱型阀芯的双电磁铁先导式电磁换向阀的工作原理和符号。双电磁铁换向阀可做成二位阀，也可做成三位阀。双电磁铁二位换向阀具有记忆功能，即通电时换向，断电时仍能保持原有的工作状态。为保证双电磁铁换向阀正常工作，两个电磁铁不能同时通电，电路中要考虑互锁。

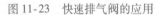

图 11-23　快速排气阀的应用　　　　图 11-24　单电磁铁直动式电磁换向阀的工作原理和符号

a) 电磁铁不通电时的工作状态（常态）

b) 电磁铁通电时的工作状态　c) 符号

图 11-25　双电磁铁直动式电磁换向阀的工作原理和符号

a) 左位工作状态　b) 右位工作状态　c) 符号

图 11-26　双电磁铁先导式电磁换向阀的工作原理和符号

a) 左位工作状态　b) 右位工作状态　c) 符号

## 第三节 气动基本回路及系统实例

气压传动系统的型式很多，结构往往都很复杂，但是也和液压传动系统一样，它都是由不同功能的基本回路所组成。在熟悉常用基本回路的基础上，才可能正确分析或设计气动系统。

### 一、压力控制回路

**1. 一次压力控制回路**

这种回路用于使气罐送出的气体压力不超过定值。为此，常在气罐上安装一只安全阀（溢流阀）。一旦罐内压力超过规定值时就会通过安全阀向大气放气。还有一种做法，是在气罐上装一电接点压力计，一旦罐内压力超过规定值时就会发出信号使驱动空气压缩机的电动机断电停机，不再供气，从而控制气罐压力不再升高。

**2. 二次压力控制回路**

为保证气动系统使用的气体压力为一稳定值，可采用图 11-27a 所示的二次压力控制回路。在此回路中，空气过滤器、减压阀、油雾器常联合使用，统称气源调节装置（又称气动三大件）。这种气源调节装置已有组合件生产和供应。图 11-27b 为空气过滤器-减压阀-油雾器组合件的简化符号。

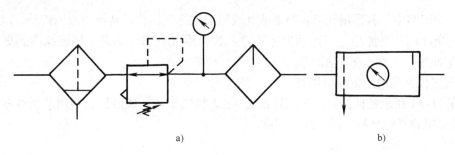

a)　　　　　　　　　　　　b)

图 11-27　二次压力控制回路

a）二次压力控制回路　b）组合件的简化符号

### 二、速度控制回路

**1. 单作用气缸的速度控制回路**

图 11-28a 所示回路是用两个相反安装的单向节流阀来分别控制活塞杆的升降速度。图 11-28b 所示回路是在气缸上升时调速，下降时则通过快排阀排气，使气缸快速返回。

**2. 双作用气缸的速度控制回路**

图 11-29a、b 所示均为双向排气节流调速回路。采用排气节流调速的方法控制气缸速度，活塞运动较平稳，比进气节流调速效果好。

**3. 缓冲回路**

在图 11-30 中，当活塞运动到末端碰到行程阀时，气体就只能经节流阀排除，因而使活塞的运动得到了缓冲。

图 11-28　单作用气缸的速度控制回路
a）双向速度控制　b）单向速度控制

图 11-29　双作用气缸的速度控制回路
a）换向阀前节流控制　b）换向阀后节流控制

**154**

## 三、气液联动回路

在气动回路中，若采用气液转换器或气液阻尼缸把气压传动转换为液压传动，就能使执行元件的速度调节更加稳定，运动也能平稳。若采用气液增压回路，则还能得到更大的推力。这些回路统称为气液联动回路。

**1. 气液转换器的速度控制回路**

如图 11-31 所示的回路，用气液转换器 1、2 将气压转换成液压，利用液压油驱动液压缸 3，从而得到平稳易控的活塞运动速度。

图 11-30　缓冲回路

图 11-31　气液转换器的速度控制回路
1、2—气液转换器　3—液压缸

**2. 气液阻尼缸的速度控制回路**

如图 11-32 所示的回路，采用气液阻尼缸实现快进—慢进—快退的工作循环。当改变挡块或行程阀的安装位置时，快进到慢进的速度换接位置可以得到调整。

**3. 气液增压回路**

如图 11-33 所示的回路，采用气液增压器 1 把较低的气压转变为较高的液压力，可以提高气液缸 2 的输出力。

图 11-32 气液阻尼缸的速度控制回路

图 11-33 气液增压回路
1—气液增压器 2—气液缸

155

## 四、延时控制回路和同步动作回路

**1. 延时控制回路**

图 11-34a 是延时输出回路。当控制信号使阀 4 切换后，压缩空气经单向节流阀 3 向气容 2 充气。当充气压力延时升高至一定值后，阀 1 换位，压缩空气就从该阀输出。图 11-34b 是气缸延时退回回路。按下按钮阀 1，主控阀 2 换向，活塞杆伸出，至行程终端，挡块压下行程阀 5，其输出的控制气经节流阀 4 向气容 3 充气，当充气压力延时升高到一定值后，阀 2 换向，活塞杆退回。

a)                                          b)

图 11-34 延时控制回路
a）延时输出回路 b）延时退回回路

**2. 同步动作回路**

由于压缩空气具有弹性，要使多个气缸同步动作，难以达到较高的同步精度。图 11-35 所示为采用气液缸的同步动作回路。该回路是使气液缸 1 无杆腔的有效面积和气液缸 2 有杆腔的有效面积完全相等，以保证两缸速度相等。回路中的截止阀 3 与放气口相接，用以放掉混入油中的空气。

## 五、逻辑回路

气动逻辑回路是把气动回路按照逻辑关系组合而成的回路，如"与"、"或"、"非"等基本逻辑回路。气动逻辑回路可以由各种逻辑元件及射流元件组成，也可由方向控制阀组成。下面简要介绍由方向阀组成的一些常用基本逻辑回路及其应用回路。

### 1. 与门回路

将两个常闭型的二位三通换向阀按图 11-36a 所示串联起来，就成了一个与门回路。图 11-36b 是将常闭型二位三通气控阀的气源口作为信号输入口，也成为一个与门回路。在与门回路中，只有当控制信号 $a$ 和 $b$ 同时存在时，才有主流信号 $s$ 输出。在锻压和成形机床中，为避免事故发生，常采用图 11-36c 所示的安全连锁回路，是与门回路应用的一个实例。在操作时，必须双手按下按钮，机床才能工作，因而可避免伤手事故。

### 2. 或门回路

将两个常闭型的二位三通换向阀按图 11-37a 所示并联起来，就组成一个或门回路。由图可见，两个阀中只要有一个换向，或门回路就有输出。图 11-37b 所示的单个梭阀也成为一个或门回路。该回路的典型应用实例是自动-手动并用回路，如图 11-37c 所示。

图 11-35 同步动作回路
1、2—气液缸 3—截止阀

图 11-36 与门回路及其应用
a)、b) 与门回路 c) 安全连锁回路

图 11-37 或门回路及其应用
a)、b) 或门回路 c) 自动-手动并用回路

### 3. 记忆回路

一个双气控二位四通阀（或二位五通阀）就是一个双输出的记忆回路，如图 11-38a 所示。当有信号 $a$ 时，$A$ 端有输出，$B$ 端无输出。信号 $a$ 消失后，阀仍保持在 $A$ 端有输出的记忆状态。当有信号 $b$ 时，阀换向，$B$ 端有输出，$A$ 端无输出，即使信号 $b$ 消失，仍能保持 $B$ 端有输出的记忆状态。这种双输出记忆回路，又称双稳态回路。

如图 11-38b 所示，一个双气控二位三通阀就是一个单输出记忆回路。

图 11-38 记忆回路及其应用

a）双输出记忆回路 b）单输出记忆回路 c）气缸连续往复运动回路
1—手动阀 2—主控阀 3、4—行程阀

记忆回路在实际中是经常应用的。图 11-38c 所示是气缸连续往复运动回路，其中的主控阀 2 是一个双气控二位四通阀，可以用来说明记忆回路的实际应用。首先，搬动机械定位式手动阀 1 的手柄，使其在上位工作，主控阀 2 便切换至上位，活塞杆前进。此时，由于行程阀 3 复位，主控阀 2 上端气路经手动阀 1、行程阀 3 与大气相通，但因主控阀 2 为双稳型，换向后的状态不变，故活塞杆能继续前进。当活塞杆行至终点使行程阀 4 切换至上位时，主控阀 2 下端有信号输入，使主控阀 2 切换到下位工作，于是活塞杆后退。此时，由于行程阀 4 复位，主控阀 2 下端经行程阀 4 与大气相通，但因主控阀 2 保持换向后的状态不变，故活塞杆能继续后退。当活塞杆后退至再次压下行程阀 3 时，控制信号又使主控阀 2 切换至上位工作，于是活塞杆再次前进。如此连续往复移动不止，直至手动阀 1 恢复原位时，活塞杆方后退到原始位置停止。

## 六、气动系统实例

### （一）气液动力滑台气动系统

气液动力滑台是采用气液阻尼缸作为执行元件、用来实现机床进给运动的部件，图 11-39 为气液动力滑台气压传动系统的原理图。该滑台能完成两种工作循环，下面对它们作简单介绍。

**1. 快进—慢进（工进）—快退—停止**

当图 11-39 中手动阀 4 处于图示状态时，就可实现快进—慢进（工进）—快退—停止的动作循环，其动作原理为：当手动阀 3 切换到右位时，实际上就是给出进刀信号，在气压作用下气缸中活塞开始向下运动，液压缸中活塞下腔的油液经行程阀 6 的右位和单向阀 7 进入液压缸活塞的上腔，实现了快进；当快进到活塞杆上的挡块 $B$ 切换行程阀 6（使它处于左位）后，油液只能经节流阀 5 进入活塞上腔，调节节流阀的开度，即可调节气液缸的运动速度，所以活塞开始慢进（工作进给）；当慢进到挡块 $C$，压行程阀 2 使其处于左位时，输出气信号使手动阀 3 切换到左位，这时气缸活塞开始向上运动。液压缸活塞上腔的油液经阀 8

的右位和手动阀 4 中的单向阀进入液压缸下腔,
实现了快退,当快退到挡块 A 切换阀 8 而使油液
通道被切断时,活塞便停止运动。所以改变挡块
A 的位置,就能改变活塞停止的位置。

**2. 快进—慢进—慢退—快退—停止**

把手动阀 4 关闭(处于右位)时,就可实现
快进—慢进—慢退—快退—停止的双向进给程
序。其动作循环中的快进—慢进的动作原理与上
述相同。当慢进至挡块 C 切换行程阀 2 至左位
时,输出气信号使手动阀 3 切换到左位,气缸活
塞开始向上运动,这时液压缸活塞上腔的油液经
行程阀 8 的右位和节流阀 5 进入活塞下腔,亦即
实现了慢退(反向进给),慢退到挡块 B 离开行
程阀 6 的顶杆而使其复位(处于右位)后,液压
缸活塞上腔的油液就经行程阀 6 右位而进入活塞
下腔,开始快退,快退到挡块 A 切换行程阀 8 而
使油液通路被切断时,活塞就停止运动。

图中带定位机构的手动阀 1、行程阀 2 和手
动阀 3 组合成一只组合阀块,手动阀 4、节流阀 5
和行程阀 6 亦为一组合阀,补油箱 10 是为了补
偿系统中的漏油而设置的(一般可用油杯代替)。

图 11-39　气液动力滑台的气动系统
1、3、4—手动阀　2、6、8—行程阀
5—节流阀　7、9—单向阀　10—补油箱

**(二)铸造射芯机气动系统**

本例是国产 2ZZ8625 型热芯盒射芯机主机部
分(射芯工位)的气动系统。它是一个电磁 – 气控系统,可实现自动、半自动和手动三种
工作方式。

射芯工位的动作程序:工作台上升—夹紧芯盒—射砂—排气—工作台下降—打开加砂闸
门—加砂—关闭闸门。芯盒的进出由硬化起模工位有关机构来完成,不属本系统范围,故没
有示出。

射芯机气动原理:图 11-40 为 2ZZ8625 型射芯机(射芯工位)系统原理图。射芯机在
原始状态时,加砂闸门 18 和快速射砂阀 16 关闭,射砂筒 19 装满芯砂。按照射芯机动作程序,
将气动系统的工作过程分成四个步骤叙述如下:

(1)工作台上升和夹紧　空芯盒随同工作台送到顶升缸 9 的上方与行程开关 1ST 触头
压合,2YA 通电使电磁阀 6 换向。经电磁阀 6 来的气流分为三路:一路通过快速排气阀 15
进入闸门密封圈 17 的下腔,以提高其密封性;另一路经快速排气阀 8 进入顶升缸,使工作
台举起,并将芯盒推压在射砂头 12 的下面,将其沿竖直方向夹紧;当顶升缸 9 活塞上升到
顶点后,管路气压上升,达到 500kPa 时,顺序阀 7 接通,第三路气流进入夹紧缸 11 和 22,
将芯盒沿水平方向夹紧。

(2)射砂　当夹紧缸管路压力超过 500kPa 达到某一数值时,压力继电器 10 接通,电磁
铁 3YA 通电,使电磁阀 23 换向,排气阀 21 在气信号作用下关闭,同时,使快速射砂阀 16

图 11-40　2ZZ8625 型热芯盒射芯机气动系统

1—总阀　2—过滤器　3—油雾器　4—单向阀　5、6、23—电磁阀　7—顺序阀　8、15—快速排气阀
9—顶升缸　10—压力继电器　11、22—夹紧缸　12—射砂头　13—储气包　14—压力计
16—快速射砂阀　17—闸门密封圈　18—加砂闸门　19—射砂筒　20—闸门气缸　21—排气阀　24—调压阀

的上腔排气，储气包 13 中的气体将它顶起，使储气包和射砂筒的外腔连通，压缩空气快速进入射砂筒进行射砂。射砂时间由时间继电器控制。射砂结束后，电磁阀 23 复位，使快速射砂阀 16 关闭，排气阀 21 打开，排出射砂筒中的余气。

（3）工作台下降　在射砂筒 19 排气完毕后，使 2YA 断电，电磁阀 6 换向复位，顶升缸 9 下降，夹紧缸 11、22 退回原位，闸门密封圈 17 下腔排气。顶升缸 9 下降到最低位置后，射好砂的芯盒由专门机构送往硬化起模工位。

（4）加砂　当工作台下降到最低位置时，与行程开关 2ST 接触，使 1YA 通电，电磁阀 5 换向，闸门气缸 20 的活塞杆伸出，将加砂闸门 18 打开，砂斗向射砂筒加砂。加砂时间由时间继电器控制，到一定时间后，1YA 断电，电磁阀 5 复位，加砂停止。至此，完成一个工作循环。

# 复 习 题

11-1　试述气压传动的优缺点。

11-2　比较液压和气压传动系统，其压力油和压缩空气的供给方式有什么不同？

11-3　画出 10 个气动元件的图形符号，并将它们与相应的液压元件图形符号作比较。

11-4　试列出图 11-40 所示射芯机气动系统的电磁铁动作顺序表。

# 第三篇

# 机械制造基础

生产机械零件及将它们装配成机器（或仪器、工具）的过程称为机械制造。机械制造工业为人类的生存、生产、生活提供各种装备，对提高人民生活质量，推动科学技术进步起着十分重要的作用。

将金属材料加工成机械零件是机械制造中的主要环节。对金属材料进行加工的方法通常分为三类，即热加工、冷加工和特种加工。热加工是金属在高温状态下，通过铸造、锻压或焊接等方式，使其获得一定形状和尺寸的加工方法；冷加工主要是切削加工（又称机械加工），它是利用切削刀具从金属工件上切除多余材料，使其成为具有一定形状、尺寸精度和表面质量要求的合格零件的加工方法；特种加工则是利用电、磁、声、光等物理能量及化学能量，或几种能量的复合形式对材料进行加工的方法。

本篇将简要介绍机械制造中常用的机械工程材料、金属热加工、金属切削加工、特种加工及机械加工自动化的基本知识。

# 第十二章

# 机械工程材料

用以制造各种机械零件的材料统称为机械工程材料。一般将其分为两大类：金属材料和非金属材料。在机械工业生产中，普遍使用钢铁、铜、铝等金属材料；此外，工程塑料、橡胶、陶瓷等非金属材料的应用也日趋广泛，并展示出良好的发展前景。

## 第一节　金属材料的主要性能

在生产实际中，不同的材料有不同的性能和用途。同一种金属材料通过不同的热处理方法，也可以得到不同的性能。因此，在选择机械零件的材料时，熟悉材料的性能是十分必要的。金属材料的性能包括力学性能、物理性能、化学性能和工艺性能。一般机械零件常以力学性能作为设计和选材的依据。

### 一、金属材料的力学性能

金属材料的力学性能是指金属材料在外加载荷（外力）作用下表现出来的特性。载荷按其作用形式的不同，分为静载荷、冲击载荷和交变载荷等。因此，金属材料表现出的抵抗外力能力的特性也各不相同。下面研究几项主要力学性能，即弹性、强度、塑性、硬度、冲击韧度和疲劳强度。

**1. 弹性**

金属材料受外力作用时产生变形，当外力去掉后能恢复其原来形状的性能，称为弹性。这种随外力消失而消失的变形，称为弹性变形，其大小与外力成正比。

金属材料在受力时抵抗弹性变形的能力称为刚度。一般的机械零件都要求有较好的刚度，在工作中不允许产生过量的弹性变形，否则不能保证精度要求。

**2. 强度**

强度是指材料在外力作用下抵抗破坏的能力。抵抗破坏的能力越大，则强度越高。根据受力状况的不同，材料的强度可分为抗拉、抗压、抗弯、抗扭和抗剪等强度。一般以抗拉强度作为最基本的强度指标。

为了测定金属材料的强度，广泛地采用拉伸试验。拉伸试验的方法是：将符合国家标准规定形状和尺寸制作的被测金属试棒（如图 12-1a 所示）装卡在材料试验机上，对其两端施加轴向静拉力。试棒受力后开始变形，并随着外加载荷的增加，其变形量也增大，直至把试棒拉断。在试验过程中，试验机自动记录每一瞬间施加在试棒上的载荷 $F$ 和试棒发生相应的伸长变形量 $\Delta l$，并绘制出它们之间的关系曲线——拉伸曲线。

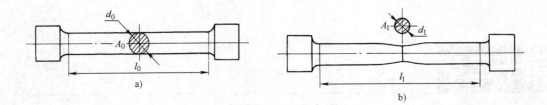

图 12-1　拉伸试棒

a）标准试棒　b）拉断后的试棒

图 12-2 为低碳钢拉伸曲线。曲线说明：当载荷 $F$ 小于 $F_e$ 时，变形与载荷成正比线性关系。此时，若去除载荷，变形将立即全部消失，试棒恢复原长度。显然，这种变形是弹性变形。当载荷大于 $F_e$ 后，变形与载荷不再保持正比线性关系。此时，试棒除发生弹性变形外，还发生部分不能消失的永久变形，称为塑性变形。若去除载荷，试棒不再恢复其原来的长度。当载荷继续增加到 $F_s$ 时，拉伸曲线开始出现水平线段，它表示载荷虽未增加，但试棒仍在继续伸长，此现象称为"屈服"。引起试棒产生屈服的最小载荷 $F_s$ 称为屈服载荷。试棒屈服以后，随着载荷的增大，塑性变形急剧增加。当载荷增大到最大值 $F_b$ 后，试棒的某一部分急剧变细，此现象称为"缩颈"。由于缩颈处横截面积的缩小，继续变形所需的载荷减小，但变形仍继续增加，试棒很快就被拉断，如图 12-1b 所示。

图 12-2　低碳钢拉伸曲线

应当强调，屈服标志着金属材料在外力作用下发生明显的塑性永久变形，$F_s$ 是材料出现明显塑性变形前所承受的最大载荷；缩颈的出现，预示着金属材料将要发生断裂，$F_b$ 是材料在断裂前所承受的最大载荷。

利用拉伸曲线可以求得金属材料的强度指标。为了对不同材料的强度进行比较，强度指标以应力表示。当材料受载荷作用而不破坏时，其内部相应产生与载荷相平衡的抵抗力，称为内力，其数值大小与载荷大小相等。单位截面积上所承受的内力称为应力，即

$$\sigma = \frac{F}{A} \qquad\qquad (12\text{-}1)$$

式中　$\sigma$——应力（N/mm$^2$ 或 MPa）；

$\quad\quad\ F$——载荷（N）；

$\quad\quad\ A$——试棒的横截面积（mm$^2$）。

拉伸曲线对应于 $F_s$、$F_b$ 的应力分别称为材料的屈服点和抗拉强度，它们是金属材料的主要强度指标。

（1）屈服点　屈服点是指金属材料开始产生屈服时的应力，即图 12-2 所示拉伸曲线中 $s$ 点的应力，表示为

$$\sigma_s = \frac{F_s}{A_0} \qquad\qquad (12\text{-}2)$$

式中　$\sigma_s$——屈服点（N/mm$^2$ 或 MPa）；

$F_s$——屈服载荷（N）；

$A_0$——试棒原始截面积（$mm^2$）。

有些金属材料，如铸铁、高碳钢等，在拉伸曲线中没有明显的水平线段，它们的屈服点很难测定。通常规定，以试棒原始标距长度（$l_0$）部分产生 0.2% 塑性变形时的应力值作为条件屈服点，称为屈服强度，以 $\sigma_{0.2}$ 表示。

（2）抗拉强度　抗拉强度是指金属材料在断裂前所能承受的最大拉应力，即图 12-2 所示拉伸曲线中 $b$ 点的应力，表示为

$$\sigma_b = \frac{F_b}{A_0} \tag{12-3}$$

式中　$\sigma_b$——抗拉强度（$N/mm^2$ 或 MPa）；

$F_b$——试棒能承受的最大载荷（N）；

$A_0$——试棒原始截面积（$mm^2$）。

屈服点和抗拉强度是设计机械、选用材料的重要依据。因为机械零件不能在超过其材料 $\sigma_s$ 的条件下工作，否则会引起零件的永久变形；机械零件更不能在超过其材料 $\sigma_b$ 的条件下工作，否则将导致零件的断裂破坏。

**3. 塑性**

塑性是材料在外力作用下产生永久变形（即塑性变形）而不断裂的能力。常用的塑性指标有伸长率和断面收缩率，它们亦可通过拉伸试验来测定（见图 12-1）。

伸长率是指试棒拉断后的标距增长量与原始标距长度的比值，即

$$\delta = \frac{l_1 - l_0}{l_0} \times 100\% \tag{12-4}$$

式中　$\delta$——材料的伸长率（%）；

$l_0$——试棒的原始标距长度（mm）；

$l_1$——试棒拉断后的标距长度（mm）。

断面收缩率是指试棒拉断处的横截面积缩减量与原始横截面积的比值，即

$$\psi = \frac{A_0 - A_1}{A_0} \times 100\% \tag{12-5}$$

式中　$\psi$——材料的断面收缩率（%）；

$A_0$——试棒的原始横截面积（$mm^2$）；

$A_1$——试棒拉断处的横截面积（$mm^2$）。

$\delta$ 或 $\psi$ 愈大，表示材料的塑性愈好。良好的塑性是金属材料进行压力加工的必要条件，机器零件通常都具备一定的塑性。

**4. 硬度**

硬度是指金属材料抵抗更硬物体压入的能力，它是衡量材料软硬的一个指标。材料的硬度高，其耐磨性就好。

根据测定硬度方法的不同，有布氏硬度、洛氏硬度、维氏硬度等多种硬度指标，工业生产中常用的是布氏硬度和洛氏硬度。

（1）布氏硬度　布氏硬度的测试原理如图 12-3 所示。它是以直径为 $D$ 的淬火钢球或硬质合金球作为压头，用规定的载荷 $F$ 将压头垂直压入被测材料表面，经规定的保持载荷时

间后卸除载荷，在被测材料表面留下了直径为 $d$ 的压痕，用读数放大镜测量出压痕的直径数值，并用此值查表，即可得布氏硬度值。材料越软，压痕直径越大，则布氏硬度值越低。

图 12-3　布氏硬度的测试原理

布氏硬度指标用符号 HB 表示。当用淬火钢球为压头时，写成 HBS，适用于测量布氏硬度值在 450 以下的金属材料；当用硬质合金球为压头时，写成 HBW，适用于测量布氏硬度值在 450 以上的金属材料。硬度数值均标写在布氏硬度符号之前，例如 230HBS、500HBW。

（2）洛氏硬度　洛氏硬度的测试也是用规定的载荷将压头垂直压入被测材料的表面，但它是以压痕深度来确定硬度值的。洛氏硬度值可从洛氏硬度计刻度盘上直接读出。洛氏硬度用符号 HR 表示。为了扩大硬度的测定范围，在洛氏硬度计上，可变换不同类型的压头（金刚石圆锥压头或淬火钢球压头），并按规定施加不同的载荷，从而出现三种洛氏硬度符号：HRA、HRB 和 HRC。其中，HRA 用于表示特硬材料（如硬质合金、渗碳钢件等）；HRB 用于表示较软材料（如供应状态的钢材、铜合金、铝合金等）；HRC 用于表示较硬材料（如一般淬火钢件）。

与布氏硬度相比，洛氏硬度测定范围较宽，测试操作简便，且由于压痕较小，几乎不损伤工件表面，故应用普遍，但硬度测定的准确性较差。

**5. 冲击韧度**

以上讨论的是静载荷下的力学性能指标，但机器中有很多零件要承受冲击载荷，不能用金属材料在静载荷下的性能来衡量材料抵抗冲击的能力。冲击载荷比静载荷的破坏力要大得多。在冲击载荷作用下，金属材料抵抗破坏的能力称为冲击韧度，其值以 $a_K$ 来表征。$a_K$ 值越大，材料的韧性就越好，在受到冲击时越不容易断裂。

当用冲击试验方法测定冲击韧度时，$a_K$ 值就等于冲断试样单位截面积所消耗的冲击吸收功的大小，数值可从冲击试验机的刻度盘上直接读出。

**6. 疲劳强度**

许多机器零件，如轴、齿轮、连杆、弹簧等，在工作中承受的载荷不是静止不变的，而是反复改变大小或同时改变大小和方向的交变载荷。在这种交变载荷作用下，虽然零件所受的应力比材料的抗拉强度小，甚至还低于屈服点，但经过长期使用，零件往往会突然断裂，这种现象称为疲劳破坏。

疲劳破坏的原因，一般认为是由于材料表面有划痕，或内部有夹杂物等缺陷，在交变应力的反复作用下，使材料产生了微裂纹。这种微裂纹随应力循环次数的增加而逐渐扩展，致使零件不能承受所加载荷而突然断裂。

金属材料在无限次交变应力作用下而不破坏的最大应力称为疲劳强度。当应力呈对称循环时，疲劳强度以符号 $\sigma_{-1}$ 表示。实际上，无限次交变载荷的试验是永远都不能完成的，所以工程上规定，钢在经受 $10^7$ 次、有色金属在经受 $10^8$ 次交变应力作用下不发生破坏时的应力作为材料的疲劳强度。

### 二、金属材料的物理性能、化学性能和工艺性能

#### 1. 物理性能

金属材料的主要物理性能包括密度、熔点、膨胀系数、导电性和导热性等。由于机械零件的用途不同，对其物理性能方面的要求也不尽相同。例如飞机零件要用密度小的铝合金制造，而电线、电缆的材料应具备良好的导电性等。

金属材料的某些物理性能对热加工工艺也有一定的影响。例如高速钢的导热性差，在锻造时应以较低的速度进行加热，以保证工件均匀受热，否则会产生裂纹；又如铸钢和铸铁的熔点不同，在铸造时选择的浇注温度也不相同等。

#### 2. 化学性能

化学性能是金属材料在常温或高温时抵抗各种化学作用的能力。金属材料的主要化学性能是耐蚀性。为了制造能在具有腐蚀性介质中工作的设备，应采用耐蚀性好的材料。例如化工设备、医疗机械等，可采用具有抵抗空气、水、酸、碱类溶液或其他介质腐蚀能力的不锈钢制作。

#### 3. 工艺性能

金属材料的工艺性能是指材料加工成形的难易程度。金属材料加工成为零件，常用的四种基本加工方法是：铸造、锻压、焊接和切削加工。各种加工方法对材料都有不同的工艺性能要求。

## 第二节 常用金属材料

### 一、钢

生产中应用的钢种类繁多，分类方法也不尽相同。按碳的含量分，有低碳钢（碳的质量分数 $w_C < 0.25\%$）、中碳钢（$w_C = 0.25\% \sim 0.6\%$）和高碳钢（$w_C > 0.6\%$）；按化学成分分，有碳素钢和合金钢；按质量分，有普通钢、优质钢和高级优质钢；按用途分，有结构钢、工具钢和特殊性能钢等。

#### （一）结构钢

结构钢是制造一般机械零件和工程结构件所用的钢。

#### 1. 碳素结构钢

碳素结构钢中的碳含量（$w_C$）在 $0.06\% \sim 0.38\%$ 之间，硫、磷含量较高，一般在供应状态下使用，不需进行热处理。这类钢的塑性、韧性好，适于制作钢筋、钢板等建筑用材和一般机械构件。

碳素结构钢的牌号由字母 Q、数字、质量等级符号、脱氧方法符号等四部分顺序组成，

如 Q235 – AF，各项的具体含义是：

Q——钢材料屈服点"屈"字汉语拼音首位字母；

数字——屈服点 $\sigma_s$ 的数值（MPa）；

质量等级符号——用 A、B、C、D 表示四个等级，其中 A 级质量最差，D 级质量最好；

脱氧方法符号——用 F、b、Z、TZ 表示。F 为沸腾钢，是不脱氧钢；b 为半镇静钢，是半脱氧钢；Z、TZ 分别为镇静钢和特殊镇静钢，是完全脱氧钢（Z、TZ 通常省略不写）。

**2. 优质碳素结构钢**

优质碳素结构钢是按力学性能和化学成分供应的。钢中的硫、磷等有害杂质含量较少，常用于制造比较重要的机械零件，一般要进行热处理。牌号由两位数字组成，表示钢中碳的平均万分含量（质量分数），如 45 钢，$w_C = 0.45\%$。含锰量较高的优质碳素结构钢在牌号后面附以锰元素符号 Mn，例如 15Mn、20Mn 等。

$w_C < 0.25\%$ 的优质碳素结构钢，其塑性、韧性很好，焊接性能优良，易于冲压加工，但强度较低，主要用于制造各种冲压件和焊接件。

$w_C = 0.3\% \sim 0.5\%$ 的优质碳素结构钢，其强度较高，塑性、韧性稍低。经过热处理后，可获得良好的综合力学性能。它主要用于制造齿轮、轴类零件及重要的销子、螺栓等。

$w_C > 0.55\%$ 的优质碳素结构钢，经过热处理可获得高的弹性和硬度，主要用来制造弹簧和耐磨的零件。

**3. 合金结构钢**

在碳素结构钢的基础上加入一定量的合金元素，如硅、锰、铬、钼、钒等，即构成合金结构钢。钢中加入适量的合金元素，改善了热处理性能，提高了强度和韧性。合金结构钢常用于制造各种重要的机械零件和工程构件。例如，40Cr 常用作传动轴的材料。

合金结构钢的牌号用"数字 + 元素符号 + 数字"表示。前面的数字表示碳的平均万分含量（质量分数）；元素符号表示所含合金元素的名称；后面的数字表示合金元素的平均百分含量（质量分数，数值小于 1.5% 时不用表示）。例如 60Si2Mn 表示硅锰合金结构钢，其 $w_C = 0.6\%$，$w_{Si} = 2\%$，$w_{Mn} < 1.5\%$。

滚动轴承钢是制造滚动轴承的专用合金结构钢，其牌号如 GCr15，前面的"G"（"滚"字汉语拼音字首）代表钢的种类，后面的数字表示合金元素的平均千分含量（质量分数），即含铬 1.5%。

**（二）工具钢**

工具钢是用来制造各种刃具、量具和模具的材料。它应满足刀具在硬度、耐磨性、强度和韧性等方面的要求。例如，在金属切削过程中，随温度的升高，机床刀具不仅要求在常温时具有高的硬度，而且要求在高温时仍保持切削所需硬度的性能，即热硬性。

**1. 碳素工具钢**

碳素工具钢是 $w_C = 0.7\% \sim 1.3\%$ 的高碳钢。牌号用"T"表示钢的种类，后面的数字表示碳的平均千分含量（质量分数）。常用的碳素工具钢有 T8、T10、T10A、T12A（A 表示高级优质钢）等。由于碳素工具钢的热硬性较差，热处理变形较大，仅适用于制造不太精密的模具、木工工具和金属切削的低速手用刀具（锉刀、锯条、手用丝锥）等。

**2. 合金工具钢**

合金工具钢是在碳素工具钢的基础上加入少量合金元素（Si、Mn、Cr、W、V 等）制成的。由于合金元素的加入，提高了材料的热硬性，改善了热处理性能。合金工具钢常用来制造各种量具、模具或切削刀具等。

合金工具钢的牌号表示与合金结构钢相似，区别在于：牌号前面只用一位数字表示碳的平均千分含量（质量分数）；钢中碳的质量分数大于或等于1%时不予标出。例如，9CrSi 的 $w_C = 0.9\%$，而 Cr12 的 $w_C > 1\%$，故未予标出。

机床切削加工的刀具常用高速钢制造。高速钢是一种含钨、铬、钒等合金元素较多的合金工具钢。它有很高的热硬性，当切削温度高达 550℃ 左右时，硬度仍无明显下降。高速钢具有足够的强度和韧性，可以承受较大的冲击和振动。此外，高速钢还具有良好的热处理性能和刃磨性能。常用的高速钢牌号有 W18Cr4V 和 W6Mo5Cr4V2 等。

### （三）特殊性能钢

特殊性能钢是一种含有较多合金元素并具有某些特殊物理性能和化学性能的钢。常用的有不锈钢、耐热钢及软磁钢等。

不锈钢中主要的合金元素是铬和镍，具有良好的耐蚀不锈性能，适用于制造化工设备、医疗器械等。常用的不锈钢有 1Cr13、2Cr13、1Cr18Ni9Ti、1Cr18Ni9 等。

耐热钢是在高温下不发生氧化并具有较高强度的钢，适用于制造在高温条件下工作的零件，如内燃机气阀等。常用的耐热钢有 4Cr10Si2Mo、4Cr14Ni14W2Mo 等。

软磁钢又名硅钢片，它是在钢中加入硅并轧制而成的薄片状材料。硅钢片中含有一定数量的硅（目前采用的硅钢片，$w_C = 1\% \sim 4.5\%$），碳、硫、磷、氧、氮等杂质的含量极少，具有很好的磁性。硅钢片是制造变压器、电机、电工仪表等不可缺少的材料。

### （四）铸钢

铸钢的种类很多，按照化学成分，可分为两类：铸造碳钢和铸造合金钢。其中，以铸造碳钢应用最广，约占铸钢总产量的80%以上。在生产中，铸钢是制作形状复杂零件的重要材料。

铸造碳钢的牌号以"铸钢"二字的汉语拼音字首"ZG"与其后的两组数字构成，第一组数字表示该牌号铸钢的屈服点，第二组数字表示抗拉强度。例如 ZG200 – 400，即表示 $\sigma_s = 200\text{MPa}$，$\sigma_b = 400\text{MPa}$ 的铸造碳钢。

## 二、铸铁

铸铁是 $w_C > 2.11\%$ 的铁碳合金，工业上使用的铸铁一般 $w_C = 2.5\% \sim 4.0\%$。根据碳在铸铁中存在形式的不同，常用铸铁有白口铸铁、灰铸铁、可锻铸铁、球墨铸铁等。

### 1. 白口铸铁

白口铸铁中的碳以化合物 $Fe_3C$ 的形式存在，断面呈白色，故称白口铸铁。其性能硬而脆，不能进行切削加工，一般不用来制造机械零件，主要用作炼钢的原料。

### 2. 灰铸铁

灰铸铁中的碳主要以片状石墨的形式存在，断面呈灰色，故称灰铸铁。灰铸铁软而脆，铸造性能好，并具有良好的耐磨性、耐热性、减振性和切削加工性。因而工业上常用来制造各种机床床身、罩盖、支架、底座、带轮、齿轮和箱体等，是目前应用最多的一种铸铁。灰铸铁的牌号由"HT"及表示最低抗拉强度的数字组成。例如，HT200 即表示最低抗拉强度为 200MPa 的灰铸铁。

### 3. 可锻铸铁

可锻铸铁俗称玛钢或马铁，其中的碳大部分或全部以团絮状石墨的形式存在。因此，材料的力学性能得到了改善，其强度、韧性都比灰铸铁高。可锻铸铁并不能锻压，常用于铸造承受冲击振动的薄壁零件，如汽车、拖拉机的后桥外壳、低压阀门、机床附件及农具等。

按照金相组织的不同，可锻铸铁分为黑心可锻铸铁、珠光体可锻铸铁和白心可锻铸铁等几种，白心可锻铸铁由于性能较差，目前在生产中很少采用。可锻铸铁的牌号由三个汉语拼音字母及两组数字构成，如 KTH350 – 10、KTZ550 – 04，其中的汉语拼音字母分别表示黑心可锻铸铁、珠光体可锻铸铁，前一组数字表示其最低抗拉强度（单位为 MPa），后一组数字表示其最低伸长率（百分数）。

### 4. 球墨铸铁

在高温液态铸铁中加入球化剂（如纯镁或稀土镁合金）进行球化处理，使铸铁中的碳大部或全部以球状石墨的形式存在，便制成了球墨铸铁。球墨铸铁具有良好的力学性能，有些性能指标接近于钢，抗拉强度甚至高于碳钢，塑性、韧性和耐磨性等比灰铸铁好，因此广泛用于机械制造、交通、冶金等工业部门。目前常用来制造气缸套、活塞、曲轴和机架等机械零件。

球墨铸铁的牌号由 "QT" 及两组数字构成，这两组数字分别表示最低抗拉强度和最低伸长率，例如 QT600 – 3，其最低抗拉强度为 600MPa，最低伸长率为 3%。

## 三、有色金属

通常将钢铁材料称为黑色金属，而其他金属材料则称为有色金属。有色金属具有不同于钢铁的特性，如铝、镁、钛及其合金密度小，铜、铝及其合金导电性好，镍、钼及其合金能耐高温等。因此，在机械制造、电器制造、航空及国防等工业部门，除大量使用黑色金属外，有色金属也得到广泛的应用。

下面仅简单介绍工业常用的铝和铝合金、铜和铜合金。

### 1. 铝和铝合金

纯铝的显著优点是密度小（约为铁的 1/3），导电性能好（稍次于铜），塑性好，在空气中有良好的抗蚀性，但强度、硬度低。纯铝主要用作导电材料或制造耐蚀零件，一般不作结构材料用。纯铝分为铸造纯铝和变形铝两种。按国家标准规定，铸造纯铝牌号由 "Z" 和铝的化学元素符号及表明铝含量的数字组成，例如 ZAl 99.5 表示铝含量 $w_{Al}$ 为 99.5% 的铸造纯铝；变形铝的牌号用四位字符体系表示，例如 1A30、1A50 分别表示铝含量 $w_{Al}$ 为 99.30%、99.50% 的两种牌号变形铝。

工业上广泛使用铝合金。在铝中加入适量的铜、锰、硅、镁等合金元素，可提高其力学性能。根据合金成分和工艺特点的不同，铝合金可分为变形铝合金和铸造铝合金两大类。变形铝合金又分为防锈铝合金、硬铝合金、超硬铝合金和锻铝合金等。变形铝合金主要用作各类型材和结构件，如各式容器、发动机机架、飞机的大梁等。按国家标准规定，变形铝合金的牌号用四位字符体系表示，牌号的第一、三、四位为数字，第二位为字母 "A"。牌号的第一位数字是依主要合金元素 Cu、Mn、Si、Mg 等的顺序表示变形铝合金的组别，例如 2A××、3A×× 分别表示以铜、锰为主要合金元素的变形铝合金；最后两位数字用以标识同一组别中的不同铝合金。铸造铝合金又分为铝硅合金、铝铜合金、铝镁合金和铝锌合金等。

铸造铝合金主要用作各种轻型铸件，如活塞、气缸盖和气缸体等。各类铸造铝合金的代号均以"ZL"及三位数字表示，第一位数字表示合金类别（1 为铝硅合金，2 为铝铜合金，3 为铝镁合金，4 为铝锌合金），第二、三位数字为合金顺序号。例如，ZL102 表示的是 2 号铝硅合金。

**2. 铜和铜合金**

纯铜曾称紫铜，因它是用电解法制得的，故又名电解铜。纯铜具有很高的导电性、导热性和耐蚀性，并具有良好的塑性，但其强度较低，主要用于各种导电材料和配制铜合金。工业纯铜的代号有 T1、T2、T3 等，编号越大，纯度越低。

机械制造生产中广泛使用铜合金。按合金成分的不同，铜合金可分为黄铜、白铜和青铜三大类。黄铜是以锌为主要合金元素的铜合金（代号为 H），主要用于制造散热器、弹簧、垫片、衬套及耐蚀零件等；白铜是以镍为主要合金元素的铜合金（代号为 B），它具有优良的塑性、耐蚀性、耐热性和特殊的电性能，是制造精密机械零件和电器元件不可缺少的材料；青铜是指除黄铜和白铜以外的铜合金（代号为 Q），如以锡为主要合金元素的合金称为锡青铜，以铝为主要合金元素的合金称为铝青铜，此外还有铅青铜、硅青铜、锰青铜、钛青铜等。青铜主要用于制造轴瓦、蜗轮及耐磨、耐蚀零件等。

## 四、粉末冶金与硬质合金

粉末冶金材料与硬质合金材料都是采用粉末冶金的方法制成的。

### （一）粉末冶金

将金属粉末（或掺入部分非金属粉末）放在模具内加压成型，并通过烧结而成为合金制品的生产方法，称为粉末冶金。由粉末冶金法制得的材料是粉末冶金材料。粉末冶金材料内部存在一些微小孔隙，属多孔性材料。

粉末冶金既是制取具有特殊性能金属材料的方法，也是一种精密的无切屑或少切屑的加工方法。它可使压制品达到或极接近于零件要求的形状、尺寸精度与表面精度，使生产率和材料利用率大为提高，并可节省切削加工用的机床和生产占地面积。

近年来，粉末冶金材料应用很广。在普通机器制造业中，常用的有减摩材料（如含油轴承）、结构材料（如烧结钢结构零件）、摩擦材料（如制动器摩擦片）及硬质合金等。在其他工业部门中，用以制造难熔金属材料（如高温合金、钨丝）、特殊电磁性能材料（如电器触头、硬磁及软磁材料）、过滤材料（如用于空气过滤、水的净化、液体燃料和润滑油的过滤以及细菌的过滤等）。

由于压制设备吨位及模具制造的限制，粉末冶金法目前还只能生产尺寸有限与形状不很复杂的工件。此外，粉末冶金制品的力学性能仍不很高。

粉末冶金材料的牌号采用汉语拼音字母"F"和数字组成的六位符号体系来表示。F 表示粉末冶金材料，后面的数字分别表示材料的类别和材料的状态或特性（详见有关技术标准）。

### （二）硬质合金

硬质合金是以难熔的金属碳化物（碳化钨、碳化钛等）为基体，以钴、镍等金属作粘结剂，用粉末冶金方法制成的一种合金材料。在机械制造生产中，硬质合金主要用作金属切削刀具的材料。其硬度为 89～93HRA（相当于 74～81HRC），它有很高的热硬性（可耐800～1000℃高温），因而可使切削速度大大提高。使用硬质合金刀具可以提高工作效率和加工质量，为高速切削创造了条件。常用硬质合金有以下三类：

（1）YG（钨钴）类　由碳化钨和钴组成。常用的牌号有 YG3、YG6、YG8。数字表示钴的百分含量（质量分数），如 YG3 含钴 3%。YG 类硬质合金刀具适宜加工铸铁工件。含钴量越高，强度、韧性也越好，而耐磨性和硬度降低。YG3 适用于精加工，YG8 适用于粗加工，YG6 适用于半精加工。

（2）YT（钨钴钛）类　由碳化钨、碳化钛和钴组成。常用牌号为 YT5、YT15、YT30，数字表示碳化钛的百分含量，如 YT15 含碳化钛为 15%。由于碳化钛比碳化钨熔点更高，故其热硬性比 YG 类好，但强度比 YG 类差。YT 类硬质合金刀具适宜于加工钢件。YT5 适于粗加工，YT30 适于精加工，YT15 适于半精加工。

（3）YW（钨钴钛钽）类　它是在 YT 类合金中加入部分碳化钽而制成的。碳化钽的加入改善了合金的切削性能，可用以制作耐热钢、高锰钢及高合金钢等难加工材料的刀具。它既可加工铸铁，又可加工钢，故有通用合金或万能合金之称。常用牌号为 YW1 和 YW2。

目前，工业生产中还出现一些新品种硬质合金，例如，钢结硬质合金就是一种很有特色的新兴材料（分类代号为 YE）。它具有钢一样的切削加工性，也可以接受锻造、热处理和焊接。经热处理后，其硬度可达 70HRC，具有高耐磨性、抗氧化和耐腐蚀等优点，适于制造各种形状复杂的刀具，如麻花钻、铣刀等，也用来制造在高温下使用的模具和耐磨零件。

# 第三节　钢的热处理

钢的热处理是将钢在固体状态下通过加热、保温和以不同的方式冷却，来改变钢的内部组织结构，从而获得所需性能的工艺方法。

热处理是机器零件及工具制造过程中的重要工序，对发挥金属材料的潜力、改善零件的使用性能、提高产品质量、延长使用寿命具有极其重要的意义。此外，热处理还能改善毛坯的工艺性能，为后续工序作组织准备，以利于各种加工。据统计分析，机床中要进行热处理的零件占 60% ~ 70%；而各种刀具、量具、模具等几乎占 100%。所以，热处理在机械制造中占有十分重要的地位。

为便于掌握钢的热处理原理，先对金属及合金的晶体结构和铁碳合金状态图作必要的了解。

## 一、金属及合金的晶体结构

### 1. 金属的结晶

液态金属冷却到凝固温度时，原子由无序状态转变为按一定的几何形状作有序排列。金属的这种由液体转变为晶体的现象称为结晶。在固态金属内部，由于结晶而形成许多大小不一、外形不规则的小晶体、称为晶粒。晶粒的大小对金属的力学性能有很大的影响。一般地说，晶粒越细，其强度、硬度、冲击韧度都越高，塑性也越好。

纯金属的结晶是在一定的温度下进行的，它的结晶过程可以用冷却曲线来表示。图 12-4a 所示为用实验方法得到的纯金属凝固时的冷却曲线。使液态纯金属缓慢冷却，当温度降到 $T_0$ 时便开始结晶。由于放出的结晶潜热恰好补偿了热的散失，故这时的温度不再下降，在冷却曲线上表现为水平线段，它所对应的温度 $T_0$ 便是纯金属的理论结晶温度。直至全部结晶成固态金属后，温度才继续下降。但在实际生产中，液态纯金属的冷却不是非常缓慢的，而是具有一定的冷却速度，此时纯金属的实际结晶温度 $T_1$ 总是低于理论结晶温度 $T_0$，这种现象称为过冷，其冷却曲线如图 12-4b 所示。理论结晶温度与实际结晶温度之差 $T_0 - T_1$ 称为过冷度。冷却速度越快，过冷度也就越大。

图 12-4　纯金属结晶时的冷却曲线
a）理论曲线　b）实际曲线

**2. 金属的同素异晶转变**

各种晶体内部原子的排列规则可用 X 射线分析等方法测定。为便于分析比较各种晶体中的原子排列规则，通常把描述原子在晶体中排列的空间格式称为晶格。金属的晶格有各种不同的形式，最常见的晶格有三种，即体心立方晶格、面心立方晶格和密排六方晶格，如图 12-5 所示。

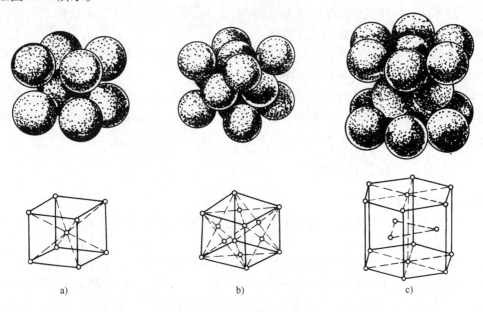

图 12-5　常见金属晶格的类型
a）体心立方晶格　b）面心立方晶格　c）密排六方晶格

多数金属结晶后的晶格类型都保持不变，但有些金属（如铁、钴、锰等）在固态下，其晶体结构会随温度的变化而发生改变。金属在固态下随温度的改变，由一种晶格转变为另一种晶格的现象，称为金属的同素异晶转变。由同素异晶转变所得到的不同晶格的晶体，称为同素异晶体。在常温下的同素异晶体一般用希腊字母 α 表示，在较高温度下的同素异晶体用 γ、δ 等表示。

液态纯铁在1538℃时结晶成具有体心立方晶格的 δ – Fe，继续冷却到1394℃时，发生同素异晶转变，体心立方晶格的 δ - Fe 转变为面心立方晶格的 γ - Fe，再继续冷却到 912℃ 时又发生同素异构转变，面心立方晶格的 γ - Fe 转变为体心立方晶格的 α - Fe。若再继续冷却，晶格的类型不再发生变化。

同素异晶转变是原子重新排列的过程，实际上也是一种结晶过程，又称为重结晶。

正是由于纯铁能够发生同素异晶转变，生产中才有可能对钢和铸铁进行热处理来改变其组织与性能。

**3. 合金的结构**

组成合金的最基本的、独立的物质称为组元（简称元）。组元一般指纯金属，但稳定化合物也可看成是一个组元。按组元的数目，合金可分为二元合金、三元合金等。例如，黄铜是铜和锌组成的二元合金；硬铝是铝、铜和镁组成的三元合金。

合金的构造比纯金属复杂。合金在固态时的结构一般可分为以下三类：

（1）化合物　是合金各组元按一定的原子数量比化合而成的一种新的物质。它具有与组元的原来晶格不同的特殊晶格。

化合物的性能与组元的性能也有显著的不同，它的熔点高，硬度高，脆性大。例如，铁的硬度为 80HB，以石墨形式存在的碳的硬度为 3HB，化合物 $Fe_3C$ 的硬度可达 800HBW。

（2）固溶体　合金各组元在固态时具有相互溶解能力而形成均匀的固体，这种固体合金称为固溶体。固溶体仍保留基本组元（溶剂）的晶格。例如，黄铜就是锌（溶质）原子溶入铜（溶剂）的晶格中而形成的固溶体。

固溶体的性能由于是在溶剂元素性能的基础上得到了强化，所以固溶体不但有较高的强度和硬度，并且还保持有足够的韧性和塑性。

（3）机械混合物　组成合金的各组元在固态下既不溶解，也不形成化合物，而以混合形式组合在一起的组成物称为机械混合物。其各组元的原子仍保持原来的晶格和性能。所以，机械混合物的性能取决于各组元的相对数量、形状、大小和分布情况。

## 二、铁碳合金及其状态图

### （一）铁碳合金

钢和铸铁是工业中应用最广泛的金属材料，它们都是以铁和碳两种元素为主组成的合金，因此又称铁碳合金。

在铁碳合金中，铁与碳可以形成 $Fe_3C$、$Fe_2C$ 等一系列化合物。碳也可以溶解在铁中形成固溶体，或形成化合物与固溶体的机械混合物。因此，在铁碳合金中出现以下几种基本组织：

（1）铁素体　碳溶于 α - Fe 中所形成的固溶体称为铁素体，用符号 F 表示。碳在 α - Fe 中的溶解度极小，在 727℃ 时的最大溶碳量为 $w_C = 0.0218\%$。随着温度的降低，α - Fe 中的溶碳量减小，在室温时降至 $w_C = 0.006\%$。

铁素体的强度、硬度很低，其硬度值为 50 ~ 80HBS，但它具有良好的塑性和韧性。

（2）奥氏体　碳溶于 γ - Fe 中所形成的固溶体称为奥氏体，用符号 A 表示。碳在 γ - Fe 中的溶解度比 α - Fe 中大得多，在 727℃ 时的最大溶碳量为 $w_C = 0.77\%$，而在 1148℃ 时可达 $w_C = 2.11\%$。

奥氏体具有良好的塑性和较低的变形抗力。绝大多数钢种在高温下进行压力加工和热处理时，都要求在奥氏体区内进行。

（3）渗碳体 渗碳体是铁和碳的化合物，分子式为 $Fe_3C$，$w_C = 6.69\%$。渗碳体的硬度很高（大于 800HBW），脆性大，塑性和冲击韧度几乎等于零，在钢中它起强化作用。钢中含碳量越高，渗碳体所占比重越大，则其强度、硬度越高，而塑性、韧性越差。

渗碳体在加热到高温的条件下，可以分解成铁和自由状态的石墨

$$Fe_3C \longrightarrow 3Fe + C（石墨）$$

这一分解过程对改善铸铁的性能有重大的意义。

（4）珠光体 铁素体和渗碳体组成的机械混合物称为珠光体，用符号 P 表示。由于珠光体是硬的渗碳体片和软的铁素体片相间组成的混合物，故其机械性能介于两者之间。珠光体的平均含碳量为 $w_C = 0.77\%$，它的强度较好，硬度适中（$\approx$180HBS），并具有一定的塑性。

（5）莱氏体 奥氏体和渗碳体组成的机械混合物称为莱氏体，用符号 $L_d$ 表示。由于奥氏体在 727℃时转变为珠光体，所以 727℃以下的莱氏体由珠光体和渗碳体所组成，通常称之为低温莱氏体，用符号 $L_d'$表示。

莱氏体的性能和渗碳体相似，硬度很高（$\approx$700HBW），塑性很差。

**（二）铁碳合金状态图**

铁碳合金状态图是在极缓慢冷却（或加热）的情况下，不同成分的铁碳合金在不同温度时所具有的组织或状态的图形。目前应用的铁碳合金状态图是碳的质量分数为 0～6.69% 的合金部分，因为 $w_C$ 大于 6.69% 的铁碳合金在工业上无使用价值。现在的铁碳合金状态图因为只研究 $Fe - Fe_3C$ 部分，实际上是 $Fe - Fe_3C$ 状态图。图 12-6 是一种经过简化的 $Fe - Fe_3C$ 状态图，简要说明如下：

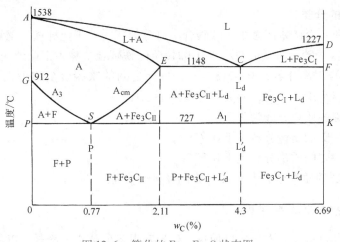

图 12-6　简化的 $Fe - Fe_3C$ 状态图

**1. $Fe - Fe_3C$ 状态图中点、线的含义**

（1）特性点 状态图中主要特性点的意义、温度及成分见表 12-1。

（2）特性线 状态图中的特性线都是铁碳合金组织发生转变的界线。它们的物理意义如下：

$ACD$ 线 即液相线。合金冷却到此线开始结晶，在此线以上是液态区（L）。在 $AC$ 线以下从液体中结晶出奥氏体，在 $CD$ 线以下从液体中结晶出渗碳体（又称一次渗碳体，即 $Fe_3C_I$）。

*AECF* 线　即固相线。合金冷却到此线全部结晶为固态，此线以下为固态区。

在液相线与固相线之间为合金的结晶区域。这个区域内液体与固体并存：*AEC* 区域内为液体和奥氏体；*DCF* 区域内为液体和渗碳体。

表 12-1　Fe－Fe$_3$C 状态图中的主要特性点

| 点 的 符 号 | 温 度 /℃ | $w_C(\%)$ | 意 　义 |
|:---:|:---:|:---:|:---|
| *A* | 1538 | 0 | 纯铁熔点 |
| *C* | 1148 | 4.3 | 共晶点 L ⟷ A + Fe$_3$C |
| *D* | 1227 | 6.69 | 渗碳体熔点 |
| *E* | 1148 | 2.11 | 碳在 γ－Fe 中的最大溶解度点 |
| *G* | 912 | 0 | α－Fe ⟷ γ－Fe 同素异构转变点 |
| *S* | 727 | 0.77 | 共析点 A ⟷ F + Fe$_3$C |

*GS* 线　又称 A$_3$ 线。它是冷却时奥氏体开始析出铁素体的转变线，也是加热时铁素体转变为奥氏体的终了线。

*ES* 线　又称 A$_{cm}$ 线。是碳在 γ－Fe 中溶解度随温度变化的曲线。此线以下奥氏体开始析出渗碳体（又称二次渗碳体，即 Fe$_3$C$_{II}$）。

*ECF* 线　称为共晶线。合金冷却到此温度线（1148℃）时，在恒温下发生共晶转变，从液体中同时结晶出奥氏体和渗碳体的机械混合物，即莱氏体。凡是碳的质量分数超过 2.11% 的铁碳合金，冷却到 *ECF* 线均发生共晶转变。

*PSK* 线　称为共析线，又称 A$_1$ 线。合金冷却到此线发生共析转变，奥氏体均将转变为珠光体。

**2. 铁碳合金的分类**

根据状态图所示含碳量的多少，铁碳合金可分为三类：工业纯铁、钢和生铁。

（1）工业纯铁　碳的质量分数小于 0.0218% 的铁碳合金称为工业纯铁，实际应用较少。

（2）钢　碳的质量分数在 0.0218% ~ 2.11% 之间的铁碳合金称为钢。钢的用途很广。根据含碳量及室温组织的不同，钢又可分成以下三种：

共析钢——碳的质量分数为 0.77%。

亚共析钢——碳的质量分数小于 0.77%。

过共析钢——碳的质量分数大于 0.77%。

（3）生铁　碳的质量分数大于 2.11% 的铁碳合金称为生铁。

## 三、钢的热处理基本原理

钢的热处理是将钢在固态下通过加热、保温和以不同的方式冷却，以改变钢的内部组织结构，从而获得所需性能的工艺方法。

在生产中，制造机器零件不仅需要经过各种冷、热加工工序，而且在各工序之间往往还要穿插多次热处理，例如，铸造或锻造——正火或退火——切削加工——淬火、回火——精加工等。热处理不仅可以改善材料的加工工艺性能，更重要的是可以显著提高材料的力学性能，从而延长零件的使用寿命和节约金属材料。

**1. 钢的加热与保温**

对钢加热的目的一般是使钢奥氏体化。由 Fe－Fe$_3$C 状态图可知，共析钢在 A$_1$ 线

（727℃）温度以下时为珠光体。要使珠光体变为奥氏体，必须把钢加热到 $A_1$ 线以上的某一温度。而且要保温一段时间，才能使内外温度一致，成分均匀，以便在冷却后得到均匀组织的稳定的性能。

珠光体全部转变成奥氏体初期的晶粒细小，但加热温度高或保温时间长。奥氏体晶粒都会长大，这就会影响材料的力学性能。所以热处理时加热温度不可太高，保温时间不能过长，才能获得细小晶粒的奥氏体，冷却后就得到细晶粒组织。

**2. 奥氏体等温冷却转变曲线**

完全转变成奥氏体的共析钢只有在缓慢冷却到 $A_1$ 线以下某一温度才变成珠光体。若冷却速度加快，则奥氏体开始转变的温度也随之降低。由于过冷度的不同，转变以后的产物及其性能也不同。

用通过实验建立的等温转变曲线可清楚地反映奥氏体等温转变规律。例如，将共析钢加热到奥氏体状态，然后分别测得在 $A_1$ 线以下各个温度时的奥氏体转变开始时间和转变终了时间，最后在温度—时间坐标上把所有转变开始点和转变终了点分别连接起来，便形成奥氏体等温转变曲线，如图 12-7 所示。因曲线形状像字母"C"，故奥氏体等温转变曲线又称 C 曲线。图中，左边的曲线称为转变开始线，右边的曲线称为转变终了线。在转变开始线左方是过冷奥氏体区，在转变终了线右方是转变产物区，二曲线之间是过渡区（过冷奥氏体和转变产物共存区），转变正在进行中。

从 C 曲线的上半部可以看出，当过冷度很小时，即 $A_1$ 线下至 650℃，过冷的奥氏体生成渗碳体层片较粗的珠光体(P)，其硬度为 7～25HRC。当过冷度稍大时，在 650～600℃范围内，则生成渗碳体层片较细的珠光体，称索氏体(S)，其硬度为 25～35HRC。当过冷度再增大时，在600～500℃范围内，则生成渗碳体层片极细的珠光体，称屈氏体(T)，其硬度为 35～45HRC。

C 曲线的下半部，由于温度很低，碳原子扩散困难，过冷奥氏体开始转变前保持的时间又重新增长。在500～230℃范围内，等温转变的产物虽然仍是铁素体和渗碳体的机械混合物，但其组织和形状皆明显地不同于珠光体，称为贝氏体（B），硬度为40～55HRC。

当奥氏体以更大的冷却速度过冷到很低的温度，即在230℃以下时，碳原子无法扩散，不能形成渗碳体，但 $\gamma-Fe$ 仍转变成 $\alpha-Fe$，碳原子被迫全部保存在 $\alpha-Fe$ 中，形成一种碳在 $\alpha-Fe$ 中的过饱和固溶体，称为马

177

图 12-7　共析钢奥氏体等温转变曲线

氏体（M）。马氏体的硬度很高，可达65HRC，但是很脆。在这一转变过程中，因马氏体的比热容比奥氏体大，故会发生体积膨胀，这就对尚未转变的奥氏体造成很大的压力，阻碍它们向马氏体转变，所以就有一部分残余奥氏体存在。残余奥氏体越多，钢的硬度就越低。随着温度的降低，转变成马氏体的量就增多，直至 -50℃时，奥氏体才能全部转变成马氏体。

C曲线对研究热处理理论和编制热处理工艺具有重要的指导意义。每种成分的钢都有自己的C曲线，可以在有关手册上查到。

**3. 奥氏体连续冷却转变**

在实际生产中，奥氏体的转变是在连续冷却的过程中进行的，与等温转变有一定的区别。因连续冷却转变曲线的测定比较困难，所以常把代表连续冷却的冷却速度线画在C曲线图上，根据它们与C曲线相交的位置，便可以估计所得到的组织与性能，如图12-8所示。

图中 $v_1$、$v_2$、$v_3$、$v_4$ 分别代表随炉冷却、空气中冷却、油中冷却和水中冷却时的冷却速度线。根据它们与C曲线的相交位置，可以判断相应的转变产物分别为珠光体、索氏体、马氏体加屈氏体和马氏体。图中，$v_K$ 冷却速度线恰与C曲线鼻头相切，可见 $v_K$ 是得到马氏体的最小冷却速度，称为临界冷却速度。

图 12-8　在共析钢等温转变曲线上估计连续冷却转变产物

**四、钢的热处理工艺**

热处理的工艺过程包括加热、保温和冷却三个阶段。通常可以用温度 - 时间坐标系的图形来表示，称为热处理工艺曲线，如图12-9所示。下面说明热处理工艺在退火、正火、淬火、回火四种热处理方法中的应用。

**1. 退火**

将钢件加热到 $A_3$（对亚共析钢）或 $A_1$（对过共析钢）线以上某一温度范围，保温一段时间后，在炉中或埋入导热性较差的介质中使其缓慢冷却的热处理方法叫做退火。

退火的目的是：降低硬度以利于切削加工；细化晶粒，改善组织，提高力学性能；消除零件中的内应力（加热到 $A_1$ 线以下即可）。

**2. 正火**

图 12-9　热处理工艺曲线

正火的作用与退火相似。正火是将钢加热到 $A_3$ 或 $A_{cm}$ 线以上某一温度范围，保温一段时间后，从炉中取出放在空气中冷却的热处理方法。由于正火的冷却速度比退火快，所以得到的珠光体组织比退火后更细，强度和硬度都有所提高。另外，正火是炉外冷却，不占用设备，生产效率高，所以正火工艺应用广泛。

**3. 淬火**

将钢加热到 $A_3$ 或 $A_1$ 线以上某一温度范围，保温一段时间，在水中或油中急剧冷却的热处理方法叫做淬火。淬火可使钢获得马氏体组织。淬火的目的，对于工具或耐磨零件来说，是提高硬度和耐磨性；对于一般结构零件来说，能使强度和韧性得到良好的配合，以适应不同工作条件的需要。对于含碳量很低的钢进行一般的淬火处理是没有意义的。

**4. 回火**

把淬火后的工件重新加热到 $A_1$ 线以下，保温一段时间，再以适当的冷却速度冷却到室温的热处理方法叫做回火。回火的目的是为了消除因淬火冷却速度过快而产生的内应力，防止工件变形和开裂，并减小脆性。此外，回火可使淬火组织趋于稳定，使工件获得适当的硬度、稳定的尺寸和较好的综合力学性能等，故回火总是伴随在淬火后进行。

根据加热温度的不同，回火可分为低温回火、中温回火和高温回火。淬火工件的硬度随回火温度的升高而降低。

低温回火（加热温度为 150~250℃）可减小工件的内应力，降低脆性，保持高的硬度。用于要求硬度高、耐磨性好的零件，如刀具、模具等。

中温回火（加热温度为 350~500℃）可显著减小工件的淬火应力，提高弹性，常用于各种弹簧。

高温回火（加热温度为 500~650℃）可消除淬火应力，使零件获得较高的强度和韧性。通常把淬火加高温回火的操作称为调质处理。调质处理广泛用于要求具有较好综合力学性能的重要零件，如齿轮、连杆、螺栓和轴等。

## 五、钢的表面热处理

零件在机器中的作用不同，对它们的要求也各不相同。在动载荷和摩擦条件下工作的齿轮、曲轴等，要求表面具有高硬度和耐磨性，同时要求其心部有足够的强度和韧性。如果仅从材料方面考虑是无法满足要求的。采用高碳钢，硬度虽高，但心部韧性不足；若采用低碳钢，心部韧性虽好，但表面硬度很低，易磨损。为了兼顾零件表面和心部的要求，工业上广泛采用表面热处理的方法。所谓表面热处理，就是通过改变零件表面层组织或同时改变表面层化学成分的一种热处理工艺。常用的表面热处理方法有两种，即表面淬火和表面化学热处理。

**1. 表面淬火**

表面淬火是将工件的表面层淬硬到一定深度，而心部仍保持未淬火状态的一种局部淬火方法。它主要是改变零件的表面层组织。常用的表面淬火方法有：

（1）火焰表面淬火　火焰表面淬火是利用氧-乙炔或氧-煤气混合气体燃烧的火焰对零件进行快速加热，使工件表面很快达到淬火温度后，立即喷水或喷乳化液进行冷却的方法，如图

图 12-10　火焰表面淬火
*a*—淬硬层　*b*—加热层
1—烧嘴　2—喷水管　3—工件

179

12-10所示。

火焰淬火的设备简单，淬硬速度快，变形小。但容易过热，淬火效果不够稳定，因而在使用上有一定的局限性。

（2）感应加热表面淬火 其加热原理是在一个导体线圈中通过一定频率的交流电，线圈内外即产生一个频率相同的交变磁场。若把工件放入线圈（感应圈）内，工件上就会产生与线圈电流频率相同、方向相反的感应电流，此电流在工件内自成回路，称为涡流。涡流能使电能变成热能，使工件加热，涡流主要集中在零件表面，频率越高，涡流集中的表面层就越薄，这种现象称为集肤效应。利用这一原理，把工件放入感应圈中，引入感应电流，使工件表面层快速加热到淬火温度后，立即喷水冷却使表层淬硬，这种热处理方法称为感应加热表面淬火，如图 12-11 所示。

图 12-11　感应加热表面淬火
1—工件　2—感应圈　3—喷水套　4—加热淬火层

根据电流频率的不同，可分为高频（100～1000kHz）表面淬火、中频（1～10kHz）表面淬火和工频（普通工业电50Hz）表面淬火。高频淬火可得到0.5～2mm深的淬硬层，中频淬火可得到3～5mm深的淬硬层，工频淬火可达到10～15mm深的淬硬层。

感应加热表面淬火速度快，生产效率高，产品质量好，易于实现机械化和自动化，所以在工业上获得日益广泛的应用，对大批量流水线生产更为有利。但因设备较贵，维修、调整困难，形状复杂零件的感应圈不易制造，故不宜用于单件生产。

**2. 钢的化学热处理**

化学热处理是将钢件放在某种化学介质中，通过加热、保温，使介质中的某些元素渗入工件表面，以改变表面层的化学成分和组织，从而改变工件表面层性能的热处理方法。常见的化学热处理有渗碳、渗氮、渗铝和渗铬等，其中，以渗碳和渗氮应用最多。

渗碳是使碳钢零件表面增碳的过程。在渗碳后，零件紧接着做淬火处理，可使表面硬度、耐磨性提高，而心部仍保持良好的塑性和韧性。

渗氮是使氮渗入钢件表面的过程，又称氮化。氮化层具有高硬度、高耐磨性和良好的抗蚀性，经过渗氮处理的零件可达到600℃高温而表面硬度不会显著降低。氮化用钢应是含有铬、钼、铝等元素的合金钢，因为这些合金元素的氮化物分布在氮化层中，能使零件表面获得极高的硬度（可达70HRC以上）。渗氮处理时的温度不高（500～600℃），渗氮后又不需淬火，因而零件变形小，能保持较高的精度。

# 第四节　非金属工程材料

随着科学技术的发展，人们逐渐认识到很多非金属材料可以代替金属材料，而且价廉物美。由于非金属材料的原料来源广泛，资源丰富，成形工艺简单，又具有许多特殊的性能

（重量轻、耐腐蚀和绝缘性好等），因而其应用日益广泛，已经成为机械制造不可缺少的材料之一。

非金属材料种类繁多，现仅对机械工程中常用的几种非金属材料，如工程塑料、橡胶、陶瓷及复合材料等，分别作简要介绍。

## 一、工程塑料

工程塑料是以合成树脂为主要成分的高分子有机化合物。它具有重量轻、摩擦系数小、耐磨、吸震、耐腐蚀、绝缘、可以着色、易于加工成形等优点，因此得到广泛的应用。

工程塑料可分为热固性塑料和热塑性塑料两大类。热固性塑料可在常温或受热后起化学反应，固化成形。再加热时不可能恢复成形前的化学结构，也就是说不可回收再生。热塑性塑料受热后软化、熔融，冷却后固化，可以多次反复而化学结构基本不变。

### 1. 热固性塑料

最常用的热固性塑料是酚醛塑料和氨基塑料。它们的脆性都较大，常需加入石棉纤维、木屑、纸屑等填充料，以提高其强度和弹性，减少脆性。加入填充料的热固性塑料制品是在模压机上加工成型的，所以也称模压塑料。酚醛塑料一般为黄褐色，俗称电木，常用作电器产品的壳体及开关等。氨基塑料一般无色透明，并可以着色，俗称电玉，多用作器具及电工器材等。

将酚醛树脂液浸泡的布料或纸压制成板料或各种形状的制品，称为层压塑料，俗称胶木。它比模压塑料更加坚固，并可以切削加工，许多齿轮、轴套、垫板及电器都用它制成。

### 2. 热塑性塑料

热塑性塑料的种类很多，常用的有聚氯乙烯、聚乙烯、聚四氟乙烯和聚酰胺等。

聚氯乙烯是应用最广的塑料，分软硬两种。硬聚氯乙烯可代替金属材料制作各种机械零件，它耐酸、耐碱，但耐热性差；软聚氯乙烯为硬聚氯乙烯加软化剂而成，多用于制作软管。

聚乙烯是由乙烯聚合而成的轻塑料。它无毒、耐酸、耐碱及油脂，且不渗水，有很好的绝缘性，但溶于汽油。聚乙烯常用于容器、包装和绝缘材料。

聚四氟乙烯能耐包括"王水"在内的所有化学药品的腐蚀，可在 $-180 \sim 250℃$ 之间长期使用，耐老化、绝缘、不吸水，摩擦系数很低（$\mu = 0.04$），素有"塑料王"之称。但强度低，高温蠕变较大。主要用作耐蚀件、耐磨件、绝缘件和密封件等。

聚酰胺即尼龙，具有坚韧、耐磨、耐疲劳、耐油、有弹性、无毒等优良性能，缺点是吸水性大，尺寸稳定性差。主要用作一般机械零件、减摩耐磨件及传动件等。

## 二、橡胶

橡胶也是一种高分子材料，有很高的弹性、优良的伸缩性能和可贵的积储能量能力，故成为常用的密封、抗震、减震和传动材料。橡胶还有良好的耐磨性、隔音性和阻尼特性。未硫化橡胶还能与某些树脂掺合改性，与其他材料如金属、纤维、石棉和塑料等结合而成为兼有两者特点的复合材料和制品。

橡胶有天然橡胶和人工合成橡胶之分，按应用范围不同又可分为通用橡胶和特种橡胶。综合性能较好的天然橡胶，主要用于制造轮胎；气密性好的丁基合成橡胶，主要用于制造车轮内胎；耐油性好的丁腈合成橡胶，主要用于制造输油管及耐油密封圈等。

### 三、陶瓷材料

陶瓷材料是无机非金属材料中的一种，广义的陶瓷材料应包括陶器、瓷器、玻璃、搪瓷、耐火材料等。

陶瓷材料性能的一般特点是：硬度高，抗压强度大，耐磨性好，塑性、韧性低，脆性大。陶瓷有许多优良的物理、化学性能，如抗氧化，耐腐蚀，耐高温等。此外，某些陶瓷材料还具有能量转换的功能，可用于压电、电光、激光等方面。

陶瓷一般可分为传统陶瓷和特种陶瓷两大类。

传统陶瓷也称普通陶瓷，系采用天然原料如黏土、高岭土、长石和石英等烧结而成。这类陶瓷按照性能特点和用途分，有日用陶瓷、建筑陶瓷、电器绝缘陶瓷、化工用耐酸耐碱陶瓷，以及保温隔热用的多孔陶瓷和过滤用的微孔陶瓷等。

特种陶瓷指的是各种新型陶瓷，它是以人工化合物为原料制成的，具有某种独特的力学性能、物理性能和化学性能，主要供给特殊工程的需要。按照用途的不同，特种陶瓷有电容器陶瓷、压电陶瓷、磁性陶瓷、电光陶瓷、高温陶瓷等，主要用于机械、电子、化工、冶金、能源和某些新技术领域中。

### 四、复合材料

复合材料是由两种或两种以上的材料组成的。不同的非金属材料可以互相复合，非金属材料也可以和多种金属材料复合。不同的材料复合之后，通常是以其中一类组成物为基体起粘接作用，另一类为增强相。两类材料保留各自的优点，得到较优良的综合性能，成为一类新兴的工程材料。

复合材料按基体的不同可分为金属基和非金属基两类。目前大量研究和使用的是以高聚合物材料为基体的复合材料，其中发展最快、应用最多的是各种纤维复合材料，如玻璃纤维、碳纤维、硼纤维等增强的复合材料。

与金属材料相比较，复合材料的主要优点是：密度小，强度高，抗疲劳性、耐蚀性和绝缘性好，减震耐磨，易于加工。因此，复合材料当今被广泛地应用于国民经济各个部门。例如，玻璃纤维复合材料亦称玻璃钢，它在机械工业生产中的应用，不仅可以简化加工工艺，节省工艺装备，节约劳力，延长零件和设备的使用寿命，降低成本，而且还可以节约大量金属材料。

## 复 习 题

12-1　什么是金属材料的强度、塑性和硬度？它们各有哪些主要指标？

12-2　什么是冲击韧度？怎样衡量金属材料冲击韧度的大小？

12-3　金属材料在什么情况下会产生疲劳破坏？

12-4　一根标准拉伸试棒的直径为 10mm，长度为 50mm。试验时测出材料在 26kN 时屈服，45kN 时断裂。拉断后试棒长 58mm，断口处直径为 7.75mm。试计算该试棒材料的 $\sigma_s$、$\sigma_b$、$\delta$ 和 $\psi$。

12-5　说明下列金属材料牌号或代号的含义及其主要用途：Q235 – B，45，T12A，40Cr，GCr15，2Cr13，W18Cr4V，ZG270 – 500，HT150，2A01，H62，YT30。

12-6 什么叫粉末冶金？试述其特点和应用。

12-7 什么叫钢的热处理？为什么热处理会改变钢的性能？常用的热处理方法有哪些？

12-8 回火可分哪几类？它们各自的作用是什么？

12-9 解释名词：退火，正火，调质处理，淬火。

12-10 什么是表面淬火？常用的表面淬火方法有哪几种？

12-11 什么是化学热处理？渗碳的目的是什么？渗氮处理的主要优点是什么？

12-12 有下列零件，试选用它们的材料：螺钉，锉刀，钻头，凸轮，带轮，齿轮，蜗轮，轴承滚子，轴瓦，弹簧，传动螺杆，机床床身，车刀，电源插头。

12-13 什么是工程塑料？与金属材料相比较，工程塑料的主要优点有哪些？

12-14 橡胶、陶瓷各有什么特点及用途？

12-15 什么是复合材料？它有什么特点？

# 第十三章

# 金属热加工

铸造、锻压与焊接是金属材料热加工的三种不同方法，它们除提供少量的零件成品外，主要是生产毛坯，供切削加工使用。铸造、锻压与焊接是机械制造生产中不可缺少的基本加工方法。

## 第一节 铸 造

将熔融的金属液体浇注到具有与零件的形状和尺寸相适应的铸型腔中，待其冷却凝固，以获得毛坯或零件的方法称为铸造。铸造所获得的工件或毛坯称为铸件。

用于铸造的金属统称铸造合金。常用的铸造合金有铸铁、铸钢及铜、铝等合金。其中，铸铁（特别是灰铸铁）用得最普遍。

铸造生产在工业生产中占有重要的地位。铸件大约占整个机械设备重量的40%~80%；在其他国民经济部门中，铸造也被广泛地应用着。

铸造生产有以下特点：

1）可以制成形状十分复杂的铸件。

2）铸件的形状和尺寸皆接近于零件，可节省金属，减少切削加工的工作量。

3）适应范围较广。工业上常用的金属材料都可用来铸造，铸件的质量可以从几克到200吨以上。

4）原材料来源广泛，价格低廉，工艺设备简单，生产成本低。

但铸造生产也存在一些不足之处。铸造生产工序较多，有些工艺过程难以控制，质量不够稳定，废品率较高；铸件内部易出现缩孔、缩松、气孔、砂眼等缺陷，故性能不如锻件。所以对于承受动载荷的重要零件通常不宜采用铸件。但随着铸造工艺技术的发展和新型铸造合金的应用，原来用钢材锻造的零件，现在也广泛采用铸钢或球墨铸铁来代用。

铸造生产通常分为砂型铸造和特种铸造两类。

## 一、砂型铸造

用型砂和型芯砂制造铸型的铸造方法称为砂型铸造。砂型铸造是当前应用最广的铸造方法。

图13-1是砂型铸造生产过程示意图。其中模样和芯盒是根据零件的尺寸与形状特征，并按照铸造生产的特殊要求，用木头等易加工材料制成的，分别用来制造砂型和型芯。在金属液浇入铸型后，砂型的作用是形成铸件的外部轮廓；型芯的作用是形成铸件的内部轮廓。每个砂型只能一次性地制造一个铸件，在取出铸件时，砂型和型芯即被破坏。但型砂还可重复使用。

下面简要介绍砂型铸造的造型材料、造型方法、铸造合金的熔炼及浇铸。

图 13-1　砂型铸造生产过程

**（一）造型材料**

用于制造砂型和型芯的材料统称造型材料。造型材料主要是型砂和芯砂，其中以型砂用量为最大。造型材料的性能好坏直接影响铸件的质量，因此，应予合理选用和配制。

**1. 型砂应具备的性能**

（1）良好的可塑性　型砂在外力作用下，能获得清晰的模样轮廓，外力去除后仍能保持其形状的性能称为可塑性。砂子几乎是不可塑的，而含一定水分的黏土，则有很好的可塑性。所以型砂中含黏土量越多，且粘土的分布越均匀，型砂的可塑性就越好。

（2）一定的强度　型砂承受外力而不被破坏的能力称为型砂的强度。型砂的强度随黏土含量和型砂捣实程度的增加而增加，细小砂粒和大小不均的砂粒也能提高型砂的强度。

（3）一定的透气性　型砂允许气体透过的能力称为透气性。当液体金属流入型腔后，砂型和型芯中产生大量的气体，液体金属内部也会分离出气体，如果型砂的透气性不好，这些气体不能及时排出，就会使铸件产生气孔缺陷。砂粒大而均匀，黏土含量少，水分适中，混合均匀，捣实不紧，型砂的透气性就好。

（4）良好的耐火度　在高温液体金属的作用下，型砂不软化、不熔融、不粘结金属的性能称为耐火度。耐火度主要与型砂的化学成分、砂粒的形状和大小有关。纯硅砂的耐火度最大，可高达 1710℃。圆型、粗大砂粒的耐火度较多棱、细小砂粒的耐火度高。

（5）一定的容让性　铸件冷却收缩时，砂型的体积可被压缩的性能称为容让性。型砂的容让性差时，铸件收缩困难，因而产生内应力，严重时会出现变形和裂纹等缺陷。黏土量越多，型砂的容让性将越差。

**2. 型砂的组成**

型砂由原砂、粘结剂、附加材料和水组成。

原砂的主要成分是硅砂，即 $SiO_2$。砂中的 $SiO_2$ 含量越高，颗粒越粗，杂质含量越低，耐火度就越高。砂粒最好呈圆形，并且越均匀越好。

粘结剂的作用是粘结砂粒，使型砂具备一定的强度和可塑性。常用的粘结剂有黏土、膨润土和水玻璃等。芯砂除用上述粘结剂外，还用油类、纸浆废液和糊精等粘结剂，这些粘结剂可以提高型芯的强度和容让性，便于清理。

煤粉和锯木屑是常用的廉价附加材料。煤粉在铁水的高温作用下燃烧，形成气膜，可防止铸件粘砂。加入锯木屑可提高容让性。

砂、黏土和水，必要时添加煤粉、锯木屑等配成的粘土砂是目前铸造生产中应用最广的型砂。

**（二）造型方法**

造型是砂型铸造中最主要的工序，通常分为手工造型和机器造型两大类。手工造型主要用于单件或小批生产，机器造型则适用于大批量生产。

**1. 手工造型**

在实际生产中，由于铸件的尺寸、形状、合金种类、生产批量、铸件的使用要求和生产条件的不同，采用的造型方法也多种多样。现以整模造型和分模造型为例介绍手工造型。

（1）整模造型　采用整体模样的造型方法，如图13-2所示。其特点是模样为一整体，放在一个砂箱内，从而避免了上下型错位而造成铸件错型的缺陷。整体模样容易制造，铸件的尺寸精度高。整模造型适用于形状比较简单、最大截面能靠一端并为平面的铸件。

图 13-2　整模造型

（2）分模造型　当铸件没有平整的平面、且最大截面又在模样中部时，可将模样在最大截面处分开，采用两箱分模造型，如图13-3所示。这种方法造型容易，应用最广。

图 13-3　两箱分模造型

a）用下半模造下型　b）用上半模造上型　c）开浇道及扎气孔

d）起模、下型芯、合型　e）落砂后的铸件若铸件形状复杂，需用两个分型面才能把模样从砂型中取出时，可采用三箱造型。若铸件上的凸台阻碍起模，可将凸台作成活快，采用活块造型。

手工造型方法除上述几种以外，还有不用砂箱的地坑造型、不用模样的组芯造型、刮板造型和挖砂造型等。

**2. 机器造型**

机器造型在于使紧砂和起模两个主要工序实现机械化，它是现代化铸造生产的基本方法。机器造型可大大提高生产率，改善劳动条件，并可提高铸件的尺寸精度和表面质量。

（1）紧砂方法 机器造型大都以压缩空气为动力来紧实型砂。紧砂方法有压实、震实、震压和抛砂四种基本形式，其中以震压式应用最广。

图 13-4 为震压紧砂机构示意图。压缩空气自震实进气口 9 和气路 2 进入震实活塞 4 的下方，使震实活塞 4 带动工作台 5 及砂箱 6 上升，震实活塞上升至一定高度后，震实排气口 10 打开，气体排出，砂箱连同工作台因自重而下落，完成一次震实。如此反复多次，便将型砂震实。当压缩空气进入压实气缸 1 时，压实活塞 3 带动工作台再一次上升，压头 8 压入砂箱 6，型砂即

图 13-4 震压紧砂机构
1—压实气缸 2—震实气路 3—压实活塞
4—震实活塞 5—工作台 6—砂箱
7—模样 8—压头 9—震实进气口
10—震实排气口

被压实。最后排除压实气缸内的气体，砂箱随工作台降落，完成全部紧实过程。震压式紧砂方法可使型砂紧实度分布均匀，生产效率高，它是大批量生产中小型铸件的基本方法。

（2）起模方法 起模机构安装在造型机上，常用的起模方法有顶箱起模、漏模起模和翻转起模三种。

图 13-5 所示为顶箱起模。型砂紧实后，顶杆 2 穿过模板 1 的通孔上升、顶起砂箱 3 而完成起模动作。这种方法结构简单，适用于形状简单且高度不大的铸型。当铸件复杂或型腔较深时，宜采用漏模起模或翻转起模，以防止出现掉砂。

**（三）铸造合金的熔炼及浇注**

铸造合金的熔炼及浇注对铸件质量至关重要。铸造合金的熔炼工作，应能保证获得的金属液达到规定的化学成分和合适的温度，尽量减少金属液中的气体和杂质。浇注工作要选择合理的工艺和浇注温度。

铸铁是应用最为普遍的铸造合金，它的熔炼工作包含炉料的处理（破碎炉料、筛选焦炭）、配料、加热和熔炼等内容。

图 13-5 顶箱起模
1—模板 2—顶杆 3—砂箱

熔炼铸铁的炉料包括以生铁锭、回炉铁、废钢为主的金属料；以焦炭为主的燃料；用石灰石或萤石来稀释熔渣，使之与铁水分离的熔剂。

　　配料的任务是对组成炉料的各种成分，按照工艺需要进行合理的配制。为调整铸铁的化学成分，在炉料或金属液中常加入硅铁、锰铁、铬铁等。

　　炉料的熔炼设备种类很多，目前用于熔炼铸铁的仍以焦炭为燃料的冲天炉为主；熔炼铸钢多用电弧炉和感应炉；熔炼有色合金多用反射炉和坩埚炉。

## 二、特种铸造

　　砂型铸造具有较大的灵活性，受零件尺寸、形状、批量及合金种类的限制较少，所用的设备简单，成本低廉，但它也存在着许多缺点，例如：砂型铸造工艺过程较复杂，且每个铸型只能用一次，生产率低，易产生铸造缺陷，零件的加工性能差，铸件表面较粗糙，尺寸精度不高，铸件需留有较大的切削余量，劳动条件差、劳动强度大。为提高铸件质量，适应生产的需求，人们创造了许多其他铸造方法，如金属型铸造、压力铸造、熔模铸造、离心铸造、低压铸造等，我们把它们统称为特种铸造。特种铸造已在生产中得到广泛的应用。

　　目前生产中常用的有以下几种特种铸造方法：

### （一）金属型铸造

　　将液体金属浇入金属铸型以获得铸件的工艺过程称为金属型铸造。由于一副金属铸型可重复使用数十次至数十万次（视铸件的大小及铸造合金的种类而定），故又有永久型铸造之称。

**1. 金属型的构造**

　　金属型根据分型面位置的不同可分为垂直分型式、水平分型式和复合分型式等。其中垂直分型式的金属型（见图13-6）具有开设浇口和取出铸件方便、易于实现机械化等优点，所以应用较多。

　　金属型多用铸铁或铸钢制成。为便于排出型腔内的气体，金属型的分型面上开出一些通气槽，大多数金属型开有出气口，并设有顶出铸件的机构。

　　铸件内腔可以用金属型芯或砂芯制出。

**2. 金属型铸造的特点及应用**

　　金属型铸造具有很多优点，由于它可承受多次浇注，可实现"一型多铸"，这样就会节约大量的工时和型砂，且改善了劳动条件，提高了生产率，同时铸件的几何精度和表面精度都比砂型铸造高，故可少加工或不

图13-6　垂直分型式金属型铸造

1—左半型　2—垂直型芯　3—右半型

4—水平型芯　5—铝活塞铸件

加工。此外，铸件由于冷却速度较快，铸件结晶颗粒细，因此其力学性能得到提高。金属型铸造的主要缺点是金属型制造成本高，周期长，而且工艺规程要求严格，铸铁件还易产生难以加工的白口组织。

　　金属型铸造主要适用于有色金属铸件的大批量生产，如飞机、汽车、内燃机、摩托车的铝活塞、气缸体、缸盖以及铜合金轴瓦、轴套等，有时也用于生产铸铁件。

### （二）压力铸造

　　压力铸造是将熔融的金属在高压下快速地压入金属型中，并在压力下凝固以获得铸件的方法。

**1. 压力铸造的工艺过程**

压铸时所用的铸型叫压型。压型与垂直分型的金属型相似，由定型、动型、抽心机构和顶出铸件机构所组成。压力铸造的工艺过程如图13-7所示。

图13-7 卧式压铸机工作过程

a）浇注 b）压射 c）开型

1—推杆 2—活动半型 3—固定半型 4—金属液 5—压射室 6—压射冲头 7—铸件

压型用耐热合金工具钢制成，加工精度很高，粗糙度低，并经过严格的热处理。

压力铸造与金属型铸造相比较，主要区别在于压力铸造过程是利用压铸机产生的高压将液态金属快速压入压型型腔中而成型的。

**2. 压力铸造的特点及应用**

1）生产率高。它的生产率比其他任何铸造方法都高得多，每小时可压铸 50～500 次，便于实现自动化和半自动化。

2）产品质量好。铸件的精度高，表面粗糙度低，并可直接铸出极薄件或带有小孔、螺纹的铸件，铸件强度比砂型铸造高 20%～40%。

3）铸件成本低。压铸件通常不再进行切削加工，可直接装配使用，故省工、省料又省设备，成本明显降低。

4）设备投资大，压型制造周期长，不适宜用于小批量生产。

5）金属液在高压高速下充型，使压铸件内部形成细小气孔，在热处理加热时，由于气体的膨胀会造成铸件表面不平或变形，所以压铸件不能进行热处理。

由上述特点可知，压力铸造是少切屑、无切屑加工的重要工艺，压力铸造主要适合于大批量生产非铁金属薄壁小铸件。

**（三）熔模铸造**

熔模铸造是最常用的精密铸造方法。它先用易熔材料如蜡料制造铸件模型和浇注系统，然后用造型材料将其包住，经硬化后，加热将蜡模熔化，排出型外，从而获得无分型面的铸型（硬壳型）。再在铸型中浇注液态合金形成铸件。

**1. 熔模铸造的工艺过程**

熔模铸造的工艺过程如图13-8所示。图中，压型是制造蜡模的特殊铸型，常用易熔合金或铝合金制成。把配制熔化的蜡浇注入压型内，便成为蜡模。将蜡模连接在浇注系统上，成为蜡模组，然后结壳，其方法是：用水玻璃作粘结剂与石英粉配成涂料，将蜡模组浸以涂料，取出后撒上石英粉，然后放入氯化铵溶液中作硬化处理，如此重复结成 5～10mm 的硬

189

壳为止，即成铸型。加热铸型使蜡熔化流出，形成铸型空腔。再经焙烧后，将铸型置于容器内，周围填砂，即可进行浇注。

图 13-8　熔模铸造的工艺过程

a) 压型　b) 注蜡　c) 单个蜡模　d) 组合蜡模　e) 结壳、熔蜡　f) 填砂浇注

**2. 熔模铸造的特点及应用**

1) 铸件的精度较高，粗糙度值较小，且可铸出形状复杂的薄壁铸件。

2) 生产批量不受限制，从单件、成批到大量生产均可。

3) 能铸造各种合金铸件，特别适用于高熔点合金及难切削加工合金的铸造。

4) 熔模铸造的铸件尺寸受到一定限制，不能太大、太长，重量一般不超过25kg，而且工序繁杂，生产周期较长。

由于熔模铸造是少切屑或无切屑加工工艺的主要方法，所以它广泛用于制造汽轮机叶片及汽车、机床中的小型零件。

**（四）离心铸造**

离心铸造是将液体金属浇入高速旋转的铸型中，使金属在离心力作用下填充铸型并结晶凝固而制成铸件的方法。

**1. 离心铸造的基本方式**

离心铸造一般都是在离心机上进行的，离心铸造按铸型旋转轴的位置分为立式离心铸造和卧式离心铸造两类，如图13-9所示。立式离心铸造的铸件内表面呈抛物线形状，上部壁薄，下部壁厚，故立式离心铸件尺寸不宜过高，以免上下厚度差过大。它适用于高度小于内孔直径的铸件，如短套、齿圈、环、轴承等。卧式离心铸造的铸件内表面是一圆柱面，铸件壁厚均匀，适用于较长的圆筒形铸件，如铸管、气缸套等。

**2. 离心铸造的特点及应用**

离心铸造用于生产空心旋转体铸件时，可省去型芯及浇注系统。因此，与砂型铸造相比，可省工、省料，生产率高，其成本明显下降。在离心力的作用下，金属液凝固可获得坚实的铸件，很少存在有缩孔、缩松、气孔、夹渣等缺陷，铸件质量能得到提高。此外，离心铸造便于制造"双金属层"铸件。

离心铸造的不足之处是，铸件的形状、尺寸受到一定的限制，其内孔尺寸误差大，内表面质量差，铸件易产生密度偏析。

目前，离心铸造广泛用于制造缸套、铸铁管及滑动轴承合金衬等管套件。

图 13-9 离心铸造示意图

a) 立式离心铸造  b) 卧式离心铸造

# 第二节 锻 压

锻压是锻造与板料冲压的合称,属于金属压力加工生产的一部分,它包括自由锻造、模型锻造、板料冲压等方法(金属压力加工另外还有轧制、拉拔、挤压等)。

锻造是指金属材料在外力作用下产生塑性变形,并获得一定形状和尺寸的毛坯或零件的加工方法。由于锻造不仅利用金属材料变形得到一定形状的制件,同时还提高了金属的力学性能。因此,凡承受大载荷的重要机器零件,如机床的主轴、齿轮、汽车及内燃机中的曲轴、连杆以及各种刀具、模具等,往往都采用锻造方法制成。

冲压是一种高效率的生产方法,它是使板料分离或成形而得到制件的加工方法。因此,它主要用来制取薄板结构零件,被广泛地用于汽车、拖拉机、电器、航空及仪器仪表等行业。

金属压力加工的基本方式如图 13-10 所示。

图 13-10 金属压力加工的基本方式

a) 自由锻造  b) 模型锻造  c) 板料冲压  d) 轧制  e) 挤压  f) 拉丝

金属压力加工能获得广泛的应用，是因为它有如下优点：

1）改善金属内部组织结构。金属材料经过压力加工之后，获得较细的晶粒，同时能使金属组织内部缺陷（裂纹、缩松、气孔等）焊合，从而提高了金属坯料的力学性能。凡承受重载荷的机械零件，常采用锻件作毛坯，再经切削加工而成，如机器中的主轴、连杆、齿轮等。

2）大部分压力加工方法（除自由锻造外）均有较高的生产效率。以螺母和螺栓的生产为例，一台自动冷锻机的产量可相当于18台自动车床的产量。

3）使用压力加工新工艺可减少金属的加工损耗，甚至可实现少、无切屑加工。例如齿轮的轧制、叶片的挤压等。

4）压力加工适应范围较广。从形状简单的螺栓到形状复杂的多拐曲轴，从质量不及1g的表针到重达数百吨的大轴，均可采用压力加工方法制造。

与铸造、焊接等加工方法相比，压力加工也有不足之处，如不能获得外形及内腔复杂的工件；只能加工某些具有一定塑性的金属材料，如钢、有色金属及其合金等，而对脆性材料如铸铁就无能为力；设备也比较昂贵。

## 一、金属的加热

金属在加热时，随着温度的升高，塑性提高而变形抗力下降。所以在锻造、轧制等压力加工中，都要对金属坯料进行加热。

金属的加热是整个生产过程中的一个重要环节，对压力加工的产量、质量及金属的有效利用等方面都有直接的影响。所以必须确定合理的锻造温度范围、加热速度及冷却方法，并选用适当的加热设备。

**1. 锻造温度范围**

确定锻造温度范围，主要是定出始锻温度和终锻温度。

（1）始锻温度　始锻温度是开始锻造的温度，也是允许的最高加热温度。始锻温度高些，可获得更好的可锻性和更多的锻造时间。但这一温度过高，会引起金属坯料的过热甚至过烧。

过热是指超过一定温度时，金属晶粒急剧长大的现象。过热不仅使金属的塑性降低，而且会影响锻件的力学性能。

过烧是指在更高的温度下，炉气中的氧渗入金属内部，在晶界上产生脆性氧化层的现象。过烧的坯件无法进行锻造，只能报废。

常用碳素钢的始锻温度为 $1050 \sim 1250℃$，含碳量越高，始锻温度越低。

（2）终锻温度　终锻温度是停止锻造的温度。这一温度也不宜过高，因金属在高温停锻后晶粒继续长大，得到粗大的晶粒组织，会降低锻件的力学性能。但终锻温度过低时，金属的塑性差，变形困难，甚至产生加工硬化现象。碳素钢的终锻温度为 $800℃$ 左右。

加热和锻造时可用仪表检测金属坯料的温度，也常用观察火色（金属坯料的颜色）的方法来判断温度。钢的火色与温度的关系如表13-1所示。

表13-1　钢的火色与温度的关系

| 温度/℃ | 1300 | 1200 | 1100 | 900 | 800 | 700 |
|---|---|---|---|---|---|---|
| 火　色 | 白　色 | 亮　色 | 黄　色 | 樱　红 | 赤　色 | 暗　红 |

**2. 加热速度与冷却方法**

提高加热速度不仅会提高生产率，降低燃料消耗，而且还能减少钢的氧化与脱碳，降低金属的损耗。

氧化与脱碳是锻造加热的主要缺陷。钢在高温下长时间加热，炉气中的氧与钢的表层化合成很硬的氧化铁皮，造成金属的大量损耗。每加热一次，氧化损耗约占加热钢料的 1% ~ 3%。氧化皮还会被压入锻件表层，影响表面质量，切削时还会加快刀具的磨损。同时，高温下钢料表层的一部分碳亦被氧化，从而造成表层含碳量下降，即所谓脱碳现象。通常脱碳层不应超过 2 ~ 3mm。

过高的加热速度，会使坯件加热内外不均，严重时会使坯件产生裂纹甚至断裂。所以对金属加热必须控制好加热速度。

锻造后冷却过快会使锻件挠曲甚至产生裂纹，同时还会使锻件表层过硬，难以进行切削加工。冷却速度和冷却方法是根据材料的成分、锻件的尺寸和形状来确定的。常用的冷却方法有空冷、坑冷和炉冷等。

空冷，即将锻件放在地上冷却。适用于低、中碳钢小型锻件。

坑冷，即将锻件放在坑中，埋在砂、石灰或炉渣填料里缓慢冷却。适用于低合金钢及横截面较大的锻件。

炉冷，即将锻件放在炉内，随炉冷却。适用于高合金钢和大型锻件。

## 二、自由锻造

自由锻造是利用冲击力或压力使金属在上下两抵铁之间产生变形，以获得锻件的方法。自由锻造的坯料变形是在两抵铁间作自由流动的，故称自由锻。由于锻件是自由变形，所以锻件的形状和尺寸主要由工人的操作技术来保证。

自由锻造的设备和工具有很大的通用性，且工具简单；加工适应范围较广（锻件的质量可以从不足 1kg 到数百吨）。但自由锻造对锻工技术水平要求较高，劳动条件较差，金属损耗大，生产效率低；锻件的复杂程度和精度均不宜要求过高。自由锻造主要应用于品种繁多的单件小批生产或维修用的配件生产。

自由锻造在机器制造、冶金、造船、航空及机车车辆制造工业中具有特别重要的意义。如发电机的主轴、汽轮机的叶轮、以及各种大型曲轴、连杆等承受重大载荷的大型零件，都必须采用锻造的毛坯再经切削加工而成。自由锻造是制造大型锻件的唯一方法。

**1. 自由锻造设备**

自由锻造包括手工锻造和机器锻造。随着现代工业的发展，手工锻造已逐渐被淘汰。机器自由锻造又分为锻锤自由锻和水压机自由锻两种。锻锤锻造是靠冲击力使坯料变形，水压机锻造是用静压力使坯料变形。

自由锻造常用的设备是空气锤、蒸汽锤和水压机。

（1）空气锤　空气锤的构造如图 13-11 所示。它有压缩气缸 10 和工作气缸 9。电动机 12 通过减速器 11 和曲柄连杆机构 13 来驱动压缩气缸内的活塞 14，活塞上下运动以压缩气缸中的空气。在两气缸的连接处有上下两个旋转气阀 8 和 7，活塞上下运动时，压缩空气通过气阀交替地进入工作气缸 9 的上部或下部，使工作气缸内的活塞 15 连同锤杆和上抵铁 5 一起作上下运动，实现对金属坯料的连续打击。

图 13-11  空气锤

a) 外观图   b) 传动示意图

1—踏杆  2—砧座  3—砧垫  4—下抵铁  5—上抵铁  6—手柄  7—下旋气阀  8—上旋气阀
9—工作气缸  10—压缩气缸  11—减速器  12—电动机  13—连杆机构  14、15—活塞

为了适应锻造的需要，通过踏杆1或手柄6控制空气锤上两气阀的位置，可使锤头完成上悬、连续打击、单次打击和下压等动作。

空气锤的吨位（用落下部分的质量表示）一般为 40 ~ 750kg。主要用于小型锻件的生产。

（2）蒸汽锤  蒸汽锤是利用蒸汽（或压缩空气）带动锤头工作的。双柱拱式蒸汽锤如图 13-12 所示，它主要由工作气缸3、落下部分2（活塞、锤杆、锤头和上抵铁）、装有锤头导轨的左右机架1、下抵铁和砧座5及操作手柄4等组成。

蒸汽锤的工作原理如图 13-12 左上图所示。当阀芯6处在图示位置时，蒸汽沿进汽管7经阀芯外围通道进入气缸3的上部，迫使活塞10连同锤杆9和锤头下行进行锤击。气缸下部的废汽则通过阀芯的中心孔沿排汽管11排出。当阀芯移至下端时，其外围通道将进汽管与汽缸下部接通，蒸汽推动活塞上行，上部废汽直接经排汽管排出。

蒸气锤使用压力为 0.4 ~ 0.9MPa 的蒸汽或压缩空气作为动力，蒸汽锤的吨位为 1 ~ 5t，适用于中小型锻件的生产。

（3）水压机  水压机的结构如图 13-13 所示。工作时高压水沿上部管道进入工作缸1内，迫使柱塞2连同活动横梁4沿立柱5下行。上抵铁8固定在活动横梁上，下抵铁7固定在底座6（下横梁）上。回程时，高压水沿右边管道进入回程缸9将回程柱塞10顶起，通过横梁11、拉杆12带动活动横梁上升，完成一次工作循环。

图 13-12　双柱拱式蒸汽锤

1—机架　2—落下部分　3—工作气缸　4—操作手柄　5—砧座　6—阀芯
7—进汽管　8—阀体　9—锤杆　10—活塞　11—排汽管

水压机需要一套供水系统和操纵系统组成一个联合机组。高压水的压力可达 20 ~ 35MPa，其工作总压力通常为 6000 ~ 150000kN。

**2. 自由锻造的基本工序**

自由锻造的基本工序是使金属坯料产生一定程度的塑性变形，以得到所需形状及尺寸的工艺过程，如镦粗、延伸、弯曲、冲孔、切割、扭转、错移和锻接等。生产中常用的是镦粗、延伸和冲孔，它们分别示意于图 13-14、图 13-15 和图 13-16。

### 三、模型锻造

模型锻造是将金属坯料放在具有一定形状的锻模模膛内使之受冲击力或压力后变形而获得锻件的方法。

图 13-13　水压机

1—工作缸　2—工作柱塞　3—上横梁　4—活动横梁　5—立柱　6—底座
7—下抵铁　8—上抵铁　9—回程缸　10—回程柱塞　11—横梁　12—拉杆

图 13-14　镦粗
a) 全部镦粗　b)、c) 局部镦粗

图 13-15　延伸
a) 一般延伸　b) 带心棒延伸

图 13-16　冲孔
a）空心冲子冲孔　b）板料冲孔　c）实心冲子冲孔

模型锻造与自由锻造相比有如下特点：生产效率高，锻件形状和尺寸比较准确，加工余量小，能锻出形状较为复杂的锻件。但锻模的制造成本高，需用专门的模锻设备。模型锻造适用于中小型锻件的成批和大量生产。

模型锻造按使用设备的不同分为模锻锤上模锻、压力机上模锻和胎模锻等。

**1. 模锻锤上模锻**

模锻锤上模锻简称锤上模锻，如图 13-17 所示。锻模 5 由上模和下模两部分组成，上、下模分别固定在锤头 7 和模垫 3 上，它们均有一定形状的模膛。坯料置于下模膛，经上模锤击变形直至上、下模合拢时，即可获得与模膛形状一致的模锻件。模锻件从模膛取出后，一般带有飞边。还要用切边模切除飞边，才能获得锻件成品。

锤上模锻的主要设备是蒸汽—空气模锻锤，其工作原理与自由锻蒸汽锤基本相同，但锤头与导轨之间的间隙小，机架直接与砧座相连，这样使锤头运动较精确，以保证工件的质量。

**2. 压力机上模锻**

锤上模锻虽然具备前面所述模型锻造的优点，但它也存在震动大、噪声大、能源消耗多、效率低等难以克服的缺点。因此，近年来吨位较大的模锻锤正在逐步被压力机所取代。

用于模锻生产的压力机主要有摩擦压力机、曲柄压力机、平锻机等。图 13-18 所示为摩擦压力机的一般构造。一对摩擦盘 3 由电动机 1 经带 2 带动同向旋转。

图 13-17　锤上模锻
1—模座　2、4、6—楔子　3—模垫
5—锻模　7—锤头　8、9—燕尾

通过操纵杆 8 可使摩擦盘主轴左右移动，使左盘或右盘与飞轮 4 接触，依靠摩擦力带动飞轮 4 和丝杠 5 正向或反向转动，丝杠 5 穿过固定在机架

197

10 上的螺母 6, 下端用轴承与滑块 7 相连。所以, 当飞轮和丝杠作正反向旋转时, 滑块即在机架导轨中上下运动, 便可带动锻模 (图中未表示) 的上模进行锻造。

图 13-18  摩擦压力机
a) 外观图  b) 传动示意图
1—电动机  2—带  3—摩擦盘  4—飞轮  5—丝杠  6—螺母  7—滑块
8—操纵杆  9—底座  10—机架

摩擦压力机上模锻的主要优点是工作时震动小, 设备简单, 操作安全; 缺点是生产率不高。它适用于小锻件的小批或中批生产。

**3. 胎模锻**

胎模锻是一种在自由锻造的设备上用胎模生产锻件的方法。胎模锻与一般模锻的区别在于胎模不与锤头和下模座连在一起而单独存在。

胎模的构造如图 13-19 所示, 由上、下模组成。下模有两个导销, 上模有两个导销孔, 借以套在导销上, 以保证上、下模对合。工作时, 下模放在下抵铁上, 把经过预锻的锻坯 (一般用自由锻的方法制坯) 置于模腔中, 然后合上上模进行终锻成型。

图 13-19  胎模
1—导销孔  2—导销  3—小孔  4—模腔
5—毛边槽

与自由锻造相比较, 胎模锻造能提高锻件的精度和形状复杂程度, 减少加工余量, 节约金属材料, 并提高生产效率。

与其他模锻方法比较, 由于胎模制造简便, 又无需昂贵的模锻设备, 因而成本低。胎模锻造工艺灵活多样, 可以生产品种繁多的锻件。但在生产效率、精度等方面不及其他模锻方

198

法，而且劳动强度较大。胎模锻在中、小批生产中得到广泛的应用。

## 四、板料冲压

板料冲压是用冲模使板料分离或变形的一种加工方法。板料冲压通常在冷态下进行，所以又称为冷冲压。只有当金属板料的厚度超过 8~10mm 时，才采用热冲压。

### （一）板料冲压的特点与应用

板料冲压具有下列特点：

1）可制成形状复杂的零件，材料利用率高。

2）产品具有足够高的几何精度和表面精度，可满足一般互换性要求，不需进行切削加工便可以装配使用。

3）能获得重量轻、强度和刚度较高的零件。

4）操作简单，生产率高，便于实现机械化和自动化生产。

板料冲压广泛应用于金属制品工业，尤其在汽车、拖拉机、航空、电器、仪表、国防及日用品工业中，占有极为重要的地位。

用于板料冲压的原材料是板料、带料、条料。用于板料冲压的材料，特别是制造杯状零件的材料，必须有足够的塑性。常用的材料是低碳钢、高塑性合金钢和塑性良好的有色金属（铜、铝及镁合金等）。

石棉板、硬橡胶、绝缘纸及皮革等非金属材料亦广泛采用冲压加工。

### （二）冲压设备

冲压设备主要是剪床和冲床。

**1. 剪床**

剪床的用途是将板料切成一定宽度的条料，以供下一步冲压工序之用。

剪床的外观和传动原理如图 13-20 所示。电动机 1 通过带传动使轴 2 转动，又通过齿轮传动及离合器 3 带动曲轴 4 转动，使装有上刀片（刃口斜角 $\alpha = 2° \sim 8°$）的滑块 5 上下运动，进行剪切工作。6 为工作台，其上装有下刀片。制动器 7 与离合器配合可使滑块停在最高位置。

**2. 冲床**

冲床又称曲柄压力机。除剪切工作外，板料冲压的基本工序都是在冲床上进行的。冲床按其结构分为单柱式和双柱式两种。

图 13-21 为单柱冲床的外观和传动示意图。电动机 5 带动飞轮 4 转动。当踩下踏板 6 时，离合器 3 使飞轮与曲轴 2 连接，因而曲轴随飞轮一起转动，通过连杆 8 带动滑块 7 作上下运动，从而进行冲压工作。当松开踏板时，离合器脱开，曲轴不随飞轮转动，同时制动器 1 使曲轴停止转动，并使滑块停在最上位置。

单柱冲床的吨位（用滑块的公称冲压力表示）一般为 63~2000kN，滑块行程为 46~130mm。双柱冲床的吨位较大，可为单柱冲床的数倍。

### （三）板料冲压的基本工序

板料冲压的基本工序可分为分离工序和变形工序两大类。分离工序是使坯料的一部分与另一部分相互分离的工序，它包括剪切、落料、冲孔和修整等。变形工序是使坯料的一部分相对于另一部分产生位移而不破裂的工序，它包括弯曲、拉深、成形和翻边等。

图 13-20 剪床

a）外观图 b）传动示意图

1—电动机 2—轴 3—离合器 4—曲轴 5—滑块 6—工作台 7—制动器

（1）剪切 剪切是使坯料沿不封闭轮廓分离的工序。

（2）落料和冲孔 落料和冲孔是使坯料沿封闭轮廓分离的工序。落料是为了获得冲下的材料；而冲孔则是将中间的材料作为废料冲掉，带孔的部分为所需的零件。落料和冲孔的工艺过程完全相同。

图 13-22 所示为落料和冲孔时金属的变形过程。当冲头压在坯料上向下运动时，使坯料产生弯曲、拉伸、剪切、挤压等复杂变形，最后使坯料分离，完成落料或冲孔工序。为了获得光洁的切口，冲头和凹模的刃口必须锋利，它们之间的间隙要均匀，且大小要适当。

（3）修整 当零件的精度要求较高时，在落料和冲孔后需进行修整，以消除切面的粗糙不平和斜度。修整工序如图 13-23 所示。

a)          b)

图 13-21 单柱冲床

a）外观图 b）传动示意图

1—制动器 2—曲轴 3—离合器 4—飞轮 5—电动机 6—踏板 7—滑块 8—连杆

冲头

坯料

凹模

冲头

凹模

a)       b)

图 13-22 落料和冲孔时金属的变形过程

图 13-23 修整工序简图

a）外缘修整 b）内孔修整

（4）弯曲　弯曲是使坯料的一部分相对于另一部分产生一定角度的工序。图 13-24 为弯曲工序简图。

坯料弯曲时，内侧受压而外侧受拉。为防止外层拉裂，弯曲半径不能太小。

（5）拉深　拉深是使平板坯料变成开口空心件的工序。图 13-25 为拉深工序简图。坯料在凸模（冲头）的作用下被拉入凹模。为了避免坯料被拉裂，凸模及凹模的边缘均应作成圆角，凸模与凹模之间应留有比板厚稍大的间隙。

图 13-24　弯曲工序简图

图 13-25　拉深工序简图

当一次拉深不易成形时，可采用多次拉深。在多次拉深时，往往需要插入中间退火工序，以消除前次拉深中所产生的加工硬化现象。

在拉深过程中，工件的边缘部分可能会产生折皱，如图 13-26a 所示。为预防折皱的产生，可采用压板把坯料边缘压紧，如图 13-26b 所示。

图 13-26　拉深时产生折皱及防止措施
a）产生折皱　b）防止措施

（6）成形　成形是利用局部变形使坯料或半成品改变形状的工序。主要用于制造零件的刚性筋条、增大半成品的部分内径等。图 13-27a 所示是用橡皮压筋，以增加零件的刚性。图 13-27b 所示是用橡皮芯子来增大半成品中间部分的空间，即胀形。

（7）翻边 翻边是在带孔的坯料上用扩孔的方法获得凸缘的工序。图 13-28 为翻边简图。

图 13-27 成形简图

a）橡皮压筋 b）胀形

图 13-28 翻边简图

# 第三节 焊 接

焊接是一种永久性连接金属材料的工艺方法。焊接过程的实质是用加热或加压等手段，借助金属原子的结合与扩散作用，使分离的金属材料牢固地连接在一起。

焊接是现代工业生产中用来制造各种金属构件和机械零件的重要工艺方法之一。它广泛用于桥梁、建筑、船舶、化工和机械制造等工业部门。焊接生产有如下特点：

1）能减轻结构件的重量，节约大量金属材料。

2）生产率高，生产周期短，劳动强度低。

3）接头质量高，致密性好。

4）产品成本低。

5）便于机械化和自动化操作。

焊接由于具有上述优点，在现代生产中得到广泛的应用。

目前，焊接技术还存在一些问题，如产生焊接应力、变形大、容易开裂等。为了防止焊接缺陷的产生，有时还需要采取焊前预热和焊后热处理等措施。焊接对原材料要求较严，某些材料的焊接还有一定的困难。

焊接方法的种类很多，按照焊接过程的特点，可以归纳为三大类，即：熔焊、压焊和钎焊。

熔焊 这类焊接方法是将两个焊件局部加热到熔化状态，并加入填充金属，冷却凝固后即形成牢固的接头。常用的熔焊有电弧焊、气焊、电渣焊等。

压焊 这类焊接方法是在焊接时不论焊件加热与否，都需要施加一定的压力，使两结合面紧密接触并产生一定的塑性变形，从而将两焊件焊合在一起。常用的压力焊有电阻焊、摩擦焊等。

钎焊 这类焊接方法是对焊件和作填充金属用的钎料适当加热，加热过程中焊件并不熔化，只是熔点低于焊件的钎料被熔化，填空到焊件的连接处，从而使焊件接合起来。常用的钎焊有烙铁焊、火焰焊等。

下面择要介绍几种常用的焊接方法：

## 一、焊条电弧焊

电弧焊是应用最广泛的焊接方法，它是利用电弧的热量来熔化金属进行焊接的。常用的电弧焊可分为焊条电弧焊、埋弧焊和气体保护焊等。焊条电弧焊由于操作方便，设备简单，可以进行多种金属材料在不同位置的焊接工作，所以它应用非常广泛。

图 13-29 所示为手工电弧焊的焊接过程。当电弧在焊条 1 和焊件 3 之间燃烧时，电弧热使焊条和焊件同时熔化，焊条金属熔滴 4 不断地落入焊件的熔池 5 中。电弧热还使焊条药皮 2 熔化或燃烧，生成熔渣 8 浮在熔池上，并产生大量的 $CO_2$ 气体 9 围绕于电弧周

图 13-29 焊条电弧焊的焊接过程
1—焊条 2—焊条药皮 3—焊件 4—熔滴
5—熔池 6—焊缝 7—渣壳 8—熔渣 9—气体

围。熔渣和 $CO_2$ 气体可防止空气中的氧、氮侵入，起保护熔化金属的作用。当电弧向前移动时，焊件和焊条金属不断熔化汇成新的熔池，原先的熔池则不断地冷却凝固，构成连续的焊缝 6。

### （一）焊接电弧

焊接电弧是焊条端部与焊件之间产生的一种强烈持久的气体放电现象。在气体放电过程中产生大量的热能和很强的弧光。通常，气体是不导电的，但是在一定的电场和温度条件下，可以使气体电离而导电。

**1. 焊接电弧的引燃**

焊条电弧焊的焊接电弧是采用接触引弧法得到的。引弧时，焊条与焊件瞬时接触造成短路而产生很高的电阻热，使接触处的金属迅速熔化，并形成金属蒸气。当焊条被迅速拉开微小距离时，焊条端部与焊件所形成的两电极之间充满了高温的金属蒸气和空气，其中某些原子已被电离；同时，由于两极之间的温度较高，距离较近，则阴极发射的电子以高速向阳极方向运动，与气体介质分子发生碰撞。碰撞的结果使气体介质进一步电离，产生大量的正离子和负离子。正离子流向阴极，负离子和电子流向阳极，从而形成焊接电弧，如图 13-30 所示。电弧引燃后，只要维持一定的电压，放电过程就能连续地进行，使电弧连续地燃烧。

在气体放电过程中，由于电子和空气介质离子相冲击的动能变为热能，使两极表面温度升高，达到熔化状态。

**2. 焊接电弧的构造和极性**

焊接电弧可分为三个区域，即阴极区、弧柱区和阳极区，如图 13-31 所示。用钢焊条焊接时，阴极区温度可达 2400℃，阳极区温度可达 2600℃，弧柱区中心的温度可达6000 ~ 7000℃。

●电子　⊕正离子　⊖负离子

图 13-30　产生电弧的放电过程

图 13-31　焊接电弧的组成
1—焊条　2—阴极区　3—弧柱区
4—阳极区　5—焊件

205

用直流电进行焊接时，由于电弧有固定的正负极，而正极和负极的温度不一样，所以电极的接法有正接法和反接法两种。正接法是正极接焊件，负极接焊条，这时焊件上的温度较高，可保证有较大的熔深。反接法是正极接焊条，负极接焊件，这时焊件上的温度较低。一般焊接高熔点、较厚的焊件多采用正接法，而焊接较薄的焊件或有色金属、不锈钢及铸铁等焊件则采用反接法。

若用交流电进行焊接，则极性是周期性变化的，两极的温度相同，就不需要考虑正接和反接。

电弧除产生大量的热能和放出强烈的弧光外，还放出大量的紫外线，易灼伤眼睛和皮肤，因此，焊接时必须使用面罩、手套等防护用具。

**（二）焊条电弧焊设备**

焊条电弧焊的主要设备是弧焊机，即焊接电源。

**1. 焊接电源的基本特性**

焊条电弧焊的电源应该具备下列基本特性：

（1）容易引弧　即有较高的空载电压，便于电子发射和电离，容易引燃电弧。一般用直流电焊接时，空载电压为 50～90V；用交流电焊接时，空载电压为 60～90V。

（2）焊接过程稳定　即不但在电弧长度不变时能供给大的电流和低的电压，使电弧稳定燃烧；而且当电弧长度发生变化时，焊接电流的变化也很小，可以保证焊接过程稳定。

（3）短路电流不太大　一般短路电流不超过工作电流的 1.25～2 倍，因此可以防止电源设备过热和烧坏。

（4）焊接电流能够调节　这样就可以适应不同材料，不同厚度焊件的焊接。

**2. 常用电源的类型**

焊条电弧焊常用的电源有交流电源和直流电源两种。

（1）交流弧焊电源　交流弧焊电源是一种特殊的降压变压器，通常称为弧焊变压器。图 13-32 为 BX1 型弧焊变压器的外观图。它是目前国内使用较广的一种交流弧焊电源，其空载电压为60～70V，工作电压为30V，电流调节范围为50～450A，适用于一般结构件的焊条电弧焊。

BX1型弧焊变压器的工作原理如图13-33所示。它主要由固定铁心、活动铁心、一次绕组（匝数为$N_1$）和二次绕组（匝数为$N_2$、$N_2'$）等组成。焊接电流的调节分粗调和细调。粗调是靠改变二次绕组的匝数来进行的。在接线板上有两种接线方法，可得到两种范围的焊接电流值。用接法Ⅰ时包括全部的$N_2'$和部分的$N_2$，焊接电流较小（50～180A），空载电压较高（70V）；用接法Ⅱ时，包括部分的$N_2'$和全部的$N_2$，焊接电流较大（160～450A），空载电压较低（60V）。细调节是靠摇动手柄移动活动铁心来实现的。

（2）直流弧焊电源　直流弧焊电源根据提供直流电的方式不同，分为直流弧焊发电机和弧焊整流器两种结构。直流弧焊电源的空载电压为50～80V，工作电压为30V，电流的调节范围是45～320A。

图13-32　BX1型弧焊变压器外观
1—焊接电源两极(接工件和焊条)　2—线圈抽头（粗调电流）　3—电流指示盘　4—调节手柄（细调电流）　5—接地螺钉

交流弧焊电源的结构简单，制造方便，使用可靠，便于检修，是最常用的焊条电弧焊设备。但在合金钢和有色金属焊接时，需使用直流弧焊电源。由于直流弧焊发电机有旋转部分，随之带来结构复杂、制造检修困难、噪声大和成本高等缺点，而弧焊整流器由大功率硅整流元件组成，具有重量轻、结构简单、无噪声、效率高、成本低、制造检修方便等优点，故将会逐渐取代弧焊发电机，在生产中获得广泛的应用。

图13-33　BX1型弧焊变压器的工作原理

**（三）焊条**

焊条是焊条电弧焊必须使用的焊接材料。焊条在焊接过程中除作为电极传导电流和产生电弧外，还不断熔化作为填充金属，强化焊缝连接。

一般焊条电弧焊的焊条由焊芯（心部金属丝）和药皮（外包层）两部分组成。

（1）焊芯　焊芯主要起导电和填充焊缝金属的作用。焊芯的化学成分直接影响焊缝质量。我国常用的结构钢焊条焊芯代号有H08、H08A。

（2）药皮　药皮在焊接过程中对保证焊缝质量和改善工艺性能起着极其重要的作用。药皮的成分比较复杂，药皮的原材料、作用及配方可查阅有关资料。

（3）焊条的分类及型号　焊条共分九类，即：碳钢焊条，低合金钢焊条，钼和铬钼耐热钢焊条，不锈钢焊条，堆焊焊条，低温焊条，镍基铸铁焊条，铜和铜合金焊条，铝和铝合金焊条。

焊条型号国家有统一规定的标准。下面以碳钢焊条为例进行说明，其型号用 E 及四位数字表示，E 表示焊条，前二位数字表示熔敷金属抗拉强度的最小值，第三位数字表示焊接位置，第三、四两位数字配合时表示焊接电流种类及药皮类型。如：

E 4 3 1 5
——低氢钠型药皮，采用直流反接法焊接
——焊条适用全位置焊接
——熔敷金属抗拉强度 ≥ 430MPa
——焊条

根据药皮化学成分和性质的不同，焊条有酸性焊条和碱性焊条之分。酸性焊条与碱性焊条相比，虽然焊缝的塑性和冲击韧度都比较低，但是酸性焊条能适于交、直流两用，并具有良好的焊接工艺性能，因此获得广泛使用。

**（四）焊条电弧焊工艺**

（1）接头形式　常用的接头形式有对接接头、角接接头、T 形接头和搭接接头等，如图 13-34 所示。焊接接头的选择，主要根据焊件厚度、结构形状、对强度的要求以及施工条件来决定。对厚度较大的焊件，为了保证焊透，应当在焊件上开坡口。

207

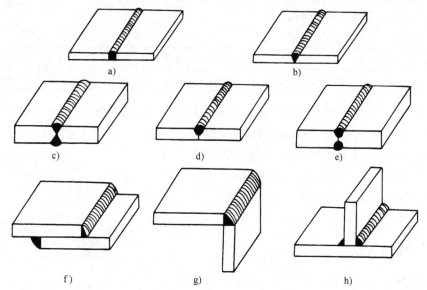

图 13-34　焊接接头的形式
a）平头对接　b）V 形对接　c）X 形对接　d）U 形对接　e）双 U 形对接
f）搭接　g）角接　h）T 型接

开坡口的目的主要是为了使厚钢板能焊透，从而提高焊缝质量。采用一般焊条电弧焊焊接厚度大于 6mm 的钢板都要开不同形式的坡口，具体可参见有关资料。

（2）焊缝的空间位置 根据焊接操作时焊缝在空间位置的不同，可分为平焊、横焊、立焊和仰焊四种，如图13-35所示。其中平焊最方便，焊缝的质量易于保证，生产率高，所以焊接时应尽量使焊缝处于平焊位置。

（3）焊接规范的选择 焊接规范是指焊条直径、焊接电流和焊接速度等。

焊条直径主要取决于焊件厚度，一般厚度越大，所选用的焊条越粗，如表13-2所示。另外，焊接接头形式和焊缝位置不同，选用的焊条直径也有所不同。立焊的焊条直径不宜超过5mm；仰焊、横焊时不宜超过4mm。

增大焊接电流能提高生产率，但焊接电流太大会造成焊缝咬边、烧穿和金属飞溅等；电流太小，则电弧不稳定，容易产生夹渣、焊不透等缺陷，而且生产效率低。焊接电流的选择可结合具体情况参照下面经验公式计算：

图13-35 各种空间位置的焊缝
a）平焊 b）横焊 c）立焊 d）仰焊

$$I = Kd$$

式中 $I$——焊接电流（A）；

$d$——焊条直径（mm）；

$K$——系数，按表13-3选择。

表13-2 焊条直径 $d$ 的选择

| 焊件厚度 $\delta$/mm | 2 | 3 | 4～5 | 6～12 | ＞12 |
|---|---|---|---|---|---|
| 焊条直径 $d$/mm | 2 | 3.2 | 3.2～4 | 4～5 | 4～6 |

表13-3 系数 $K$ 的选择

| 焊条直径 $d$/mm | 1.6 | 2～2.5 | 3.2 | 4～6 |
|---|---|---|---|---|
| 系数 $K$ | 15～25 | 20～30 | 30～40 | 40～50 |

通常横焊和立焊时，焊接电流应减少10%～15%，仰焊时应减少15%～20%。

起弧以后，应使焊条均匀地沿焊缝向前运动，太快或太慢都会降低焊缝质量。焊接速度适当时，焊缝的宽度约等于焊条直径的两倍，焊缝表面平整，波纹细密。速度太高时，焊缝狭窄，波纹粗糙，熔合不良；速度太低时，工件易被烧穿。

图13-36 气焊
1—火焰 2—焊炬 3—焊丝

## 二、气焊与气割

### （一）气焊

#### 1. 气焊的应用

气焊是利用可燃气体燃烧火焰产生的热量将焊件和焊丝熔化使焊件连接的一种焊接方法，如图13-36所示。最常用的气体是乙炔和氧气，它们混合燃烧产生的火焰称氧－乙炔焰。

气焊与电弧焊相比，气焊火焰温度低，且不集中，适宜焊接薄板；火焰可调节，适宜焊接不同金属；操作灵活简便，设备简单，不用电源。但加热缓慢，生产效率低，焊件易产生严重变形，接头质量不高。

气焊主要用于焊接 3mm 以下厚度的低碳钢薄板、有色金属及其合金、钎焊刀具、铸件焊补、热处理加热等。

**2. 气焊设备和工具**

（1）氧气瓶　氧气瓶是储运氧气的高压容器，其容积一般为 40L，贮氧的最高压力为 15MPa。瓶表面漆成天蓝色。

（2）减压器　它将瓶内高压氧气调节到较低的工作压力，并保持焊接过程中氧气压力稳定。

（3）乙炔瓶　乙炔气体由专业厂生产供各用户使用。将制好的乙炔气体压入盛有丙酮的瓶内，使乙炔气体熔解于丙酮，既使用方便又安全储运。瓶表面漆成白色。

（4）焊炬　焊炬也称焊枪，是用来使乙炔可燃气体和氧气混合，成为适合焊接要求、稳定燃烧火焰的工具，如图 13-37 所示。

**3. 焊丝和焊剂**

焊丝是填充材料，应根据焊件化学成分来选择适当型号的焊丝。低碳钢气焊时常用的焊丝型号为 H08 和 H08A。

图 13-37　焊炬
1—焊嘴　2—混合管　3—乙炔阀门　4—手柄　5—乙炔接管
6—氧气接管　7—氧气阀门

焊剂是一种粉状物质，用来去除在焊接过程中产生的氧化物，保护焊接熔池，增加熔化金属在熔池中的流动性，改善焊缝成形质量。当焊接低碳钢时，一般不需用焊剂。我国生产的焊剂（气焊粉）中，CJ101 焊剂用于不锈钢或耐热钢焊接；CJ201 焊剂用于铸铁焊接；CJ301 焊剂用于铜及其合金焊接；CJ401 焊剂用于铝及其合金焊接。

**（二）气割**

气割是利用氧 – 乙炔中性火焰将金属预热到燃点后，打开切割氧气阀门，将金属剧烈氧化成熔渣，并从切口中吹掉，从而使金属分离，如图 13-38 所示。

氧气切割与其他切割方法相比较，最大的优点是灵活方便，适应性强，设备简单，生产率高。虽然在金属材料的适用范围内有一定的局限性，但氧气切割在金属结构件制造中的应用却相当普遍。气割常用于钢材的下料及焊件的坡口加工。

气割所用设备基本同于气焊设备，但气割所用工具为割炬（气割枪），如图 13-39 所示。

# 三、其他焊接方法

**（一）埋弧焊**

埋弧焊工艺与焊条电弧焊十分相似，是电弧焊的一种。在焊接过程中，金属、电弧均被可熔的颗粒焊剂所覆盖，如图 13-40 所示。

图 13-38　气割过程
1—氧气气流　2—割嘴　3—预热火焰　4—割缝　5—氧化渣

209

图 13-39 割炬
1—割嘴 2—高压氧气管 3—混合气管 4—高压氧气开关 5—氧气开关
6—乙炔开关 7—乙炔接管 8—氧气接管

埋弧焊有自动焊和半自动焊两种。埋弧自动焊焊接时，在焊缝处覆盖了一层厚约 30 ~
50mm 的颗粒状焊剂，并连续送进表面镀了铜（提供良好的电接触）的焊丝。焊丝末端与焊件之间产生电弧，实现了焊接。由于电弧完全被焊剂埋覆，故可形成高质量的焊缝。

埋弧焊与焊条电弧焊相比，其优点是生产率高（提高 3 ~ 6 倍），焊缝质量高，节约金属材料（焊件厚度小于 20mm 的埋弧焊可不开坡口）和电能，没有弧光，放出的有害气体少，采用机械化焊接改善了劳动条件。但是由于在焊接过程中看不见电弧，故不能及时发现问题；另外，埋弧焊只适用于水平位置的长直焊缝和有较大直径的环形焊缝的焊接。

图 13-40 埋弧自动焊剖面图
1—电弧 2—焊丝 3—焊剂 4—已熔焊剂
5—渣壳 6—焊缝 7—金属熔池 8—焊件

埋弧自动焊在造船、锅炉、化工容器、桥梁、车辆、起重机和冶金机械制造中应用最广，主要用于焊接各种钢板结构件。可焊接的钢种是碳素结构钢、低合金结构钢、不锈钢和耐热钢等。

### （二）电渣焊

电渣焊是利用电流通过熔渣产生的电阻热熔化金属而进行的焊接方法，如图 13-41 所示。

电渣焊的工件处于垂直位置，中间相距 15 ~ 25mm，两边装有冷却滑块，使熔池金属与熔渣不致外流。焊接开始时，焊丝与工件底部的引弧板间产生电弧，利用电弧热量熔化焊剂，当熔融焊剂所造成的熔池具有一定深度时，熄灭电弧，转入电渣焊过程：焊丝不断送进，熔池液面逐步升高，下面液面冷却凝固形成焊缝。

电渣焊的主要特点是对任何厚度的焊件都不需开坡口，并一次焊成；焊厚大工件时成本低、生产率高；操作技术简单易于掌握。电渣焊在机械制造工业中，如水压机、汽轮机、轧钢机、重型

图 13-41 电渣焊
1、5—冷却滑块 2—金属熔池
3—熔渣池 4—焊丝 6—焊缝

机械、石油化工机械等大型设备制造中被广泛采用。

### （三）气体保护电弧焊

气体保护电弧焊也称气电焊，它是利用某种气体作为保护介质的一种电弧焊接方法。常用的气体保护焊有二氧化碳气体保护焊和氩弧焊两种。

#### 1. 二氧化碳气体保护焊

这种焊接方法是以二氧化碳气体作为保护气体，靠焊丝与工件之间产生的电弧来熔化金属，以自动或半自动方式进行焊接。其焊接装置如图13-42所示。

焊丝末端、电弧和熔池都被二氧化碳气体所包围，可防止空气对金属的有害作用。二氧化碳气体保护焊的焊接质量好，生产率高，可进行全位置焊接。主要用于焊接低碳钢、低合金结构钢。

图13-42 二氧化碳气体保护焊

#### 2. 氩弧焊

氩弧焊采用惰性气体氩气作为保护气体，主要用于焊接易被熔化的非铁金属（镁、铝等及其合金）、不锈钢、耐热钢等。

### （四）电阻焊

电阻焊是利用电流通过焊件时产生的电阻热为热源，将焊件局部加热到塑性（或熔化）状态，在压力作用下形成焊接接头的一种焊接方法。电阻焊有对焊、点焊和缝焊（滚焊）三种形式（见图13-43）。

a)　　　　　　　　　b)　　　　　　　　　c)

图13-43 电阻焊
a）对焊 b）点焊 c）缝焊
1—工件 2—电极 3—变压器

电阻焊的焊接电压低，焊接电流很大，两焊件的接触电阻大，产生热量多，故焊接时间极短，生产率很高。施焊时可不加金属填料，焊接加热迅速，焊件变形小，焊接过程简单，劳动条件好，易于实现自动化，但设备复杂，耗电量大。

电阻焊可焊低碳钢、普通低合金钢、有色金属及其合金。其中对焊主要用于焊接棒料、型钢和管材；点焊主要用于焊接各种薄板；缝焊主要用于焊接薄型密封容器和筒体等。电阻焊在汽车、飞机、仪表及建筑工业中得到广泛的应用。

## （五）摩擦焊

摩擦焊是利用被焊接的两个工件表面之间在压力作用下产生的机械摩擦热作为热源的一种焊接方法，如图13-44所示，其中一个焊件是静止的，另一个是旋转的。在施焊过程中，由于轴向压力下的相对运动表面产生足够的热量，使材料熔化，停止旋转后并保持或增大压力，直到焊接完成。

摩擦焊的质量好，生产率高。适于不同金属间的焊接，如低合金钢、碳钢与不锈钢、高速钢、镍基合金间的焊接，以及铜与不锈钢的焊接等，还可焊接塑料、陶瓷等非金属材料。

摩擦焊在汽车、拖拉机、切削刀具、石油钻探等方面都有广泛的应用，但对焊件形状、尺寸等有限制，仅适用于焊接圆形截面的棒料和管子，或将棒、管焊于平板上。另外，摩擦焊机价格昂贵，所以只适用于批量生产。

图13-44　摩擦焊

## （六）钎焊

钎焊是利用比焊件熔点低的钎料（填充金属）熔化后，将两个焊件连接起来的焊接方法。

施焊时，焊件和钎料同时被加热到稍高于钎料熔点，熔化的钎料液体借助于毛细管的吸力作用布满连接处的间隙，冷却凝固后形成焊接接头。

钎焊的加热，可以用烙铁加热、火焰加热、电阻加热、感应加热等方法。

钎焊按钎料熔点的不同，可分为软钎焊和硬钎焊两类。软钎焊钎料熔点在450℃以下，广泛使用的有锡、铅合金。接头抗拉强度只有60～140MPa，工作温度不高于100℃。软钎焊适用于焊接受力不大的电子、电器仪表、生活用具等。硬钎焊钎料熔点在450℃以上，接头抗拉强度在200MPa以上，工作温度较高。硬钎料是铜基和银基合金。银钎料焊接接头强度较高，导电性较好，耐蚀性好，但钎料价格高，只用于要求较高的焊件。硬钎焊适用于焊接受力不大的钢铁和铜合金机件、工具等，如自行车架、切削刀具等。

# 复　习　题

13-1　何谓铸造生产？铸造生产有哪些特点？为什么铸造是生产毛坯的主要方法？

13-2　砂型铸造的生产过程包括哪几个阶段？

13-3　什么是造型材料？对砂型铸造的造型材料有哪些基本要求？

13-4　整模造型、分模造型和活块造型各适用于哪些场合？

13-5　为什么说机器造型是现代化铸造生产的基本方法？

13-6　对铸造合金的熔炼有什么要求？常用的熔炼设备有哪些？

13-7　了解金属型铸造、压力铸造、熔模铸造、离心铸造的工艺过程、特点及其应用范围。

13-8　下列铸件在大批量生产时，采用什么铸造方法为宜？

机床床身；汽轮机叶片；下水道污水管；轴瓦；气缸套；匙片。

13-9　什么叫压力加工？压力加工有哪些优缺点？

13-10　金属在锻造时为什么要先加热？加热温度如何确定？

13-11　怎样合理选择锻后冷却速度和冷却方法？

13-12　自由锻造的基本工序有哪些？与自由锻造相比较，模型锻造有何优缺点？

13-13　常用锻造设备有哪些？其工作原理如何？

13-14　板料冲压有哪些特点？其应用范围如何？

13-15　板料冲压有哪些基本工序？指出剪切、落料、冲孔三者的不同点。

13-16　什么是金属的焊接？焊接生产有什么特点？

13-17　什么是焊接电弧？用直流电或交流电焊接时效果是否一样？

13-18　焊条电弧焊电源应具备哪些基本要求？

13-19　说明 BX1 型弧焊变压器的工作原理。

13-20　电焊条由哪些部分组成？各有什么作用？

13-21　如何合理选择电焊条和焊接电流？

13-22　气焊与气割的实质是什么？

13-23　与电弧焊相比，气焊的优缺点有哪些？

13-24　了解埋弧焊、电渣焊、气电焊、电阻焊、摩擦焊、钎焊各自的特点及应用。

13-25　结合工厂实习或参观，实际了解金属热加工工艺方法及其设备。

# 第十四章

# 金属切削加工概述

利用刀具和工件之间的相对运动，从毛坯或半成品上切去多余的金属，以获得所需要的几何形状、尺寸精度和表面粗糙度的零件，这种加工方法叫金属切削加工，也叫冷加工。金属切削加工方式很多，一般可分为车削加工、铣削加工、钻削加工、镗削加工、刨削加工、磨削加工、齿轮加工及钳工等。金属切削加工是机械制造业中广泛采用的加工方法，凡是要求具有一定几何尺寸精度和表面粗糙度的零件，通常都采用切削加工方法来制造。

金属切削加工所用的机器称为金属切削机床，简称机床，它是加工机械零件的主要设备。在机械制造工业中，金属切削机床担负的劳动量约占40%~60%。因为机床是制造机器和生产工具的机器，所以又称为工作母机。

下面概括介绍金属切削加工的基本知识及机床型号和传动系统的基本概念。

## 第一节 切削运动和切削用量

### 一、切削运动

在切削加工过程中，刀具和工件之间的相对运动称为切削运动。按其所起的作用，切削运动分为两类：

(1) 主运动 切下切屑所必需的基本运动称为主运动。在切削运动中，主运动的速度最高，消耗功率也最大。

(2) 进给运动 使被切削的金属层不断投入切削的运动称为进给运动。

通常，切削加工中的主运动只有一个，而进给运动可以是一个或几个。

由于金属切削加工方式的不同，这两种运动的表现形式也不相同。图14-1所示为几种主要切削加工的运动形式。

### 二、切削用量

切削用量是切削速度、进给量及背吃刀量的总称。在了解切削用量之前，应当注意到，在切削过程中，工件上存在三种表面，如图14-2所示（以车削为例），即：

待加工表面——需要切去金属的表面。

已加工表面——切削后得到的表面。

过渡表面——正在被切削的表面。过渡表面亦称切削表面，或加工表面。

图 14-1　几种主要切削加工的运动形式

a）车削　b）铣削　c）钻削　d）刨削　e）外圆磨削　f）平面磨削

Ⅰ—主运动　Ⅱ—进给运动

**1. 切削速度**

切削速度是指主运动的线速度，以 $v$ 表示，单位为 m/s。当主运动为旋转运动时，其切削速度可按下式计算：

$$v = \frac{\pi Dn}{60000} \tag{14-1}$$

式中　$D$——被切削件（或刀具）的直径（mm）；

$n$——被切削件（或刀具）的转速（r/min）。

由式（14-1）可知：当已知机床主轴转速（即工件或刀具的转速）$n$ 和工件直径 $D$ 时，可以求出切削速度 $v$。当已知工件直径 $D$ 和切削速度 $v$ 时，也可求出机床主轴的转速 $n$。

**2. 进给量**

进给量是指工件（或刀具）每转一转时刀具（或工件）沿进给方向移动的距离（也称走刀量），以 $f$ 表示，单位为 mm/r。如主运动为往复直线运动（如刨削、插削），则进给量的单位为 mm/次。

**3. 背吃刀量**

背吃刀量指工件已加工表面和待加工表面间的垂直距离（也称切削深度），以 $a_p$ 表示，单位为 mm。

在车床上切削外圆时，背吃刀量计算公式为

$$a_p = \frac{D - d}{2} \tag{14-2}$$

式中　$D$——工件待加工表面的直径（mm）；

图 14-2　工件上的三种表面及切削用量

1—待加工表面　2—过渡表面

3—已加工表面

$d$——工件已加工表面的直径（mm）。

上述切削速度、进给量和背吃刀量称为切削用量三要素。它们与加工质量、刀具磨损、机床动力消耗以及机床生产率等参数密切相关，因此应该合理选择和使用切削用量。

## 第二节　金属切削刀具

### 一、刀具材料的性能及选用

在切削加工中，由刀具直接完成切削工作。刀具能否胜任切削工作，决定于刀具切削部分材料的性能。刀具切削部分的材料应满足下列要求：

（1）高硬度　刀具材料应具有较高的硬度，且必须高于工件的硬度。

（2）高耐磨性　刀具在切削加工中，经受剧烈摩擦，磨损要小。

（3）高热硬性　刀具材料在高温下，能够继续保持一定的硬度和强度。

（4）足够的坚韧性　刀具材料具有承受一定冲击和振动而不断裂或崩刃的能力。

（5）良好的工艺性　便于加工制造。

常用的刀具材料有碳素工具钢、合金工具钢、高速钢、硬质合金及非金属陶瓷材料等，其中应用最多的是高速钢和硬质合金。高速钢目前主要用于制造各类能承受一定切削速度、形状复杂的刀具，如铣刀、拉刀、齿轮加工刀具等。硬质合金由于性能较脆，一般不宜做成形状复杂的刀具，主要用作车刀、铣刀、刨刀、铰刀等刀具的镶焊刀片。

### 二、刀具切削部分的几何角度

金属切削刀具的种类繁多，构造各异，其中较简单、较典型的是车刀，其他刀具的切削部分都可以看作是以车刀为基本形态演变而成的，如图 14-3 所示。下面，我们以外圆车刀为例，来分析刀具切削部分的几何角度。

**1. 车刀的组成**

如图 14-4 所示，车刀主要由刀头和刀杆两部分组成。刀头为切削部分，刀杆为支承部分。

图 14-3　几种刀具切削部分的形状比较
a）铣刀与车刀　b）钻头与车刀

图 14-4　车刀的组成
1—刀头　2—刀杆　3—前刀面　4—主后刀面　5—副后刀面　6—主切削刃
7—副切削刃　8—刀尖

216

刀头由以下几部分组成：

前刀面（又称前面）——切屑流出时所经过的刀面。

主后刀面（又称后面）——对着工件切削表面的刀面。

副后刀面（又称副后面）——对着工件已加工表面的刀面。

主切削刃——前刀面与后刀面的交线。

副切削刃——前刀面与副后刀面的交线。

刀尖——主切削刃与副切削刃的交点，一般为半径很小的圆弧，以保证刀尖有足够的强度。

**2. 刀具切削部分的几何角度**

（1）辅助平面　为了确定各刀面与刀刃在空间的位置和测量角度，需选择一些辅助平面作为基准，如图14-5所示。目前常用的辅助平面有：

基面——切削刃上任意一点的基面是通过该点并垂直于该点切削速度方向的平面。

切削平面——切削刃上任意一点的切削平面是通过该点并和工件切削表面相切的平面。

正交平面——主刀刃上任意一点的正交平面是通过该点并垂直于主刀刃在基面上投影的平面。

上述三个平面在空间是相互垂直的。

（2）车刀的主要几何角度（如图14-6）　在不同的平面内可以测量出不同的几何角度。

1）在正交平面内测量的角度有前角、后角和楔角：

前角 $\gamma_0$——前刀面与基面之间的夹角。它表示前刀面的倾斜程度，前角越大，刀就越锋利，切削时就越省力。但前角过大，使刀刃强度降低，影响刀具的寿命。前角的选取决定于工件材料、刀具材料和加工性质。

217

图14-5　车刀上的三个辅助平面

1—工件　2—车刀　3—底平面　4—基面

5—正交平面　6—切削平面

图14-6　车刀的主要几何角度

后角 $\alpha_0$——主后刀面与切削平面之间的夹角。它表示主后刀面的倾斜程度。后角的作用主要是减小主后刀面与工件过渡表面之间的摩擦，后角越大，摩擦越小。但后角过大会使刀刃的强度降低，影响刀具的寿命。

楔角 $\beta_0$——前刀面与主后刀面之间的夹角。它的大小直接反映刀刃的强度。

前角、后角和楔角三者之间的关系为

$$\gamma_0 + \alpha_0 + \beta_0 = 90°$$

2）在基面内测量的角度有主偏角、副偏角和刀尖角：

主偏角 $\kappa_r$——主切削刃在基面上的投影与进给方向之间的夹角。主偏角能影响主刀刃和刀头受力情况及散热情况。在加工强度、硬度较高的材料时，应选用较小的主偏角，以提高刀具的耐用度。加工细长工件时，应选用较大的主偏角，以减少径向切削力引起的工件变形和振动。

副偏角 $\kappa_r'$——副切削刃在基面上的投影与进给反方向之间的夹角。副偏角的作用是减少副切削刃与工件已加工表面之间的摩擦，它影响已加工表面的粗糙度。

刀尖角 $\varepsilon_r$——主、副切削刃在基面上投影之间的夹角。它影响刀尖强度和散热条件。它的大小决定于主偏角和副偏角的大小。

主偏角、副偏角和刀尖角三者之间的关系为

$$\kappa_r + \kappa_r' + \varepsilon_r = 180°$$

3）在切削平面内测量的角度主要是刃倾角：

刃倾角 $\lambda_s$——在切削平面内主切削刃与基面之间的夹角。它影响刀尖强度并控制切屑流出的方向（见图14-7）。

图 14-7　刃倾角及其对排屑方向的影响

### 三、刀具的种类和用途

**1. 车刀**

车刀是车削加工使用的刀具。车刀的种类很多，按其用途的不同可分为外圆车刀、镗孔车刀、切断刀、螺纹车刀、成形车刀等。对于外圆车刀、通常按其主偏角的大小又分为90°、75°和45°的外圆车刀等。常用车刀的种类及形状如图14-8所示。

**2. 铣刀**

铣刀种类很多，常用铣刀如图14-9所示。图a、b是用来加工平面的铣刀；图c~g是用于加工各种沟槽的铣刀；图h是用于铣角度的铣刀；图i、j是用于铣成形面的铣刀。

图 14-8 常用车刀

a）45°外圆车刀 b）75°外圆车刀 c）90°左偏刀 d）90°右偏刀
e）镗孔刀 f）切断刀 g）螺纹车刀 h）成形车刀

图 14-9 常用铣刀

a）圆柱形铣刀 b）端铣刀 c）、d）三面刃圆盘铣刀 e）立铣刀 f）键槽铣刀
g）T形铣刀 h）角度铣刀 i）、j）成形铣刀

### 3. 钻头

钻头种类较多，有中心钻、麻花钻、扩孔钻、深孔钻等，其中常用的是麻花钻。

标准麻花钻由钻柄、工作部分和颈部组成，如图 14-10 所示。

钻柄是用于夹持钻头、定心和传递转矩的。为了夹持、紧固和安装方便，钻柄做成直柄和锥柄两种。直径小于 13mm 的钻头一般做成直柄，钻削时用装入钻床主轴前锥孔中的钻夹头将其夹紧。直径大于 13mm 的钻头，一般做成锥柄，可直接插入钻床主轴的前锥孔中。若锥柄的尺寸较小，可加装一个或几个钻套后再插入钻床主轴的前锥孔中。钻套及钻夹头如图 14-11 所示。

图 14-10 标准麻花钻的组成

a）锥柄钻头 b）直柄钻头

麻花钻头的工作部分包括切削部分和导向部分，切削部分主要是完成对工件的钻削，导向部分起着引导钻头方向的作用和完成修光已加工表面及作为切削部分的后备部分。颈部是工作部分和钻柄间的连接部分，也是打印标记的部位。

**4. 刨刀**

刨刀的形状及几何参数与车刀相似，常用刨刀如图 14-12 所示。但由于刨削是断续切削，刨刀切入工件时受有较大的冲击力，因此，刨刀的刀杆比较粗，而且常制成弯头，弯头刨刀除能缓和冲击、避免崩刃外，在受力发生弯曲变形时还不致啃伤工件表面（见图 14-13）。

图 14-11 钻套和钻夹头

a）钻套 b）钻夹头

图 14-12 常用刨刀

a）平面刨刀 b）样板刀 c）角度偏刀 d）偏刀 e）宽刃刀 f）切刀 g）内孔刨刀 h）弯切刀

**5. 砂轮**

砂轮是磨削刀具，它是用颗粒状的磨料经结合剂粘结而成的多孔体，其构造如图 14-14 所示。砂轮的性能由磨料、粒度、硬度、结合剂及砂轮组织等因素决定。

图 14-13　直头刨刀和弯头刨刀刨削时的情况
a) 直头刨刀刨削　b) 弯头刨刀刨削

图 14-14　砂轮的组成
1—磨粒　2—结合剂　3—孔隙

根据磨削加工的需要，砂轮制成不同的形状和规格，常用的砂轮有平板形、碗形、碟形

等（见图 14-15）。常用的砂轮磨料有刚玉类（主要成分是 $Al_2O_3$）和碳化物类（主要成分是 SiC 或 $B_4C$）。刚玉类砂轮的韧性好，硬度较低，主要用于磨削各种钢；碳化物类砂轮的硬度较高，主要用于磨削硬质合金及非金属材料。

图 14-15　常用砂轮的形状
a)、b) 平板形　c)、d)、e) 碗形　f)、g)、h) 碟形

# 第三节　金属切削过程

金属切削过程是指刀具从工件表面切除多余的金属，使之成为已加工表面的过程。在金属切削过程中，被切除的金属成为切屑，切削层及已加工表面的弹性变形和塑性变形表现为切削阻力，同时切削层发生挤裂变形，被切削的工件与刀面之间的剧烈摩擦产生切削热。切屑、切削阻力、切削热都直接与刀具、切削用量的选择有关，影响工件的加工质量。

## 一、切屑的形成及种类

金属切削过程也是切屑形成的过程，它与金属的挤压过程很相似，其实质是工件表层金属受到刀具挤压后，金属层产生弹性变形、塑性变形、挤裂、切离几个变形阶段而形成切

屑。由于被加工材料性质和切削条件的不同，切屑的形成过程和形态也不相同。常见的切屑有三种，即带状切屑、节状切屑和崩碎切屑，如图14-16所示。

图14-16 切屑的种类

a）带状切屑 b）节状切屑 c）崩碎切屑

### （一）带状切屑

这是最常见的一种切屑，它呈连续不断的带状，底面光滑，背面显现毛茸。当用较大前角的刀具、较高的切削速度和较小的进给量加工塑性材料（如低碳钢）时，容易得到带状切屑。这类切屑的变形小，切削力平稳，加工表面光洁，是较为理想的切削状态。但切屑连绵不断，容易缠绕在工件或刀具上，影响操作，并损伤工件表面，甚至伤人。生产中常采用在车刀上磨出断屑槽等断屑措施。

### （二）节状切屑

这类切屑顶面呈锯齿形，底面有裂纹。用较低的切削速度、较大的进给量、较小前角的刀具切削中等硬度的钢材时多获得此类切屑。形成这类切屑时，切削力变化大，切削过程不够平稳，工件表面也较粗糙。

### （三）崩碎切屑

这类切屑呈不规则的碎块，它是在切削铸铁、青铜等脆性材料时，金属层产生弹性变形后突然崩裂所致。形成这类切屑时，冲击、振动较大，切削力集中在切削刃附近，使切削过程不平稳，刀具刃口易崩刃或磨损，导致已加工表面粗糙。

## 二、切削力、切削热和切削液

### （一）切削力

在金属切削过程中，切削层及已加工表面上的金属会产生弹性变形和塑性变形，因此有抗力作用在刀具上。又因为工件与刀具间、切屑与刀具间都有相对运动，所以还有摩擦力作用在刀具上。这些力的合力称为切削阻力，简称切削力。

为了分析切削力对工件、刀具、机床的影响，一般将总切削力 $F$ 分解为相互垂直的三个分力：主切削力 $F_c$、背向力 $F_p$ 和进给力 $F_f$，如图14-17所示。

图14-17 切削力的分解

**1. 主切削力 $F_c$**

主切削力是总切削力在切削速度方向的分力，又称垂直切削分力或切向力。$F_c$ 是分力中最大的一个，占总切削力的90%左右，它是计算切削功率、刀具强度和选择切削用量的主要依据。

**2. 背向力 $F_p$**

背向力是总切削力在切深方向的分力，又称为切深抗力或径向力。$F_p$ 能使工件在水平方向弯曲变形，容易引起切削过程中的振动，因而影响工件的加工精度。

222

**3. 进给力 $F_f$**

进给力是总切削力在进给方向的分力，又称走刀抗力或轴向力。$F_f$ 是计算机床进给机构零件强度的依据。

总切削力和各切削分力之间的关系式为

$$F = \sqrt{F_c^2 + F_p^2 + F_f^2}$$ (14-3)

切削力的大小与工件材料、刀具的几何角度及切削用量有关，可以用专门仪器测定。

**（二）切削热和切削液**

在切削加工过程中，工件的金属切削层发生挤裂变形，切屑与前刀面之间有剧烈摩擦，在后刀面与加工表面之间也有摩擦，由这些变形和摩擦产生的热，称为切削热。切削热虽然有一大部分被切屑带走，但仍然有相当一部分传给了工件和刀具。传给工件的热量，使工件受热变形，严重的甚至烧伤工件表面，影响加工质量；传到刀具上的热量，会使刀刃处的温度升高，而温度过高会降低切削部分的硬度，加速刀具的磨损。所以，切削热对切削过程是不利的。

为了延长刀具的使用寿命，降低切削热的影响，提高工件的加工表面质量并提高生产效率，可在切削过程中使用切削液。

目前常用的切削液一般分为两大类：一类是以冷却为主的水溶液，主要包括电解质水溶液（苏打水）、乳化液（乳化油膏加水）等；另一类是以润滑为主的油类，主要包括矿物油、动植物油、混合油和活化矿物油等。

# 第四节 机床的分类与型号

223

## 一、机床的分类

随着工业生产的发展和加工工艺的需要，目前金属切削机床已具有多种多样的形式。我国机床的传统分类方法，主要是按加工性质和所用刀具进行分类，即将机床分为 11 大类：车床、钻床、镗床、磨床、齿轮加工机床、螺纹加工机床、铣床、刨插床、拉床、锯床、其他机床。

除上述基本分类外，机床还有其他分类方法。

按照机床工艺范围的宽窄，可分为通用机床、专门化机床和专用机床三类。通用机床的工艺范围很宽，可以加工一定尺寸范围内的各种类型零件和完成多种多样的工序，如卧式车床、万能外圆磨床、摇臂钻床等。专门化机床的工艺范围较窄，只能加工一定尺寸范围内的某一类（或少数几类）零件，完成某一种（或少数几种）特定工序，如凸轮轴车床、轧辊车床等。专用机床的工艺范围更窄，通常只能完成某一特定的工序，汽车、拖拉机制造中大量使用的各种组合机床即属此类。

按照机床重量和尺寸的不同，可以分为仪表机床、中型机床、大型机床、重型机床和超重型机床。

按照自动化程度，可分为手动、机动、半自动和自动机床。

此外，机床还可按照加工精度、主要功能部件（如主轴等）的数目等进行分类，而且随着机床的不断发展，其分类方法也将不断发展。

## 二、机床型号的编制方法

机床型号是赋予每种机床的一个代号，用以简明地表示机床的类型、通用和结构特性以及主要技术参数等。我国的机床型号，现在是按 2008 年颁布的国家标准 GB/T 15375—2008《金属切削机床型号编制方法》编制的。此标准规定，机床型号由汉语拼音字母和数字按一定的规律组合而成，它适用于各类通用机床和专用机床（不包括组合机床）。

通用机床型号按下列方式表示：

$$(\triangle)\ \bigcirc\ (\bigcirc)\ \triangle\ \triangle\ \triangle\ (\times \triangle)\ (\bigcirc)\ /(\odot)$$

分类代号
类代号
通用特性和结构特性代号
组代号
系代号
主参数或设计顺序号
主轴数或第二主参数
重大改进顺序号
其他特性代号

注：其中，有"（ ）"的代号或数字，无内容时可以不写，有内容时不带括号；有"〇"符号者，为大写汉语拼音字母；有"△"符号者，为阿拉伯数字；有"◎"符号者，既有汉语拼音字母，又有阿拉伯数字。

**224**

（1）机床类、组、系的划分及其代号　机床的类别用汉语拼音大写字母表示。当需要时，每类又可分为若干分类。分类代号用阿拉伯数字表示，在类代号之前，它居于型号的首位，但第一分类不予表示，例如，磨床类分为 M、2M、3M 三个分类。机床的类别代号及其读音如表 14-1 所示。

表 14-1　普通机床的分类和代号

| 类别 | 车床 | 钻床 | 镗床 | 磨　　床 | | | 齿轮加工机床 | 螺纹加工机床 | 铣床 | 刨插床 | 拉床 | 锯床 | 其他机床 |
|---|---|---|---|---|---|---|---|---|---|---|---|---|---|
| 代号 | C | Z | T | M | 2M | 3M | Y | S | X | B | L | G | Q |
| 读音 | 车 | 钻 | 镗 | 磨 | 二磨 | 三磨 | 牙 | 丝 | 铣 | 刨 | 拉 | 割 | 其 |

机床的组别和系别代号各用一位阿拉伯数字表示。每类机床按其主要布局或使用范围划分为 10 个组，用数字 0～9 表示。每组机床又分若干个系（系列），系的划分原则是：主参数相同，且主要结构及布局型式相同的机床，即划为同一系。

（2）机床的特性代号　它表示机床所具有的特殊性能，包括通用特性和结构特性。当某类型机床除有普通型外，还具有如表 14-2 所列的某种通用特性时，则在类别代号之后加上相应的特性代号。例如"CK"表示数控车床。如同时具有两种通用特性，则可用两个代号同时表示，如"MBG"表示半自动高精度磨床。如某类型机床仅有某种通用特性，而无普通型者，则通用特性不必表示，如 C1107 型单轴纵切自动车床，由于这类自动车床没有"非自动"型，所以不必用"Z"表示通用特性。

为了区分主参数相同而结构不同的机床，在型号中用结构特性代号表示。结构特性代号为汉语拼音字母。例如，CA6140 型卧式车床型号中的"A"，可理解为这种型号车床在结构上区别在于 C6140 型车床。结构特性的代号字母是根据各类机床的情况分别规定的，在不同型号中的意义可以不同。

表 14-2　通用特性代号

| 通用特性 | 高精度 | 精密 | 自动 | 半自动 | 数控 | 加工中心（自动换刀） | 仿形 | 轻型 | 加重型 | 简式或经济型 | 柔性加工单元 | 数显 | 高速 |
|---|---|---|---|---|---|---|---|---|---|---|---|---|---|
| 代号 | G | M | Z | B | K | H | F | Q | C | J | R | X | S |
| 读音 | 高 | 密 | 自 | 半 | 控 | 换 | 仿 | 轻 | 重 | 简 | 柔 | 显 | 速 |

（3）机床的主参数和第二主参数　机床型号中的主参数用折算值（一般为主参数实际数值的 1/10 或 1/100）表示，位于组、系代号之后，它反映机床的主要技术规格，其尺寸单位为 mm。如 C6150 车床，主参数折算值为 50，折算系数为 1/10，故主参数（床身上最大回转直径）为 500mm。

第二主参数加在主参数后面，用"×"加以分开。如 C2150×6 表示最大棒料直径为 50mm 的卧式六轴自动车床。

（4）机床重大改进顺序号　当机床的结构、性能有重大改进和提高时，按其设计改进的次序分别用汉语拼音字母 A、B、C、D、…表示，附在机床型号的末尾，以示区别。如 C6140A 是 C6140 型车床经过第一次重大改进的车床。

现将以上代号表示方法举例说明如下：

CM6132 表示床身上最大工件回转直径为 320mm 的精密卧式车床。

MG1432 表示最大磨削直径为 320mm 的高精度万能外圆磨床。

XK5040 表示工作台面宽度为 400mm 的数控立式升降台铣床。

Z3040×16 表示最大钻孔直径为 40mm、最大跨距为 1600mm 的摇臂钻床。

T4163B 表示工作台面宽度为 630mm 的单柱坐标镗床，经第二次重大改进型。

目前，工厂中使用较为普遍的几种老型号机床，是按 1959 年以前公布的机床型号编制办法编定的。按规定，以前已定的型号现在不改变。例如 C620-1 型普通车床，型号中的代号及数字的含义为：

和新型号不同，老型号中没有组和系的区别，故只用一位数字表示；老型号中车床的主参数用中心高表示，而不用最大回转直径表示；重大改进序号用 1、2、3……表示。

225

## 第五节 机床传动系统的基本概念

为了分析和研究机床的传动系统，了解其内在联系，并运用给定数据进行有关的计算，首先应掌握传动系统的几个基本概念。

### 1. 传动链

在机床的传动系统中，通常用一些传动零件（轴、带轮、带、齿轮副、蜗杆副、丝杠螺母机构、齿轮齿条机构等）把动力源（电动机）和执行机构（主轴、工作台、刀架等）或把两个执行机构连接起来，用以传递动力或运动，这种传动联系称为传动链。

机床的每一个运动都由一条传动链来完成，机床有多少个运动，就相应有多少条传动链。机床的所有相互联系的传动链，组成了机床的传动系统。

在图 14-18 所示的丝杠车床传动系统中，有两条传动链：第一条，运动由动力源（电动机）经带传动传给轴 I，又经蜗杆蜗轮副传给主轴 II，使主轴获得旋转运动。第二条，由主轴 II 经两对齿轮副（挂轮 A 和 B、C 和 D）传给丝杠螺母机构，带动刀架直线移动。在后一条传动链中，两执行机构主轴与刀架之间保持着一定的相对运动关系，即主轴转一转，刀架相应移动一定的距离。

图 14-18 丝杠车床的传动系统

### 2. 传动比

计算定轴轮系的速比可用下列公式

$$i = \frac{n_主}{n_从} = \frac{各从动轮齿数的乘积}{各主动轮齿数的乘积}$$

因此有

$$n_从 = \frac{n_主}{i} = n_主 \times \frac{各主动轮齿数的乘积}{各从动轮齿数的乘积} \tag{14-4}$$

上式右端各主动轮齿数的乘积与各从动轮齿数的乘积的比值称为传动比，以 $u$ 表示，即

$$u = \frac{各主动轮齿数的乘积}{各从动轮齿数的乘积} = \frac{1}{i} \qquad (14\text{-}5)$$

式（14-5）表明传动比和速比在数值上互为倒数。

将式（14-5）代入式（14-4），得

$$n_从 = n_主 \, u \qquad (14\text{-}6)$$

对于轮系中的每一对齿轮（齿轮副）传动来说，其传动比就等于主动齿轮齿数 $z_1$ 与从动齿轮齿数 $z_2$ 的比值，即

$$u = \frac{z_1}{z_2} \qquad (14\text{-}7)$$

同理，对于带传动，其传动比等于主动轮直径 $D_1$ 与从动轮直径 $D_2$ 的比值，即

$$u = \frac{D_1}{D_2} \qquad (14\text{-}8)$$

引用传动比的概念，主要是为了便于进行机床传动系统的分析计算。

### 3. 机床传动系统图

为了清晰地表示机床传动系统中各零件及其相互联接关系，按照国家标准规定的图形符号（见附表 A）画出机床各个传动链的综合简图，称为机床传动系统图（如图 14-18）。机床传动系统图简明地表示了机床的传动结构及各个传动链，它是分析机床运动、计算机床转速和进给量的重要工具。

一般的机床传动系统图均绘成平面展开图，把传动系统图绘在一个能反映机床外形与各部件相对位置的投影面上，并尽可能绘在机床的轮廓线内，为了把一个立体的传动结构展开绘在一个平面上，有时不得不把某一根轴绘成折断或弯曲成一定角度的折线；有的在空间相互垂直或不平行的轴线需旋转展开；有时还要对展开后失去联系的传动副（如齿轮副）采用大括号或双点划线把它们联接起来，以表示它们的实际传动联系。在机床传动系统图上，还必须表明机床的传动路线、传动元件、变速方式和运动调整计算的各种有关数据。

阅读机床传动系统图时，第一步是找出传动链的两端件，即首先找出主动轴（动力输入轴），再找出从动轴（动力输出轴），抓住传动链的两端件，然后逐个地从头向尾分析。第二步是研究传动链中各个传动零件之间的联接关系和各传动轴之间的传动方式及传动比。第三步分析整个运动的传动关系，列出传动路线表达式及运动平衡式，然后进行计算。

例如在图 14-18 中，机床主轴旋转运动的传动路线表达式为

$$电动机 —— \frac{75}{130} —— \text{I} —— \frac{2}{43} —— \text{II}（主轴）$$

主轴旋转运动的平衡式为

$$n = n_电 \times \frac{75}{130} \times \frac{2}{43}$$

式中　$n$——主轴转速（r/min）；

　　　$n_电$——电动机转速（r/min）。

刀架直线移动车螺纹运动的传动路线表达式为

$$主轴 —— \frac{A}{B} —— \text{III} —— \frac{C}{D} —— \text{IV}（丝杠）—— 开合螺母 —— 刀架$$

刀架移动的平衡式为

$$L_\text{工} = 1 \times \frac{A}{B} \times \frac{C}{D} \times L$$

式中　　　　$L_\text{工}$——工件螺纹的导程（mm）；

　　$A$、$B$、$C$、$D$——挂轮齿数；

　　　　　　$L$——机床丝杠的导程（mm）。

# 复 习 题

14-1　什么叫主运动和进给运动？试指出下列机床的主运动和进给运动：

1）车床；2）铣床；3）牛头刨床；4）龙门刨床；5）外圆磨床；6）平面磨床。

14-2　什么是切削用量三要素？当车加工的切削速度确定以后，如何选择车床转速？

14-3　车刀可以用什么材料做成？车刀材料应该满足哪些性能要求？

14-4　车刀由哪几部分组成？其主要几何角度有哪些？各个角度的作用如何？

14-5　车刀有哪些种类？它们各适用于什么样的车削加工？

14-6　常用铣刀有哪几种？它们各适用于什么样的铣削加工？

14-7　钻头由哪几部分组成？各部分起什么作用？

14-8　常用砂轮有哪几种形状？它们各适用于磨削什么表面？

14-9　刚玉类和碳化物类砂轮各适用于磨削什么材料的工件？

14-10　切削力是怎样产生的？总切削力通常可以分解成哪几个切削分力？各切削分力对工件、刀具、机床有什么影响？

14-11　切削热是怎样产生的？切削热对工件和刀具有什么影响？切削液的作用是什么？

14-12　金属切削机床是怎样分类的？

14-13　试指出下列机床型号的含义：

C6163；T6180；XK5040；Z4012；CG6125B；B1016A；M7130A；C616。

14-14　什么叫传动链？机床的传动链与传动系统有什么关系？

14-15　机床的传动比与速比有什么区别？

14-16　机床传动系统图有什么用途？如何阅读机床传动系统图？

# 第十五章

# 车削加工与车床

车削加工要在车床上进行。加工时，工件夹持在卡盘（或其他夹具）上，车刀夹持在刀架上，通过主轴和刀架运动的相互配合来完成对工件的车削加工。车床的种类很多，按其用途和结构的不同，可分为卧式车床、落地车床、立式车床、仿形车床、转塔车床、多刀半自动车床、自动车床等。

## 第一节 车削加工的范围和特点

### 一、车削加工的范围

车削加工的范围很广，在车床上可以钻中心孔、车外圆、车端面、车槽、切断工件、钻孔、扩孔、铰孔、镗孔、车锥体、车螺纹及车特型面等。下面将车削加工的一些主要方法作简要介绍。

**1. 车外圆**（见图15-1）

车外圆是车床上最基本的加工方法。工件夹持在卡盘或其他夹具上，对于较长的工件，为增加切削的平稳性，还要采用安装在尾座上的活顶尖顶紧另一端。工件由车床主轴带动旋转，车刀由刀架带动作纵向移动。用这种方法可以加工光轴、阶梯轴、套类及圆盘类零件等的外圆柱面。

**2. 车端面**（见图15-2）

车端面时，工件作旋转运动，车刀作横向移动。用这种方法可以车削轴、套、盘类零件的端面。

图 15-1　车外圆

图 15-2　车端面

**3. 车环槽和切断**（见图15-3）

工件作旋转运动，切断刀作横向移动。车环槽时，刀具切至工件槽深为止；切断时，刀具切至工件断开为止。

**4. 钻孔、扩孔和铰孔**（见图15-4）

工件作旋转运动，通过安装在尾座套筒中的钻头、扩孔钻和铰刀的纵向移动来完成钻、扩、铰的加工。

图 15-3  车环槽和切断

a）车环槽  b）切断

图 15-4  钻孔、扩孔和铰孔

a）钻孔  b）扩孔  c）铰孔

**5. 镗孔**（见图15-5）

工件作旋转运动，夹持在刀架上的镗孔车刀作纵向移动，从而完成对工件内孔的镗削加工。

**6. 车锥体**

车锥体的方法有几种，这里仅介绍两种：

（1）采用宽刃刀（见图15-6a）  将宽刃车刀的刀刃搬至所需要的角度，工件作旋转运动，车刀作纵向或横向移动，即可车出锥体。这种方法只能车锥度要求不高的短锥面。

（2）转动小溜板（见图15-6b）  搬动刀架小溜板使其转角等于工件圆锥斜角 $\alpha$。工件作旋转运动，转动小溜板手柄作手动进给，就可以车出所需要的锥体。

图 15-5  镗孔

**7. 车螺纹**（见图15-7）

螺纹车刀的刃口形状决定螺纹截面的形状，采用某种形状的螺纹车刀，就相应地车出这种截面形状的螺纹。车削螺纹时，必须严格保证车床主轴转一周，刀架移动一个导程。

**8. 车特形面**

对要求不高的特形面，可以同时转动中、小溜板手柄，通过纵、横进给运动的配合来加工出所需要的特形面。

图 15-6　车锥体

a）用宽刃刀车短锥　b）转动小溜板车锥体

对于精度和形状要求较高的特形面，应采用成形车刀（将刀刃磨成与特形面截面形状相符的形状）。工件作旋转运动，成形车刀作横向移动（见图 15-8），就可以车出特形面。

图 15-7　车螺纹

图 15-8　用成形车刀车特形面

## 二、车削加工的特点

车削加工与其他加工形式相比有如下特点：

1）车削是最常见的一种加工形式，主要用于各种内、外旋转表面及其端面的加工，它的加工范围较大。

2）加工时，主运动是工件和旋转运动，进给运动是刀具的纵向和横向移动。

3）一般情况下，车削过程是连续的切削，切削力比较稳定，加工比较平稳。

4）车削加工中，由于切屑和刀具之间的剧烈挤压和摩擦，以及刀具与工件之间的摩擦，产生了大量的切削热，但大部分热量被切屑带走，所以一般车加工可以不使用切削液。

5）车削加工多用于粗加工和半精加工。

## 第二节 CA6140 型卧式车床

CA6140 型卧式车床的加工范围较大，是一种适应性很广的车床，主要用于单件、小批生产的加工车间或维修车间。

### 一、机床的组成和主要技术规格

**1. 机床的组成**

由图 15-9 可以看出，CA6140 型车床的主要组成部件有主轴箱 1、刀架 2、尾座 3、床身 4、右床腿 5、溜板箱 6、左床腿 7 和进给箱 8 等。

图 15-9 CA6140 型卧式车床

1—主轴箱 2—刀架 3—尾座 4—床身 5—右床腿 6—溜板箱 7—左床腿 8—进给箱

**2. 机床的主要技术规格**

CA6140 型卧式车床的主要技术规格如下：

| | |
|---|---|
| 床身上最大工件回转直径 | 400mm |
| 刀架上最大工件回转直径 | 210mm |
| 最大工件长度 | 750、1000、1500mm |
| 主轴中心至床身平面导轨距离 | 205mm |
| 最大车削长度 | 650、900、1400mm |
| 主轴孔径 | 48mm |
| 主轴转速 | |
| 正转（24级） | 10～1400r/min |
| 反转（12级） | 14～1580r/min |
| 刀架纵向及横向进给量 | 各64种 |

| | |
|---|---|
| 纵向：一般进给量 | 0.08～1.59mm/r |
| 小进给量 | 0.028～0.054mm/r |
| 加大进给量 | 1.71～6.33mm/r |
| 横向：一般进给量 | 0.04～0.79mm/r |
| 小进给量 | 0.014～0.027mm/r |
| 加大进给量 | 0.86～3.16mm/r |
| 刀架纵向快速移动速度 | 4m/min |
| 车削螺纹范围 | |
| 米制螺纹（44种） | 1～192mm |
| 英制螺纹（20种） | 2～24牙/in |
| 模数螺纹（39种） | 0.25～48mm |
| 径节螺纹（37种） | 1～96牙/in |
| 主电动机 | |
| 功率 | 7.5kW |
| 转速 | 1450r/min |
| 快速电动机 | |
| 功率 | 250W |
| 转速 | 2800r/min |

## 二、机床的传动系统

为便于了解和分析机床运动的传递、联系情况，在阅读机床传动系统图之前，先看一下机床传动框图。图 15-10 所示为卧式车床的传动框图。

图 15-10　卧式车床传动框图

图 15-11 所示为 CA6140 型卧式车床的传动系统图。

**1. 主运动**

（1）主运动传动链　车床的主运动是主轴的旋转运动，传动链两端件是电动机—主轴。

由图 15-11 可知，在 CA6140 型车床的主运动传动链中，电动机的运动经传动比为 $\frac{130}{230}$ 的

**234**

图15-11 CA6140 型卧式车床的传动系统

带传动传给轴 I，轴 I 上装有一个双向片式摩擦离合器 $M_1$，用它来控制主轴的正、反转方向及停车。当离合器 $M_1$ 向左压紧时，运动经 $\frac{56}{38}$ 或 $\frac{51}{43}$ 的齿轮副传给轴 II；若 $M_1$ 向右压紧时，运动经 $\frac{50}{34}$、$\frac{34}{30}$ 的齿轮副传给轴 II（此时运动传递多经一个介轮，主轴反转）。轴 II 的运动经 $\frac{39}{41}$ 或 $\frac{22}{58}$ 或 $\frac{30}{50}$ 的齿轮副传给轴 III，轴 III 的运动经 $\frac{20}{80}$ 或 $\frac{50}{50}$ 的齿轮副传给轴 IV，再经 $\frac{20}{80}$ 或 $\frac{51}{50}$ 的齿轮副传给轴 V。当齿轮离合器 $M_2$ 接合时（图示位置），运动由轴 V 经 $\frac{26}{58}$ 的斜齿轮副传给主轴（轴 VI）。当打开 $M_2$ 并使轴 VI 上 $z = 50$ 的齿轮滑移到与轴 III 上 $z = 63$ 的齿轮啮合时，运动经 $\frac{63}{50}$ 的齿轮副直接从轴 III 传给主轴。

机床的传动关系可以用传动路线表达式表示。现将 CA6140 型卧式车床主运动的传动关系用传动路线表达式表示为

$$
电动机 - \frac{130}{230} - I - \left\{ \begin{array}{l} M_1 \text{左合} - - \left\{ \begin{array}{l} \frac{56}{38} \\ \frac{51}{43} \end{array} \right\} \\ M_1 \text{右合} - - \frac{50}{34} \times \frac{34}{30} \end{array} \right\} - II - \left\{ \begin{array}{l} \frac{39}{41} \\ \frac{22}{58} \\ \frac{30}{50} \end{array} \right\} - III -
$$

$$
- \left\{ \begin{array}{l} \frac{20}{80} \\ \frac{50}{50} \end{array} \right\} - IV - \left\{ \begin{array}{l} \frac{20}{80} \\ \frac{51}{50} \end{array} \right\} - V - \left\{ \begin{array}{l} (M_2 \text{合上}) \frac{26}{58} \\ \\ (M_2 \text{打开}) \frac{63}{50} \end{array} \right\} - 主轴 VI
$$

（2）主轴转速的级数　当 $M_1$ 向左压紧时，主轴正转。主轴正转时，运动由电动机经带传动传给轴 I，使轴 I 获得一级转速。运动由轴 I 传给轴 II 时，由于轴 II 上变速齿轮为双联滑移齿轮，可使轴 II 获得两级转速。运动由轴 II 传给轴 III 时，由于轴 III 上变速齿轮为三联滑移齿轮，可以把轴 II 的每一级转速变为轴 III 的三级转速，又轴 II 原来已有两级转速，所以轴 III 共可获得 $2 \times 3 = 6$ 级转速。运动由轴 III 传给轴 IV 时，由于轴 IV 上变速齿轮为双联滑移齿轮，又轴 III 上已有六级转速，所以轴 IV 共可获得 $2 \times 3 \times 2 = 12$ 级转速。同样道理，轴 V 共可获得 $2 \times 3 \times 2 \times 2 = 24$ 级转速。当 $M_2$ 接合时，运动由轴 V 经一对斜齿轮副把 24 级正转转速传给主轴 VI。而当 $M_2$ 打开时，运动经 $\frac{63}{50}$ 齿轮副直接把轴 III 的 $2 \times 3 = 6$ 级转速传给主轴 VI，又使主轴得到 6 级正转转速，这样主轴一共可获得 $24 + 6 = 30$ 级正转转速。

但是，由于运动由轴 III 传给轴 V 的传动比分别为

$$
u_1 = \frac{20}{80} \times \frac{20}{80} = \frac{1}{16} ; \quad u_2 = \frac{20}{80} \times \frac{51}{50} = \frac{1.02}{4}
$$

$$
u_3 = \frac{50}{50} \times \frac{20}{80} = \frac{1}{4} ; \quad u_4 = \frac{50}{50} \times \frac{51}{50} = 1.02
$$

235

其中 $u_2$ 与 $u_3$ 的数值相近，本机床由轴Ⅲ到轴Ⅴ实际上只有三种传动比，因而当 $M_2$ 接合时主轴实际上只获得 $2 \times 3 \times 3 = 18$ 级正转转速，所以主轴应获得 $18 + 6 = 24$ 级正转转速。

同样道理，当 $M_1$ 向右压紧时，主轴共获得 12 级反转转速。

(3) 主运动传动链的运动平衡式　在车床主运动中，电动机轴为主动轴，主轴为从动轴。根据前述主运动的传动路线表达式可以列出计算主轴转速的方程式，这种方程式通常称为运动平衡式，综合如下

$$n = n_电 \times u_带 \times u_齿 \tag{15-1}$$

式中　$n$——主轴的转速（r/min）；

　　　$n_电$——电动机的转速（r/min）；

　　　$u_带$——带传动的传动比，$u_带 = \dfrac{D_1}{D_2}$；

　　　$u_齿$——齿轮传动部分的总传动比，$u_齿 = \dfrac{各主动轮齿数的乘积}{各从动轮齿数的乘积} = u_1 u_2 u_3 \cdots u_K$。

根据主运动传动链的平衡式，即可以计算出主轴的各级转速。其最低及最高的正转转速分别为

$$n_{\min} = 1450 \times \frac{130}{230} \times \frac{51}{43} \times \frac{22}{58} \times \frac{20}{80} \times \frac{20}{80} \times \frac{26}{58}\text{r/min} \approx 10\text{r/min}$$

$$n_{\max} = 1450 \times \frac{130}{230} \times \frac{56}{38} \times \frac{39}{41} \times \frac{63}{50}\text{r/min} \approx 1400\text{r/min}$$

**2. 进给运动**

进给运动传动链包括车螺纹、一般进给和快速移动三组传动链，而车螺纹传动链又包含车米制螺纹、英制螺纹、模数螺纹和径节螺纹四条传动路线。为简化文字叙述，对于车螺纹传动链只介绍车米制螺纹传动链。

(1) 车制米制螺纹的传动链　对于螺纹加工，必须严格保证以下关系：主轴带动工件转一周，刀架移动一个导程（单线螺纹的导程等于螺距）。米制螺纹是各种螺纹中应用最广泛的一种，它的螺距通常以 $P$ 表示，单位是 mm。国家标准规定米制螺纹的螺距为 $P = 0.5$、0.75、1、1.25、1.5、1.75、2、2.5、3…。

车制米制螺纹传动链的两端件是主轴和刀架，在车制单线螺纹时，要求主轴转一周，刀架应移动一个螺距 $P$。从传动系统图 15-11 中可以看出，从主轴到刀架之间，传动是由挂轮架和进给箱来实现变速的。主轴Ⅵ的运动经 $\dfrac{58}{58}$ 的齿轮副传轴Ⅶ，又经变向机构 $\dfrac{33}{33}$ 或 $\dfrac{33}{25} \times \dfrac{25}{33}$ 传到轴Ⅷ，这个变向机构是用于变换加工左右螺纹的进给方向的。再经挂轮架上 $\dfrac{63}{100} \times \dfrac{100}{75}$ 的齿轮传给进给箱中的轴Ⅸ，经 $\dfrac{25}{36}$ 的齿轮副传到轴Ⅹ。再经基本变速组的齿轮副 $\left(\dfrac{19}{14} 或 \dfrac{20}{14};\ \dfrac{36}{21} 或 \dfrac{33}{21};\ \dfrac{26}{28} 或 \dfrac{28}{28};\ \dfrac{36}{28} 或 \dfrac{32}{28}\right)$ 把运动传到轴Ⅺ，经 $\dfrac{25}{36} \times \dfrac{36}{25}$ 的齿轮副把运动传到轴Ⅻ（其中 $z = 36$ 的介轮是空套在轴Ⅹ上的）。再经 $\dfrac{28}{35}$ 或 $\dfrac{18}{45}$ 的齿轮副把运动传到轴ⅩⅢ，经 $\dfrac{35}{28}$ 或 $\dfrac{15}{48}$

的齿轮副把运动传到轴 XIV。最后经轴 XIV 上的滑移齿轮接通齿轮离合器 $M_5$，使丝杠（轴 XV）转动，通过合上开合螺母而使刀架获得车米制螺纹的进给运动。其传动路线表达式为

$$主轴 VI — \frac{58}{58} — VII — \left\{ \begin{array}{c} \frac{33}{25} \times \frac{25}{33} \\ \frac{33}{33} \end{array} \right\} — VIII — \frac{63}{100} \times \frac{100}{75} — IX — \frac{25}{36} — X — \left\{ \begin{array}{c} \frac{26}{28} \\ \frac{28}{28} \\ \frac{32}{28} \\ \frac{36}{28} \\ \frac{19}{14} \\ \frac{20}{14} \\ \frac{33}{21} \\ \frac{36}{21} \end{array} \right\} — XI$$

$$— \frac{25}{36} \times \frac{36}{25} — XII — \left\{ \begin{array}{c} \frac{28}{35} \\ \frac{18}{45} \end{array} \right\} — XIII — \left\{ \begin{array}{c} \frac{35}{28} \\ \frac{15}{48} \end{array} \right\} — XIV — M_5 \text{ 合上} —$$

$$— XV \text{ 丝杠}（P = 12\text{mm}，\text{单线}）—\text{开合螺母}—\text{溜板、刀架}$$

运动由主轴传给刀架，中间经过定比机构 $\left(\frac{58}{58}\right)$、左右螺纹变向机构 $\left(\frac{33}{25} \times \frac{25}{33} 或 \frac{33}{33}\right)$，挂轮机构 $\left(\frac{63}{100} \times \frac{100}{75}\right)$、移换机构 $\left(\frac{25}{36}\right)$、基本组 $\left(\frac{26}{28}, \frac{28}{28}, \frac{32}{28}, \frac{36}{28}, \frac{19}{14}, \frac{20}{14}, \frac{33}{21}, \frac{36}{21}\right)$、移换机构 $\left(\frac{25}{36} \times \frac{36}{25}\right)$、增倍机构 $\left(\frac{28}{35} 或 \frac{18}{45}; \frac{35}{28} 或 \frac{15}{48}\right)$，再经丝杠、开合螺母传给刀架，完成车制米制螺纹运动的传递。

轴 XI 上的四个滑移齿轮（28、28、14、21）和轴 X 上的八个固定齿轮（26、28、32、36、19、20、33、36）相继啮合，可以获得如下八种传动比：

$$u_{基1} = \frac{26}{28} = \frac{6.5}{7} （不用） \qquad u_{基2} = \frac{28}{28} = \frac{7}{7}$$

$$u_{基3} = \frac{32}{28} = \frac{8}{7} \qquad u_{基4} = \frac{36}{28} = \frac{9}{7}$$

$$u_{基5} = \frac{19}{14} = \frac{9.5}{7} （不用） \qquad u_{基6} = \frac{20}{14} = \frac{10}{7}$$

$$u_{基7} = \frac{33}{21} = \frac{11}{7} \qquad u_{基8} = \frac{36}{21} = \frac{12}{7}$$

由于这一组齿轮变速后可以获得一组成等差数列的螺距 $\left(\frac{7}{7}, \frac{8}{7}, \frac{9}{7}, \frac{10}{7}, \frac{11}{7}, \frac{12}{7}\right)$，这是变化螺距值的基础，故称它为基本组。

这个基本组显然满足不了整个螺距数列的要求，然后由进给箱中轴 XII 至轴 XIV 之间的

两对滑移齿轮组成的增倍机构，将基本组的螺距范围扩大，以获得更多的米制螺距。增倍机构的传动比分别为

$$u_{倍1} = \frac{28}{35} \times \frac{35}{28} = 1 \qquad u_{倍2} = \frac{18}{45} \times \frac{35}{28} = \frac{1}{2}$$

$$u_{倍3} = \frac{28}{35} \times \frac{15}{48} = \frac{1}{4} \qquad u_{倍4} = \frac{18}{45} \times \frac{15}{48} = \frac{1}{8}$$

将车米制螺纹的传动路线表达式加以整理，可列出其运动平衡式为

$$P_{工} = 1 \times \frac{58}{58} \times \frac{33}{33} \times \frac{63}{100} \times \frac{100}{75} \times \frac{25}{36} \times u_{基} \times \frac{25}{36} \times \frac{36}{25} \times u_{倍} \times P$$

式中　$P_{工}$——工件的螺距（mm）；

　　　$P$——机床丝杠螺距，为12mm。

将上式化简后可得

$$P_{工} = 7 u_{基}\, u_{倍}\ \text{mm} \tag{15-2}$$

式中　$u_{基}$——基本组的传动比；

　　　$u_{倍}$——增倍机构的传动比。

选用不同的 $u_{基}$ 和 $u_{倍}$，可以获得不同的螺距值。如

当 $u_{基} = \frac{28}{28} = 1$、$u_{倍} = \frac{28}{35} \times \frac{35}{28} = 1$ 时，$P_{工} = 7 u_{基}\, u_{倍}\ \text{mm} = 7\text{mm}$

当 $u_{基} = \frac{28}{28} = 1$、$u_{倍} = \frac{18}{45} \times \frac{35}{28} = \frac{1}{2}$ 时，$P_{工} = 7 u_{基}\, u_{倍}\ \text{mm} = 3.5\text{mm}$

当 $u_{基} = \frac{36}{21} = \frac{12}{7}$、$u_{倍} = \frac{28}{35} \times \frac{35}{28} = 1$ 时，$P_{工} = 7 u_{基}\, u_{倍}\ \text{mm} = 12\text{mm}$

（2）一般进给传动链　一般进给传动链的两端件是主轴和刀架。它们的运动关系是：主轴转一周，刀架进给一个距离，用符号 $f$ 表示，即进给量。进给方向平行于主轴中心线的称为纵向进给，其进给量以 $f_{纵}$ 表示；进给方向垂直于主轴中心线的称为横向进给，其进给量以 $f_{横}$ 表示。

一般进给运动的传动链基本上和车螺纹的传动链相一致，为了减少丝杠的磨损以保持丝杠的精度，一般进给运动是由光杠经溜板箱传给刀架的。下面介绍一般进给运动的传动链。

运动由主轴经 $\frac{58}{58}$ 的齿轮副传到轴Ⅶ，经变向机构传到轴Ⅷ，再经挂轮架传到轴Ⅸ，经 $\frac{25}{36}$ 的齿轮副传到轴Ⅹ，经基本组、增倍机构把运动传到轴ⅩⅣ（以上和车螺纹传动路线一样）后，把齿轮离合器 $M_5$ 打开，$z = 28$ 的齿轮滑到和 $z = 56$ 的齿轮啮合，运动便经 $\frac{28}{56}$ 的齿轮副传到光杠轴ⅩⅥ，经 $\frac{36}{32} \times \frac{32}{56}$ 的两对齿轮副传给溜板箱的轴ⅩⅦ，经 $\frac{4}{29}$ 的蜗杆副传到轴ⅩⅧ，再经 $\frac{40}{48}$ 的齿轮副和 $\frac{40}{30} \times \frac{30}{48}$ 的两对齿轮副把运动同时传到轴ⅩⅩ及轴ⅩⅪ上的四个 $z = 48$ 的空套齿轮上。此时，若离合器 $M_8$ 合上，运动便经 $\frac{28}{80}$ 的齿轮副传到轴ⅩⅩⅢ，轴ⅩⅩⅢ上的小齿轮与固定在床身上的齿条相啮合，带动溜板箱及刀架作纵向运动。$M_8$ 后合时，刀架纵向进给；

238

$M_8$ 前合时，刀架纵向退回。

若把离合器 $M_9$ 合上，运动便经 $\dfrac{48}{48} \times \dfrac{59}{18}$ 的两对齿轮副传到横向进给丝杠 XXII，通过螺母带动刀架作横向运动。$M_9$ 前合时，刀架横向进给；$M_9$ 后合时，刀架横向退回。

进给运动的传动路线表达式为

$$\text{主轴}-\frac{58}{58}-\text{VII}-\left\{\begin{array}{c}\dfrac{33}{25}\times\dfrac{25}{33}\\[2mm]\dfrac{33}{33}\end{array}\right\}-\text{VIII}-\frac{63}{100}\times\frac{100}{75}-\text{进给箱}-$$

$$M_5\text{ 打开}-\frac{28}{56}-\text{光杠（XVI）}-\frac{36}{32}\times\frac{32}{56}-\text{XVII}-\frac{4}{29}-\text{XVIII}-$$

$$\left\{\begin{array}{l}\dfrac{40}{30}\times\dfrac{30}{48}-M_8\text{ 后合}-\text{XX}-\dfrac{28}{80}-\text{XXIII}-\text{齿轮}\binom{z=12}{m=2.5\,\text{mm}}-\text{齿条}-\text{刀架纵向进给}\\[4mm]\dfrac{40}{48}-M_8\text{ 前合}-\text{XX}-\dfrac{28}{80}-\text{XXIII}-\text{齿轮}\binom{z=12}{m=2.5\,\text{mm}}-\text{齿条}-\text{刀架纵向退回}\\[4mm]\dfrac{40}{48}-M_9\text{ 前合}-\text{XXI}-\dfrac{48}{48}\times\dfrac{59}{18}-\text{XXII}-\text{丝杠（}P=5\,\text{mm）}-\text{螺母}-\text{刀架横向进给}\\[4mm]\dfrac{40}{30}\times\dfrac{30}{48}-M_9\text{ 后合}-\text{XXI}-\dfrac{48}{48}\times\dfrac{59}{18}-\text{XXII}-\text{丝杠（}P=5\,\text{mm）}-\text{螺母}-\text{刀架横向退回}\end{array}\right.$$

当进给箱中按车制米制螺纹的传动路线传动时，其纵向及横向进给运动平衡式为

$$f_{\text{纵}}=1\times\frac{58}{58}\times\frac{33}{33}\times\frac{63}{100}\times\frac{100}{75}\times\frac{25}{36}\times u_{\text{基}}\times\frac{25}{36}\times\frac{36}{25}\times u_{\text{倍}}\times\frac{28}{56}\times$$

$$\frac{36}{32}\times\frac{32}{56}\times\frac{4}{29}\times\frac{40}{30}\times\frac{30}{48}\times\frac{28}{80}\times\pi\times m\times z$$

式中　$m=2.5\,\text{mm}$，$z=12$。

将上式化简得

$$f_{\text{纵}}=0.71u_{\text{基}}\,u_{\text{倍}}\ \text{mm/r} \tag{15-3}$$

$$f_{\text{横}}=1\times\frac{58}{58}\times\frac{33}{33}\times\frac{63}{100}\times\frac{100}{75}\times\frac{25}{36}\times u_{\text{基}}\times\frac{25}{36}\times\frac{36}{25}\times u_{\text{倍}}\times\frac{28}{56}\times$$

$$\frac{36}{32}\times\frac{32}{56}\times\frac{4}{29}\times\frac{40}{48}\times\frac{48}{48}\times\frac{59}{18}\times P$$

式中　$P=5\,\text{mm}$。

将上式化简得

$$f_{\text{横}}=0.354u_{\text{基}}\,u_{\text{倍}}\ \text{mm/r} \tag{15-4}$$

选用不同的 $u_{\text{基}}$ 和 $u_{\text{倍}}$，就可以获得不同的纵向进给量和横向进给量。如当 $u_{\text{基}}=28/28=1$，$u_{\text{倍}}=(18/45)\times(15/48)=1/8$ 时，则

$$f_{\text{纵}}=0.71\times1\times1/8\,\text{mm/r}=0.089\,\text{mm/r}$$

$$f_横 = 0.354 \times 1 \times 1/8\,\text{mm/r} = 0.044\,\text{mm/r}$$

（3）快速移动传动链　刀架除作纵向及横向进给运动外，还可以作快速移动，刀架的快速移动是通过操纵快速电动机来实现的。快速电动机的运动经 $\frac{13}{29}$ 齿轮副直接传给蜗杆轴XVII（因该轴上装有超越离合器 $M_6$，由主轴传给光杠的进给运动会自动断开，不能传给轴XVII），再经蜗杆副、齿轮副、齿轮齿条（或丝杠螺母）等传给刀架，使刀架快速移动。

刀架快速移动传动路线表达式为

$$\text{快速电动机} - \frac{13}{29} - \text{XVII} - \frac{4}{29} - \text{XVIII} - \begin{cases} \frac{40}{30} \times \frac{30}{48} - M_8\ 后合 \\[4pt] \frac{40}{48} - M_8\ 前合 \\[4pt] \frac{40}{48} - M_9\ 前合 \\[4pt] \frac{40}{30} \times \frac{30}{48} - M_9\ 后合 \end{cases}$$

$$-\text{XX} - \frac{28}{80} - \text{XXIII} - 齿轮 \begin{pmatrix} z = 12 \\ m = 2.5\,\text{mm} \end{pmatrix} - 齿条 - 刀架纵向快进$$

$$-\text{XX} - \frac{28}{80} - \text{XXIII} - 齿轮 \begin{pmatrix} z = 12 \\ m = 2.5\,\text{mm} \end{pmatrix} - 齿条 - 刀架纵向快退$$

$$-\text{XXI} - \frac{48}{48} \times \frac{59}{18} - \text{XXII} - 丝杠\ (P = 5\,\text{mm}) - 螺母 - 刀架横向快进$$

$$-\text{XXI} - \frac{48}{48} \times \frac{59}{18} - \text{XXII} - 丝杠\ (P = 5\,\text{mm}) - 螺母 - 刀架横向快退$$

刀架快速移动平衡式为

$$v_{纵快} = n_{快电} \times \frac{13}{29} \times \frac{4}{29} \times \frac{40}{30} \times \frac{30}{48} \times \frac{28}{80} \times \pi m z$$

$$v_{横快} = n_{快电} \times \frac{13}{29} \times \frac{4}{29} \times \frac{40}{48} \times \frac{48}{48} \times \frac{59}{18} \times P$$

式中，$m = 2.5\,\text{mm}$；$z = 12$；$P = 5\,\text{mm}$；$n_{快电} = 2800\,\text{r/min}$。所以刀架纵向、横向快速移动速度为

$$v_{纵快} = 2800 \times \frac{13}{29} \times \frac{4}{29} \times \frac{40}{30} \times \frac{30}{48} \times \frac{28}{80} \times 3.14 \times 2.5 \times 12\,\text{mm/min} = 4757\,\text{mm/min} \approx 0.08\,\text{m/s}$$

$$v_{横快} = 2800 \times \frac{13}{29} \times \frac{4}{29} \times \frac{40}{48} \times \frac{48}{48} \times \frac{59}{18} \times 5\,\text{mm/min} = 2364\,\text{mm/min} \approx 0.04\,\text{m/s}$$

### 三、单手柄操纵机构

单手柄操纵机构是用以操纵刀架作纵、横方向运动并转换快进、工进速度的，其工作原理如图 15-12 所示。

240

图 15-12　单手柄操纵机构

1—手柄　2—操纵杆　3—操纵轴　4、8—凸轮　5、6—杠杆　7—连杆
9、12—杆　10、11—拨叉　13—点动开关

图中，手柄 1 在中间位置，此时牙嵌离合器 $M_8$、$M_9$ 都处于中间位置，刀架不动。

当向左扳动手柄 1 时，使操纵杆 2 向右移动，通过杠杆 6 和连杆 7 的作用，使圆柱凸轮 8 顺时针回转，靠凸轮上面的曲线槽的作用，使拨叉 10 随着杆 9 向后移动，操纵牙嵌离合器 $M_8$ 处于后合状态（见图 15-11），这样就接通了纵向进给系统，使刀架作纵向进给。同理，若向右扳动手柄 1，则操纵牙嵌离合器 $M_8$ 前合（见图 15-11），这样就使刀架纵向退回。

当向前扳动手柄 1 时，使操纵轴 3 随之同方向回转，固定在其左端的圆柱凸轮 4 也一起回转，靠凸轮上面的曲线槽的作用，使杠杆 5 顺时针摆动，从而操纵拨叉 11 随杆 12 向前移动，使牙嵌离合器 $M_9$ 处于前合状态（见图 15-11），这样就接通了横向进给系统，使刀架作横向进给。同理，若向后扳动手柄，则牙嵌离合器 $M_9$ 后合（见图 15-11），就使刀架横向退回。

操纵手柄 1 的内孔上部装有点动开关 13，用它来操纵快速电动机的开停，将手柄 1 扳至某一方向（前、后、左、右），同时按下点动开关 13，刀架就得到相应方向（横向快进、横向快退、纵向快进、纵向快退）的快速移动。

# 第三节　其他车床

## 一、立式车床

图 15-13 是立式车床的外观图。它的主轴轴心线处于竖直位置（立式），而工作台台面

处于水平平面内，使工件的装夹和找正都比较方便，特别适用于短而粗大的工件安装和加工。又由于工件和工作台的重量均匀地作用在工作台底座的导轨或推力轴承上，因此能长期保持其工作精度。

由图 15-13 可以看出，立式车床由底座 1、工作台 2、垂直刀架 3、横梁 4、立柱 5 和侧刀架 6 等部分组成。工作台 2 安装在底座上，工件装夹在工作台上并由工作台带动作主运动；进给运动由垂直刀架 3 和横梁 4 来实现。侧刀架 6 可在立柱 5 的导轨上移动作垂直进给，还可沿其刀架滑座的导轨作横向进给。垂直刀架 3 可在横梁 4 的导轨上移动作横向进给，还可沿其刀架滑座的导轨作垂直进给。垂直刀架上通常带有转塔刀架，在此转塔刀架上可以安装几组刀具，供轮流切削之用。横梁 4 可根据工件的高度沿立柱导轨调整位置。

立式车床可以加工大型圆盘类零件，一般用于单件、小批量生产的工厂及维修车间。

## 二、回轮、转塔车床

回轮、转塔车床是指回轮式和转塔式两种结构型式的车床，它们的共同特征是各有一个可安装多把刀具的多工位刀架。图 15-14 为转塔车床的外观图，图 15-15 所示是回轮车床的局部外观结构。下面仅简要介绍转塔车床。

图 15-13　立式车床

1—底座　2—工作台　3—垂直刀架　4—横梁
5—立柱　6—侧刀架

图 15-14　转塔车床

1—床身　2—溜板箱　3—进给箱　4—主轴箱　5—前刀架　6—转塔刀架

242

转塔车床主要由床身 1、两个溜板箱 2、进给箱 3、主轴箱 4、前刀架 5 和转塔刀架 6 等部分组成。

机床的主运动是电动机通过主轴箱变速使主轴带动卡盘旋转来实现的，进给运动是通过进给箱经光杠带动两溜板箱使两刀架移动来实现的。前溜板箱 2 上的前刀架 5 既可以在床身 1 的导轨上作纵向移动，也可作横向移动，以适应加工大直径的外圆柱面、内外端面及环槽。转塔刀架 6 只能作纵向进给，它上面可以安装多把刀具，主要用于车外圆及对工件进行钻、扩、铰或镗孔加工等。转塔车床上没有丝杠，如需要加工螺纹时，应采用成形螺纹刀具（丝锥、板牙等），但加工出的螺纹精度较低。

图 15-15　回轮车床（局部）

转塔车床比卧式车床多一个转塔刀架，可根据零件加工的需要，通过转塔转位，顺序地使用不同刀具对工件进行加工，从而节省了换刀及其他辅助时间，故生产效率比卧式车床高。这类机床多用于盘套类、连接件类等工序较多的零件（见图 15-16）加工，适用于批量生产。

### 三、多刀半自动车床

能自动完成除装卸工件以外的所有切削运动和辅助运动的机床，称为半自动机床。这里简单介绍半自动转塔车床。

图 15-17 是一种液压半自动转塔车床的外观图。这种车床主要由床身 1、主轴箱 2、前刀架 3、后刀架 4、转塔刀架 5、液压装置 6 和电气装置 7 等部分组成。

主轴箱的正面装有操纵板、插销板（调整程序、预选转速和进给量之用）和一切供调整、操纵用的旋钮和按钮。

243

图 15-16　转塔车床上加工的典型零件

图15-17　半自动转塔车床

1—床身　2—主轴箱　3—前刀架　4—后刀架　5—转塔刀架　6—液压装置　7—电气装置

机床的三个液压驱动刀架中，转塔刀架是主要工作刀架，主要的切削加工由它来完成。刀具安装在六方转塔的侧面上，每面可装一组刀具，利用转塔转位，使各组刀具轮流参加切削，实现六工步的自动循环；也可以间隔地安装三组刀具，实现三工步的自动循环。转塔刀架的自动循环由快速前进、工作进给、快速退回和转塔转位等主要动作组成。此外，转位之前，转塔刀架能自动松开；转位完毕，转塔刀架能自动夹紧。转塔刀架快速退回之前，为了避免刀刃划伤工件表面，转塔还可以自动微抬。前刀架和后刀架为辅助刀架，它们都有各自的工作循环，包括快速前进、工作进给和快速退回。各刀架还能根据加工程序实现协同动作，完成对整个工件的自动加工。

半自动转塔车床用插销板和行程开关作为发布指令器官。指令由电路、油路和一些机构传递给被控制的工作部件，控制它们的速度、方向和行程长度，使机床完成规定加工程序的工作循环。

这种机床主要用于形状较复杂的盘套类零件的粗加工和半精加工，适用于成批和大量生产。

## 复 习 题

15-1　在车床上可以进行哪些加工？车削加工有什么特点？

15-2　在图15-11所示的CA6140型车床传动系统中，当齿轮处于图示啮合位置时，试计算：

（1）主轴的反转转速有多大？

（2）刀架的纵、横进给量各等于多少？

（3）车制米制螺纹的螺距有多大（$M_5$合上）？

15-3　在图15-11所示的车床传动系统中，若使轴Ⅶ上齿数为58的齿轮右移到双点划线位置，这时机床可以车制加大螺距的螺纹。试说明螺距变大的原因，并写出车加大螺距螺纹运动的传动路线表达式。

15-4　立式车床、转塔车床和多刀半自动车床各适用于什么样零件的加工？适用于什么类型（单件、小批量、批量、大批量）生产？

# 第十六章

# 铣削加工与铣床

铣削加工要在铣床上进行。加工时，工件用虎钳或专用夹具固定在铣床工作台上，而铣刀安装在铣床主轴的前端。铣刀的旋转运动为主运动，工件相对于刀具的运动（纵向、横向或垂直方向的移动）为进给运动。铣床的种类较多，根据其结构、布局及用途的不同，可分为卧式铣床、立式铣床、圆工作台铣床、龙门铣床、仿型铣床及工具铣床等。其中常用的是卧式铣床和立式铣床。

## 第一节　铣削加工的范围和特点

### 一、铣削加工的范围

在铣床上使用各种不同类型的铣刀可以加工出平面、台阶面、各种键槽、V 形槽、T 形槽、燕尾槽、螺旋槽，还可以铣削齿轮、蜗轮及切断工件等。下面介绍几种常见的铣削方法。

**1. 铣水平面**

可以在卧式铣床上用圆柱形铣刀来铣削水平面（见图 16-1a），也可以在立式铣床上用端铣刀来铣削水平面（见图 16-1b）。

**2. 铣垂直面**

可以在卧式铣床上用端铣刀铣垂直面（见图 16-2a），也可以在立式铣床上用立铣刀铣垂直面（见图 16-2b）。

**3. 铣斜面**

a)　　　　　　　　　　b)

图 16-1　铣水平面
a）用圆柱形铣刀铣削　b）用端铣刀铣削

a)　　　　　　　　　　　　b)

图 16-2　铣垂直面
a）用端铣刀铣削　b）用立铣刀铣削

可以在卧式铣床上用角度铣刀直接铣出斜面（见图 16-3a），或者在立式铣床上将铣头转至所需要的角度进行铣削（见图 16-3b），还可以将工件转至所需要的角度进行铣削。

**4. 铣直槽**

可以在卧式铣床上用盘形铣刀铣削直槽（见图 16-4a），也可以在立式铣床上用立铣刀铣削直槽（见图 16-4b）。

**5. 铣 T 形槽**

先用圆盘铣刀铣出直槽（见图 16-5a），或用立铣刀铣出直槽，然后用 T 形槽铣刀铣出 T 形槽（见图 16-5b）。

图 16-3　铣斜面
a）用角度铣刀铣削　b）铣头转角铣削

图 16-4　铣直槽
a）用盘形铣刀铣削　b）用立铣刀铣削

图 16-5　铣 T 形槽
a）先铣直槽　b）后铣 T 形槽

**6. 铣特形面**

可采用成形铣刀铣削出相应的特形面（见图 16-6）。

图 16-6　铣特形面

## 二、铣削加工的特点

1）铣削加工主要用于各种平面及沟槽的加工。

2）在铣削加工过程中，铣刀的旋转为主运动，装在工作台上的工件相对刀具的运动为进给运动。

3）铣削使用多刃刀具，每个刀齿周期性地参加切削，所以刀刃散热条件好，生产效率较高。

4）铣削时，刀齿交替切削，产生冲击，且切削厚度是变化的，因而铣削力也是不断变化的，使铣刀磨损加剧，降低了耐用度。

5）一般情况下，铣削主要用于粗加工和半精加工。

## 三、顺铣和逆铣

在铣床上铣削平面时，由于铣刀旋转方向与工件进给方向有相同和相反的两种情况，铣削可分为顺铣和逆铣两种，如图16-7所示。

顺铣时，铣刀的旋转方向与工件进给方向一致，铣刀作用在工件上的力与进给的方向相同。由于机床进给机构中的丝杠和螺母之间一般都存在间隙，这样，就会引起工件连同工作台一起沿进给方向窜动，使铣刀受到冲击，甚至会损坏铣刀。因此，当进给丝杠与螺母之间存在较大的间隙时不应该采用顺铣。逆铣时，铣刀的旋

a)　　　　　　　　　b)

图16-7　顺铣和逆铣
a）顺铣　b）逆铣

转方向与工件进给方向相反，铣刀作用在工件上的力与进给方向相反，进给丝杠和螺母之间总是保持紧密的接触，不会出现窜动的现象。一般情况下，铣削加工多采用逆铣。

顺铣虽然存在上述缺点，但是与逆铣相比，还有其独有的特点，如消耗功率小，刀刃磨损小，铣削中铣刀一直压在工件上，工作比较平稳，振动小，加工表面粗糙度较小等。所以在精铣时，可采用顺铣。

# 第二节　X6132型万能升降台铣床

工作台可以上下移动（升降）的铣床称为升降台铣床。升降台铣床又分为万能和一般两类。万能升降台铣床与一般升降台铣床的主要区别在于工作台除了能在相互垂直的三个方向作调整或进给外，还能绕垂直轴线在一定范围内回转，从而扩大了机床的工艺范围。X6132型万能升降台铣床的工作台可以绕垂直轴线在±45°范围内回转；其工作台面宽度为320mm，工作台面长度为 1250mm；工作台纵向、横向、垂直方向的最大行程分别为800mm、400mm、300mm。以下就该机床的组成、传动及主要部件结构作一介绍。

## 一、机床的组成

X6132 型万能升降台铣床由底座 1、床身 2、悬梁 3、主轴 4、刀杆支架 5、工作台 6、回转盘 7、床鞍 8 及升降台 9 等组成（见图 16-8）。因主轴 4 水平安装，故又称之为"卧式铣床"。

机床的床身 2 固定在底座 1 上，用以安装和支承其他部件。床身内装有主轴部件、主变速传动装置及其变速操纵机构。悬梁 3 安装在床身顶部，并可沿燕尾导轨调整前后位置。悬梁上的刀杆支架 5 用以支承刀杆，以提高其刚性。升降台 9 安装在床身前侧的垂直导轨上，可作上下移动。升降台内装有进给运动传动装置及其操纵机构。升降台的水平导轨上装有床鞍 8，可沿主轴轴线方向作横向移动。床鞍上装有回转盘 7，回转盘上安装有工作台 6。因此，工作台除了可沿其下方的水平导轨作垂直于主轴轴线方向的纵向移动外，还可通过回转盘绕垂直轴线调整角度，以便铣削螺旋表面。

卧式万能升降台铣床的加工范围较大，适应性较广，主要用于中小型零件的单件、小批生产的加工车间或维修车间。

图 16-8　X6132 型万能升降台铣床
1—底座　2—床身　3—悬梁　4—主轴　5—刀杆支架　6—工作台　7—回转盘　8—床鞍　9—升降台

## 二、机床的传动系统

图 16-9 为卧式升降台铣床的传动框图，图 16-10 为 X6132 型万能升降台铣床的传动系统图。

### （一）主运动

机床的主运动由主电动机（7.5kW、1450r/min）驱动，经 $\frac{150}{290}$ 的带传动传至轴 II，再由轴 II—III 间和轴 III—IV 间两组三联滑移齿轮变速组以及轴 IV—V 间双联滑移齿轮变速组使主轴获得

图 16-9　卧式升降台铣床传动框图

18 级转速（30～1500r/min）。主轴的旋转方向是由电动机改变正、反转方向而得以变向的。主轴的制动由安装在轴 II 上的电磁制动器 M 来实现。

### （二）进给运动

该机床的工作台可以作纵向、横向和垂直三个方向的进给运动以及快速移动。进给运动由进给电动机（1.5kW、1410r/min）驱动。电动机的运动经一对锥齿轮 $\frac{17}{32}$ 传至轴 VI，然后根据轴 X 上的电磁摩擦离合器 $M_1$、$M_2$ 的接合情况，分两条路线传动。离合器 $M_1$ 脱开、$M_2$

图 16-10  X6132 型万能升降台铣床的传动系统

接合，轴Ⅵ的运动经齿轮副$\frac{40}{26}$、$\frac{44}{42}$及离合器 $M_2$ 传至轴 X。这条路线可使工作台作快速移动。离合器 $M_2$ 脱开，$M_1$ 接合，轴Ⅵ的运动经齿轮副$\frac{20}{44}$传至轴Ⅶ，再经轴Ⅶ—Ⅷ间和轴Ⅷ—Ⅸ间两组三联滑移齿轮变速组以及轴Ⅷ—Ⅸ间的曲回机构，经离合器 $M_1$，将运动传至轴 X。这是一条使工作台作正常进给的传动路线。

轴Ⅷ—Ⅸ间的曲回机构工作原理，可由图 16-11 予以说明：轴 X 上的单联滑移齿轮 $z = 49$ 有三个啮合位置。当此滑移齿轮在 $a$ 啮合位置时，轴Ⅸ的运动直接由齿轮副$\frac{40}{49}$传到轴 X；当滑移齿轮在 $b$ 啮合位置时，轴Ⅸ的运动经曲回机构齿轮副$\frac{18}{40} - \frac{18}{40} - \frac{40}{49}$传至轴 X；滑移齿轮在 $c$ 啮合位置时，轴Ⅸ的运动经曲回机构齿轮副$\frac{18}{40} - \frac{18}{40} - \frac{18}{40} - \frac{18}{40} - \frac{40}{49}$传至轴 X。因而，通过轴 X 上单联滑移齿轮的三种不同啮合位置，可得到三种不同的传动比，即

图 16-11  曲回机构原理图

$$u_a = \frac{40}{49}$$

$$u_b = \frac{18}{40} \times \frac{18}{40} \times \frac{40}{49}$$

$$u_c = \frac{18}{40} \times \frac{18}{40} \times \frac{18}{40} \times \frac{18}{40} \times \frac{40}{49}$$

轴 X 的运动可经过离合器 $M_3$、$M_4$、$M_5$ 以及相应的后续传动路线，使工作台分别得到垂直、横向及纵向的运动。进给运动的传动路线表达式为

$$\text{进给电动机} - \frac{17}{32} - VI - \begin{bmatrix} \frac{20}{44} - VII - \begin{bmatrix} \frac{26}{32} \\ \frac{29}{29} \\ \frac{36}{22} \end{bmatrix} - VIII - \begin{bmatrix} \frac{32}{26} \\ \frac{29}{29} \\ \frac{22}{36} \end{bmatrix} - IX - \begin{bmatrix} \frac{40}{49} \\ \frac{18}{40} \times \frac{18}{40} \times \frac{18}{40} \times \frac{18}{40} \times \frac{40}{49} \\ \frac{18}{40} \times \frac{18}{40} \times \frac{40}{49} \end{bmatrix} M_1 \text{合} \\ \frac{40}{26} \times \frac{44}{42} - M_2 \text{合（快速）} \end{bmatrix}$$

$$- X - \frac{38}{52} - XI - \frac{29}{47} - \begin{bmatrix} \frac{47}{38} - XIII - \begin{bmatrix} \frac{18}{18} - XVIII - \frac{16}{20} - M_5 \text{合} - XIX \text{（纵向运动）} \\ \frac{38}{47} - M_4 \text{合} - XIV \text{（横向运动）} \end{bmatrix} \\ M_3 \text{合} - XII - \frac{22}{27} \times \frac{27}{33} \times \frac{22}{44} - XVII \text{（垂直运动）} \end{bmatrix}$$

在理论上，铣床在相互垂直的三个方向上均可获得 $3 \times 3 \times 3 = 27$ 种不同的进给量，但由于轴 VII—IX 间的两组三联滑移齿轮变速组的 $3 \times 3 = 9$ 种传动比中，有三种是相等的，即

$$\frac{26}{32} \times \frac{32}{26} = \frac{29}{29} \times \frac{29}{29} = \frac{36}{22} \times \frac{22}{36} = 1$$

所以，轴 VII—IX 间的两个变速组只有 7 种不同的传动比，因而轴 X 上的 $z = 49$ 滑移齿轮只有 $7 \times 3 = 21$ 种实际转速。由此可知，X6132 型铣床的纵、横、垂直三个方向的进给量均为 21 级，其中纵向及横向的进给量范围为 $10 \sim 1000\text{mm/min}$，垂直进给量范围 $3.3 \sim 333\text{mm/min}$。

## 三、机床的典型操纵机构

### （一）孔盘变速操纵机构

X6132 型铣床的主运动及进给运动都采用孔盘变速操纵机构进行变速控制。下面对它的工作原理及典型结构予以介绍。

**1. 孔盘变速机构的工作原理**

如图 16-12 所示，在轴 II 上的三联滑移齿轮有三个工作位置，可分别与轴 I 上的三个固定齿轮相啮合，以变换主轴转速。三联滑移齿轮不同的工作位置是由齿条杆 2 和 4 的轴向移动带动拨叉 1 来操纵的，齿轮 3 起着中间传动作用。两齿条杆 2 和 4 的右端做成直径不同的阶梯销 A 和 B，在孔盘 5 上则按照一定规律钻有与销 A 和 B 相配合的大孔或小孔，销 A 或 B 可相应地插入孔盘的孔中。在图 a 所示工作位置，孔盘上仅有一个大孔，齿条杆 4 的销 A 可插入孔中，而孔盘与齿条杆 2 相对应处无孔。当将孔盘向左推合使其到位时，轴 II 上的三联滑移齿轮与轴 I 左端的固定齿轮相啮合，使轴 II 获得一级转速。在图 b 所示工作位置，孔盘上有两个小孔，与其相对应的齿条杆 2 和 4 的销 B 都可以插入孔盘的小孔中，当孔盘向左推

合时，齿条杆 2 和 4 的轴向位置将改变，使三联滑移齿轮移至中间位置，与固定在轴 I 上的中间齿轮相啮合，使轴 II 又变换了一级转速。同理，在图 c 所示工作位置，孔盘上对应有一个大孔可使齿条杆 2 的销 A 插入，当孔盘向左推合时，齿条杆 2 和 4 轴向位置又发生变换，使三联滑移齿轮移至右位，与轴 I 的右端固定齿轮相啮合，使轴 II 变换为第三级转速。

**2. 主变速操纵机构的结构及操作**

X6132 型铣床的主变速操纵机构的结构如图 16-13 所示。变速时，将手柄 1 向外拉出，使其脱开定位销 2 在手柄槽中的定位，然后按逆时针方向转动手柄 1 约 250°，通过操纵盘 3 带动齿轮套筒 4 转动，再通过与其啮合的齿轮 10 使带齿条的操纵杆 9 向右移动，借助拨叉 6 拨动孔盘 7 向右退离插孔的齿条杆，为孔盘转位做好准备。再按所需主轴转速拨动选速盘 12，并经其端部的一对锥齿轮副 5 使孔盘 7 转动一定角度，最后扳动手柄 1 按顺时针方向转回原位并定位。随着手柄 1 转回原位，孔盘向左移动复位，推动带有插销的齿条杆作相应位移，驱动滑移齿轮到达新的啮合位置，实现转速的变换。

变速操纵过程中，为了使滑移齿轮在进入新的位置时易于啮合，在齿轮 10 的前侧装有微动开关 11（SQ6）。当操纵盘 3 转动时，齿轮 10 转动导致其端部的压块 8 触压微动开关 11，从而使主电动机作瞬时转动，并带动传动齿轮缓慢转动，给滑移齿轮进入新的啮合位置创造条件。

**（二）工作台进给操纵机构**

X6132 型铣床进给运动的接通与断开均通过离合器来控制，其中控制纵向进给运动采用牙嵌离合器 $M_5$，控制垂直及横向进给运动采用电磁离合器 $M_3$ 及 $M_4$（参见图 16-10）。进给运动的方向是由进给电动机改变转向来控制的。

**1. 纵向进给操纵机构**

图 16-14 所示为工作台纵向进给操纵机构的结构示意图。拨叉轴 6 上装有弹簧 7，在弹簧力的作用下，拨叉轴具有向左移动的趋势。操纵手柄 18 在中间位置时，凸块 2 顶住轴 6，使其不能在弹簧力作用

图 16-12　孔盘变速机构的工作原理
1—拨叉　2、4—齿条杆　3—齿轮　5—孔盘

图 16-13　主变速操纵机构
1—手柄　2—定位销　3—操纵盘　4—齿轮套筒　5—锥齿轮副
6—拨叉　7—孔盘　8—压块　9—操纵杆　10—齿轮
11—微动开关　12—选速盘

251

下左移，离合器 $M_5$ 无法啮合，从而使进给运动断开。此时，手柄 18 下部的压块 16 也处于中间位置，使控制进给电动机正、反转的微动开关15（SQ1）和 17（SQ2）均处于放松状态，因而进给电动机不转。

图 16-14　工作台纵向进给操纵机构

1—摆块　2—凸块　3—纵进丝杠轴　4—牙嵌离合器 $M_5$ 左半块　5—拨叉　6—拨叉轴
7—弹簧　8—调节螺母　9、13—叉子　10、12—销子　11—摆动轴　14—垂直轴
15—微动开关（SQ1）　16—压块　17—微动开关（SQ2）　18—手柄

将手柄 18 向右扳动时，压块 16 也向右摆动，触压微动开关 15，使进给电动机正转。同时，手柄垂直轴 14 中部的叉子 13 向左摆动，并通过销子 12 带动摆动轴 11、摆块 1 及固定在摆块上的凸块 2 逆时针转动，使其凸缘离开拨叉轴 6，从而使轴 6 及拨叉 5 在弹簧 7 的作用下左移，并使牙嵌离合器 $M_5$ 右半块左移，与左半块 4 结合，接通工作台向右的纵向进给运动。

将手柄 18 向左扳动时，凸块 2 顺时针转动，同样不能顶住轴 6，离合器 $M_5$ 也能得以结合，此时压块 16 向左摆动，触压动微动开关 17，使进给电动机反转，从而使工作台得到向左的纵向进给运动。

机床侧面另有一手柄可通过杠杆（图中未示出）及销子 10 拨动摆块 1 下部的叉子 9，亦能使凸块 2 及压块 16 摆动，从而控制纵向进给运动。

### 2. 横向及垂直进给操纵机构

如图 16-15 所示，横向及垂直进给运动由一个可以前后、上下扳动的手柄 1 进行操纵。前后扳动手柄 1，可通过手柄前端的球头带动轴 8 及与其用销连接的鼓轮 7 作轴向移动；上下扳动手柄 1 时，可通过毂体 9 上的键槽、平键 2、轴 8 使鼓轮 7 在一定角度范围内往复转动。在鼓轮两侧安装着四个微动开关，其中 SQ3 及 SQ4 用于控制进给电动机的正转和反转；SQ7 用于控制电磁离合器 $M_4$；SQ8 用于控制电磁离合器 $M_3$。鼓轮 7 的圆周上有带斜面的槽（见图 16-15 中的 $E—E$、$F—F$ 截面图）。鼓轮在移动或转动时，可通过槽上的斜面使顶销 3、4、5、6 压动或松开微动开关 SQ7、SQ8、SQ3 和 SQ4，从而实现工作台前、后、上、下的横向或垂直进给运动。

向前扳动手柄 1 时，鼓轮 7 向左移动，其圆柱面压下顶销 3，从而使微动开关 SQ3 动作，进给电动机正转；与此同时，鼓轮圆柱面又顶起顶销 5，压动微动开关 SQ7，使控制横向进给的电磁离合器 M₄ 通电接合，从而实现工作台向前的横向进给运动。向后扳动手柄 1 时，鼓轮 7 向右移动，其圆柱面压下顶销 4，微动开关 SQ4 动作，进给电动机反转；同时，顶销 5 仍处于鼓轮圆柱面上，压住微动开关 SQ7，使离合器 M₄ 通电接合。此时，工作台得到向后的横向进给运动。

向上扳动手柄 1 时，鼓轮 7 顺时针转动（见 E—E、F—F 截面图），顶销 4 被斜面压下，微动开

图 16-15　横向及垂直进给操纵机构
1—手柄　2—平键　3、4、5、6—顶销
7—鼓轮　8—轴　9—壳体

关 SQ4 动作，进给电动机反转；此时顶销 6 处于鼓轮 7 的圆柱面上，从而压动微动开关 SQ8，使电磁离合器 M₃ 接合，这样就使工作台向上移动。向下扳动手柄时，鼓轮 7 逆时针转动，顶销 3 被压下，压动微动开关 SQ3，进给电动机正转；此时顶销 6 仍处于鼓轮 7 的圆柱面上，离合器 M₃ 仍保持接合，从而使工作台向下移动。

操纵手柄 1 处于中间位置时，顶销 3、4 均位于鼓轮 7 的凹槽之中，微动开关 SQ3 和 SQ4 均处于放松状态，进给电动机不运转；同时顶销 5、6 也均位于鼓轮的凹槽中，放松微动开关 SQ7 和 SQ8，使电磁摩擦离合器 M₄ 及 M₃ 均处于失电不接合状态，故工作台的横向和垂直方向均无进给运动。

# 第三节　其他铣床

## 一、立式铣床

图 16-16 是立式铣床的外观图。立式铣床与卧式铣床的主要区别在于立式铣床的主轴竖直安装，也就是以立式铣头代替了卧式铣床的水平主轴，去掉了悬梁及其挂架等部分，其他部分则与卧式完全相同。

立式铣床的主运动是立式主轴的旋转运动，进给运动和快速移动同于卧式铣床。

立式铣床一般除了可以加工在卧式铣床上所能加工的零件外，由于立式铣床装卸刀具比较方便，操作时易于观察，还能装上较大的刀盘进行高速铣削，所以立式铣床的用途也很广泛。

## 二、圆台铣床

图 16-17 是圆台铣床的外观图。它主要由底座 1、滑座 2、圆工作台 3、立柱 4 和主轴箱 5 等部分组成。

图 16-16　立式铣床

图 16-17　圆工作台铣床
1—底座　2—滑座　3—圆工作台　4—立柱　5—主轴箱

机床的主运动是主轴的旋转运动（一般有两个主轴），进给运动是圆工作台连续缓慢的转动。除此以外，滑座 2 可以在底座 1 的导轨上作横向调整移动，用来调整工作台与主轴间的横向相对位置。主轴箱可沿立柱导轨作升降调整运动，用于加工中对刀。

由于圆工作台的进给运动是连续缓慢的转动，对于中、小型零件的加工（通过夹具的装夹）可以连续进行，装卸工件的辅助时间与切削时间重合，所以生产效率很高，适用于大批量生产中铣削中小型零件的平面。

## 三、龙门铣床

图 16-18 是龙门铣床的外观图。龙门铣床是一种大型机床，它有四个铣头（两个立式铣头，两个卧式铣头），可以同时加工几个平面，生产效率较高。它主要用于大型零件的加工，或中、小型零件的成批加工。

图 16-18 龙门铣床

## 复 习 题

16-1 在铣床上可以进行哪些加工?

16-2 铣削加工有什么特点?

16-3 什么是顺铣? 什么是逆铣? 它们各有什么优缺点?

16-4 写出 X6132 型铣床的主运动传动路线表达式。

16-5 试计算 X6132 型铣床纵向和横向进给的最大进给量以及垂直进给的最小进给量。

16-6 指出 X6132 型铣床工作台纵向快速移动的传动路线。

16-7 说明 X6132 型铣床主变速操纵机构的工作原理,并说明微动开关 11(SQ6)的作用。

16-8 说明 X6132 型铣床进给操纵机构的工作原理。

16-9 卧式铣床、立式铣床、圆台铣床、龙门铣床各适用于什么零件的加工? 适用于什么类型生产?

## 第十七章

# 钻、镗、刨、磨加工及其设备

金属切削加工的常用方法除前述车削和铣削之外，还有钻削、镗削、刨削和磨削等几种，本章将对这几种切削加工方法及其设备作一简略介绍。

## 第一节　钻削加工与钻床

钻削加工是用孔加工刀具在工件上进行钻孔、扩孔、铰孔、攻螺纹等的加工方法。在钻床上进行钻削加工时，刀具安装在机床主轴的前端，工件用夹具（或直接）固定在机床工作台上。主运动是钻床主轴带动刀具的旋转运动，进给运动是主轴的轴向移动（见图17-1）。

### 一、钻削加工的范围和特点

钻削加工的范围较广，在钻床上采用不同的刀具，可以完成打中心孔、钻孔、铰孔、攻螺纹、锪钻埋头孔、修刮端面和镗孔等工作（见图17-2）。

钻削加工有以下特点：

1）钻削主要用于孔加工。

2）钻削时主运动是钻床主轴的旋转运动，进给运动是主轴的轴向移动。

3）钻削是一种半封闭式切削，切屑变形大，排屑困难，而且难于冷却润滑，故钻削温度较高。

4）钻削力较大，钻头容易磨损。

图 17-1　钻头钻削时的情况

### 二、常用钻床

钻床的种类很多，常用的有台式钻床、立式钻床和摇臂钻床等。

#### 1. 台式钻床

台式钻床一般用来加工小型零件上直径不超过12mm的孔，最小加工孔径可小于1mm。由于加工的孔径较小，为达到一定的切削速度，最低转速在400r/min以上，最高转速可达10000r/min（高速台钻）。

图17-3是台式钻床的外观图。台式钻床主要由底座1、工作台2、主轴3、主轴架4和立柱5等部分组成。

钻孔时，钻头装在钻夹头上，钻夹头装在主轴3下端的锥孔内。电动机通过主轴架4上一对塔轮和 V 带传动，可通过调整使主轴获得多种转速。操纵进给手柄可使主轴作轴向移动。工作台 2 用来装夹工件或放置台钳以装夹工件。立柱 5 安装在底座 1 上，用以支持主轴架。立柱上有齿条和导向槽，用来调整主轴架的高度以适应加工需要。

图 17-2　钻床上常用的加工方法
a）钻孔　b）扩孔　c）铰孔　d）攻螺纹
e）锪钻柱形埋头孔　f）锪钻锥形埋头孔

　　台式钻床小巧灵活，适用于各种小型零件的孔加工。由于进给运动靠手动实现，工人劳动强度较大，主要用于单件、小批生产。

**2. 立式钻床**

　　立式钻床的规格用最大钻孔直径表示，常用的有 25mm、35mm、40mm 和 45mm 等。

　　图 17-4 是立式钻床的外观图。立式钻床主要由工作台 1、主轴 2、进给箱 3、主轴变速箱 4、立柱 5 和底座 6 等部分组成。

图 17-3　台式钻床
1—底座　2—工作台　3—主轴
4—主轴架　5—立柱

图 17-4　立式钻床
1—工作台　2—主轴　3—进给箱
4—主轴变速箱　5—立柱　6—底座

　　立柱 5 装在底座 6 上，起联接、支承机床各主要部件的作用。底座起支承床身的作用。工作台 1 用来直接安装工件或放置机用台钳以装夹工件，它由丝杠和固定在底座上的螺母套筒支承在底座上，并可沿立柱导轨作垂直移动，以适应不同尺寸的工件加工。进给箱 3 内装有进给

257

变速机构，用来改变主轴2的自动轴向进给速度，并可利用手柄操作实现手动轴向进给运动。进给箱可沿立柱5的导轨上下移动，与工作台配合以适应各种尺寸工件的加工。主轴变速箱4固定在立柱顶端，内装主轴变速机构，用以改变主轴的旋转速度。主轴下端的锥孔用来直接安装钻头或安装钻套、钻夹头。主轴与主轴箱、进给箱相联接，可以同时实现旋转运动和轴向移动。

立钻与台钻相比，其刚性好，功率大，因而允许采用较大的切削用量，可自动走刀，生产效率较高；主轴的转速和进给量变化范围大，加工精度也较高。但立钻也和台钻一样，它的主轴和工作台都不能沿纵横方向移动，加工不同位置的孔时必须用手移动工件，因此立式钻床仅适合于加工中小型工件上的孔。

### 3. 摇臂钻床

图17-5是摇臂钻床的外观图，摇臂钻床主要由底座1、立柱2、摇臂3、主轴变速箱4、主轴5和工作台6等部分组成。

钻削加工时，工件和夹具可安装在底座1或工作台6上。立柱2为双层结构，内立柱安装于底座上，外立柱可绕内立柱转动，并可带着摇臂3绕主轴轴线摆动。主轴箱安装在摇臂3上，并可沿摇臂水平导轨移动。通过摇臂和主轴箱的上述运动，可以方便地在一个扇形面内调整主轴至被加工孔的位置。另外，摇臂可沿立柱轴向上下移动，以调整主轴5及刀具的高度。

图17-5　摇臂钻床

1—底座　2—立柱　3—摇臂　4—主轴变速箱
5—主轴　6—工作台

摇臂钻床具有主轴旋转、主轴轴向进给、主轴箱沿摇臂水平导轨移动、摇臂摆动及摇臂沿立柱升降等五个运动。前两个运动为表面成形运动，后三个为调整位置的辅助运动。主轴的旋转是由主电动机通过主轴箱内若干对齿轮传动变速后传至主轴来实现的。主轴的轴向移动则由主轴通过主轴箱内若干对齿轮传动变速后传至主轴齿条套筒来实现的。主轴箱沿摇臂的水平移动由转动手轮通过齿轮齿条传动来实现。摇臂沿立柱的升降由升降电动机通过螺旋机构传动来实现。摇臂的回转是通过松开摇臂的夹紧机构后、用手推动摇臂使外立柱绕内立柱回转来实现的。

摇臂钻床具有结构简单、操纵方便、工作适应性强等特点，适用于单件和中、小批生产大、中型零件的孔加工。

## 第二节　镗削加工与镗床

### 一、镗削加工的范围和特点

在机械制造生产中，当加工尺寸较大、精度要求较高的孔时，通常用镗床进行镗削加工，这种加工特别适用于加工分布在零件不同位置上的相互位置精度要求较高的孔系。在镗床上除进行镗孔外，还可完成铣端面、钻孔、攻丝、车外圆和端面等多种工作。图 17-6 所示为卧式铣镗床的典型加工方法，其中，图 a 表示用装在镗轴上的镗刀镗孔，由镗轴移动完成纵向进给运动；图 b 表示装在镗轴和后支承上的镗杆带动两把镗刀旋转，以镗削同一轴线上的两个孔，由工作台移动完成纵向进给运动；图 c 表示用装在平旋盘上的悬伸镗刀镗削大直径孔，由工作台移动完成纵向进给运动；图 d 表示用装在镗轴上的端铣刀铣平面，以主轴箱移动完成垂直进给运动，图 e、f 表示用装在平旋盘径向溜板上的车刀车内沟槽和端面，由径向溜板移动完成径向进给运动。

镗削加工的特点是：

1）镗孔是用镗刀对已有的孔进行加工，以扩大孔径，提高精度、降低表面粗糙度和纠正原有孔的轴线偏斜。

2）在镗床上镗削时，主运动是刀具的旋转运动，进给运动可以是主轴的轴向或径向进给，也可以是工作台纵向或横向进给。

a)　　　　　　　　b)　　　　　　　　c)

d)　　　　　　　　e)　　　　　　　　f)

图 17-6　卧式铣镗床的典型加工方法

3）镗削加工的刀具结构简单，通用性好，加工质量高，但生产效率低，因而适用于批量较小的零件加工及位置精度要求较高的孔的加工。

## 二、常用镗床

镗床的主要类型有卧式铣镗床、坐标镗床及精镗床等。

### 1. 卧式铣镗床

图 17-7 是卧式铣镗床的外观图。卧式铣镗床主要由后支承 1、后立柱 2、工作台 3、镗轴 4、平旋盘 5、径向导轨 6、前立柱 7、主轴箱 8、尾筒 9、床身 10、下滑座 11 和上滑座 12 等部分组成。

加工时，刀具装在主轴箱 8 的镗轴 4 或平旋盘 5 上，由主轴箱 8 获得各种转速和进给量。主轴箱可沿前立柱 7 的导轨上下移动。工件安装在工作台 3 上，可与工作台一起随下滑座 11 或上滑座 12 作纵向或横向移动。此外，工作台还可绕上滑座的圆导轨在水平面内调整至一定的角度位置，以便加工互成角度的孔。装在镗轴 4 上的镗刀还可随镗轴作轴向运动（由尾筒 9 内的机构完成），实现轴向进给或调整刀具的轴向位置。当镗杆及刀杆伸出较长时，可用后立柱 2 上的后支承 1 从后端加以支承，以增加刀杆及镗轴的刚性。当刀具装在平旋盘的径向刀架（图中未示出）上时，径向刀架还可带着刀具沿径向导轨 6 作径向进给运动，

259

图 17-7 卧式铣镗床
1—后支承 2—后立柱 3—工作台 4—镗轴 5—平旋盘 6—径向导轨 7—前立柱
8—主轴箱 9—尾筒 10—床身 11—下滑座 12—上滑座

可以车削端面。

卧式铣镗床的加工范围较广，适用于单件小批生产。

**2. 坐标镗床**

坐标镗床是一种主要用于加工精密孔系的高精度机床。这种机床装备有坐标位置的精密测量装置，可获得很高的坐标定位精度，从而保证刀具和工件具有精确的相对位置。因此，坐标镗床不仅可以使被加工孔本身达到很高的尺寸和形状精度，而且可以不采用导向装置，保证孔间中心距及孔至某一基面间的距离达到很高的精度。坐标镗床除能完成一般镗床的加工外，还能进行精密刻线和划线，以及孔距和直线

图 17-8 双柱坐标镗床
1—工作台 2—横梁 3、6—立柱 4—顶梁
5—主轴箱 7—主轴 8—床身

尺寸的精密测量等工作。坐标镗床主要用于加工精度要求较高的工件、夹具、模具和量具等。

坐标镗床按其布局形式有单柱、双柱和卧式三种型式，图 17-8 是双柱坐标镗床的外观图。双柱坐标镗床主要由工作台 1、横梁 2、立柱 3 和 6、顶梁 4、主轴箱 5、主轴 7 和床身 8 等部分组成。

双柱坐标镗床属大型机床，为了保证机床具有足够的刚度，采用了两个立柱、顶梁和床身构成龙门框架的布局形式，并将工作台直接支承在床身导轨上。主轴箱 5 安装在可沿立柱

3、6导轨调整上下位置的横梁2上。镗孔的坐标位置由主轴箱沿横梁导轨水平移动及工作台1沿床身8导轨的移动来确定。

**3. 精镗床**

精镗床是一种高速镗床，它采用硬质合金刀具（以前这种机床常采用金刚石刀具，故又称金刚镗床）以很高的切削速度、极小的切削深度和进给量对工件内孔进行精细镗削，可获得很高的尺寸精度和很细的表面粗糙度。精镗床主要用于批量加工连杆、活塞、液压泵壳体、气缸套等零件的精密孔。

图17-9是单面卧式精镗床的外观图。它主要由主轴箱1、主轴2、工作台3和床身4等部分组成。

图 17-9 单面卧式精镗床
1—主轴箱 2—主轴 3—工作台 4—床身

主轴箱1固定在床身4上，主轴2由电动机通过带轮直接带动以高速旋转。工件通过夹具安装在工作台3上，工作台沿床身导轨作低速平稳的进给运动。为了获得较细的表面粗糙度，除了采用高转速、低进给外，机床主轴结构短而粗，支承在有足够刚度的精密支承上，使主轴运转平稳。

除了单面卧式精镗床外，按机床布局分，还有双面卧式精镗床及立式精镗床等类型。

# 第三节 刨削加工与刨床

进行刨削加工的机床是刨床。对工件进行刨削加工时，用台钳或螺栓将工件固定在刨床的工作台上，刨刀则安装在刀架上，依靠刨刀与工件之间所产生的相对直线运动来完成对工件表面层的切削。

根据刀具与工件相对运动方向的不同，刨削可分为水平刨削和垂直刨削两种。水平刨削一般称为刨削，垂直刨削则称为插削（见图17-10）。目前在一些小型工厂中，刨削仍然是加工平面和沟槽等工序的主要方法。在单件、小批量生产和维修中，刨削加工方法得到了广泛的应用。

图 17-10 刨削与插削
a) 刨削 b) 插削

## 一、刨削加工的范围和特点

刨床加工的范围较广，在刨床上采

261

用各种不同的刨刀，可以完成水平面、垂直面、台阶面、倾斜面、曲面、燕尾面、T形槽、键槽等表面的加工。若用插削可完成零件内孔键槽、各种非圆柱形孔的内表面以及齿轮、齿条齿面等的加工。图17-11所示为常见的几种刨削加工方法（图中箭头表示进给方向）。

图17-11　常用的刨削加工方法
a）刨水平面　b）刨垂直面　c）刨斜面　d）切槽

刨削加工有以下特点：

1）刨削（包括插削）主要用于加工各种平面和沟槽。

2）刨削时，主运动是刨刀（牛头刨）或工作台（龙门刨）的往复直线运动；进给运动则是工作台带动工件（牛头刨）或刀架带动刨刀（龙门刨）的间歇性直线移动。

3）刨削加工是单程的切削加工，返程时不切削，故生产效率较低。

4）刨削为间歇切削，每一行程开始吃刀有冲击，易使刀具崩刃或损坏，故切削速度受到限制。

5）刨削的切削速度较低，因此所产生的切削热不多，除精刨外，一般刨削皆不需采用冷却润滑液。

6）精刨时可获得较高的精度和较低值的表面粗糙度。

## 二、常用刨（插）床

刨床类机床主要有龙门刨床、悬臂刨床、牛头刨床和插床等类型。

### 1. 龙门刨床和悬臂刨床

图17-12是龙门刨床的外观图。龙门刨床主要由床身1、工作台2、横梁3、立刀架4、顶梁5、立柱6、进给箱7、主电动机与变速箱8、侧刀架9等部分组成。

龙门刨床的主运动是工作台2沿床身1的导轨的水平直线往复运动，能在很大范围内进行无级调速。工作台运动采用交错斜齿轮和齿条传动副，因此具有较高的重叠系数，运行平稳。床身1的两侧固定有立柱6，形成结构刚性较好的龙门框架。横梁3上装有两个垂直刀架4，横梁可沿立柱垂直导轨作升降移动，以调整垂直刀架的位置，适应不同高度的工件加工。两个垂直刀架可分别作横向和垂直方向进给运动及快速调整移动。横梁升降位置确定后，由夹紧机构夹紧在两个立柱上。左右立柱分别装有侧刀架9，可分别沿垂直方向作自动进给和快速调整移动，以加工侧平面。机床进给运动采用自动进刀机构，在工作台返回终端换向时，刀架相对工件作自动进给。机床的各主要运动，如进刀、抬刀、横梁升降前的放松、升降后的夹紧、工作台减速、反向以及慢速切削等，皆由悬挂按钮站和电气柜的操纵台集中控制，操作方便、安全可靠，并能实现自动工作循环。

图 17-12　龙门刨床

1—床身　2—工作台　3—横梁　4—立刀架　5—顶梁　6—立柱

7—进给箱　8—主电动机与变速箱　9—侧刀架

　　龙门刨床主要用于加工大型工件的各种平面和沟槽（有时也用于同时加工多个中小零件）等。既可用于粗加工，也可用于精加工。若将刨床上的刀架换成铣头或磨头，可以使工件在一次安装中完成刨、铣及磨平面等工作，这种机床又称为龙门刨铣床或龙门刨铣磨床。

　　图 17-13 是悬臂刨床的外观图。由图可以看出，它与龙门刨床的主要区别是它只有一个立柱。因此，在悬臂刨床上加工的工件宽度不像龙门刨床那样受龙门框架的限制，特别适合于加工那些宽度较大、且又不需要在整个宽度上全部加工的工件。但悬臂刨床的刚度比龙门刨床差。悬臂刨床的主运动、进给运动和龙门刨床相同。

263

图 17-13　悬臂刨床

## 2. 牛头刨床

牛头刨床因其滑枕刀架形似"牛头"而得名。图 17-14 是牛头刨床的外观图。由图可以看出，牛头刨床主要由工作台 1、横梁 2、刀架 3、转盘 4、滑枕 5、床身 6、底座 7 等部分组成。

牛头刨床的主运动机构装在床身 6 内，它使装有刀架 3 的滑枕 5 沿床身顶部的水平导轨作往复直线运动。刀架可沿刀架座上的导轨移动（一般为手动），以调整刨削深度以及在加工垂直平面和斜面时作进给运动。调整转盘 4 可使刀架左右回转 60°，以便加工斜面或斜槽。加工时，工作台 1 带动工件沿横梁 2 作间歇的横向进给运动。横梁可沿床身的垂直导轨上下移动，以调整工件与刨刀的相对位置。

图 17-14　牛头刨床
1—工作台　2—横梁　3—刀架　4—转盘
5—滑枕　6—床身　7—底座

牛头刨床主运动的传动方式有机械和液压两种。机械传动常用摆动导杆机构，其结构简单、工作可靠、调整维修方便；液压传动能传递较大的动力，可实现无级调速、运动平稳，但结构复杂，成本较高，一般用于规格较大的牛头刨床。

牛头刨床工作台的横向进给运动是间歇进行的，它亦可由机械或液压传动来实现。机械传动一般采用棘轮机构。

牛头刨床主要用于加工中小型零件的各种平面及沟槽，适用于单件、小批生产的工厂及维修车间。

## 3. 插床

插床又称为立式刨床，如图 17-15 所示。由图可以看出，插床主要由床身 1、下滑座 2、上滑座 3、圆工作台 4、滑枕 5、立柱 6 等部分组成。

插床的主运动是滑枕 5 沿立柱 6 导轨的上、下往复直线运动；圆工作台 4 可带动工件回转，作周向进给运动；上滑座 3 和下滑座 2 可分别作纵向和横向进给运动。

插床主要用于单件、小批生产中加工各种凹槽（多用于插削内孔键槽）、平面及成型面。

图 17-15　插床
1—床身　2—下滑座　3—上滑座
4—圆工作台　5—滑枕　6—立柱

264

## 第四节　磨削加工与磨床

用砂轮或其他磨具对工件进行切削称为磨削。它主要用于淬硬钢零件的加工，也可以加工高硬度的特殊金属材料和非金属材料。磨削加工可获得高精度和低粗糙度的表面，在一般情况下，它是机械加工的最后一道工序。磨削也常用于刀具的刃磨或毛坯的清理。磨床是用来进行磨削加工的机床，为了适应各种不同表面的加工需要，磨床可分为平面磨床、外圆磨床、内圆磨床、工具磨床以及各种专门化磨床等。

### 一、磨削加工的范围和特点

磨削加工的范围较广，使用不同类型的磨床，可以磨削各种外圆面、内圆面、平面、成形面、齿轮齿廓面及螺旋面等，还可以刃磨各种刀具或切断工件。图 17-16、图17-17 和图 17-18 分别表示外圆磨削、内圆磨削及平面磨削常用的加工方法。

图 17-16　外圆磨削
1—头架顶尖　2—工件　3—砂轮
4—尾座顶尖

磨削加工与其他切削加工相比，有以下特点：

1）能加工硬度很高的材料，如淬硬钢、硬质合金、玻璃、陶瓷等。

2）能获得很高的加工精度和很低的表面粗糙度。

3）组成砂轮的砂粒几何形状不规则，多数砂粒呈负前角，且磨削速度高，工件材料硬，因此磨削过程中产生大量的切削热，使磨削温度升高。故磨削需要进行充分的冷却润滑，以提高加工表面质量和生产效率。

4）磨削加工一般是粗加工或半精加工后的最后一道工序，故磨削往往在很大程度上影响着机械产品的质量。

图 17-17　内圆磨削
1—卡盘　2—工件　3—砂轮
4—砂轮轴

a)　　　　　　　　b)

图 17-18　平面磨削
a）周边磨削　b）端面磨削
1—砂轮　2—工件　3—工作台

265

### 二、常用磨床

**1. 万能外圆磨床**

万能外圆磨床是常用的一种外圆磨床，工艺范围较广，除了磨削外圆柱面和外圆锥面外，还可以磨削台肩端面和内孔等。

图17-19为万能外圆磨床的外观图，它主要由床身1、头架2、内圆磨具3、砂轮架4、尾架5、床身垫板6、滑鞍7、主操纵箱8和工作台9等部分组成。

万能外圆磨床有下列运动：

1）砂轮的旋转运动（主运动）。

2）头架主轴带动工件的旋转运动（周向进给运动）。

3）工作台带动工件的往复直线运动（纵向进给运动）。

4）砂轮架的横向进给运动。

此外，机床还有两个辅助运动：为使砂轮移动方便，以节约辅助时间，砂轮架可以作固定行程的横向快速进退运动；为了装卸工件，尾架套筒能作伸缩运动。

万能外圆磨床不仅能磨削圆柱形工件的外圆表面，而且可以磨削圆锥面和内孔。磨削锥度不大的长圆锥面时，可将工作台的上台面相对下台面转动，使砂轮轴与工件中心轴线形成需要的角度（见图17-20a）；磨削锥度较大的短圆锥面时，则可将砂轮主轴箱或头架旋转到需要的角度（见图17-20b）。磨削内孔时，应把内圆磨具支架翻转放下，使内圆磨具固定在工作位置。

图17-19　万能外圆磨床

1—床身　2—头架　3—内圆磨具　4—砂轮架　5—尾架　6—床身垫板

7—滑鞍　8—主操纵箱　9—工作台

万能外圆磨床适用于单件小批生产。

**2. 内圆磨床**

内圆磨床用于磨削各种圆柱孔和圆锥孔。

图17-21为内圆磨床的外观图。内圆磨床主要由床身1、工作台2、头架3、砂轮架4和滑座5等部分组成。

图 17-20　磨削圆锥面
a）磨削长圆锥面　b）磨削短圆锥面

内圆磨床的主运动是砂轮主轴的旋转运动。由于工件孔径的限制，砂轮直径一般都很小，为达到精加工所需要的切削速度，内圆磨床砂轮主轴应有很高的转速（通常在 10000r/min 以上）。内圆磨床的进给运动有：头架主轴带动工件的旋转运动（周向进给）；工作台带动头架的往复直线运动（纵向进给）；砂轮架沿滑鞍的横向移动（横向进给）。

内圆磨床适用于单件小批生产。

图 17-21　内圆磨床
1—床身　2—工作台　3—头架　4—砂轮架　5—滑座

### 3. 平面磨床

平面磨床主要用于磨削各种工件的平面。普通平面磨床有卧轴矩台平面磨床、卧轴圆台平面磨床、立轴矩台平面磨床和立轴圆台平面磨床四类。最常见的是卧轴矩台平面磨床和立轴圆台平面磨床。

　　图17-22为卧轴矩台平面磨床的外观图，它主要由床身1、工作台2、砂轮架3、滑座4和立柱5等部分组成。

图17-22　卧轴矩台平面磨床
1—床身　2—工作台　3—砂轮架　4—滑座　5—立柱

　　磨削时，砂轮主轴由内联式异步电动机驱动，作旋转运动，砂轮架3可沿滑座4的燕尾导轨作横向间歇进给运动（手动或液动），工作台带动工件作纵向往复运动（液压传动），当零件的整个表面磨完后，滑座4和砂轮架3一起可沿立柱5的导轨作垂直方向的进给运动

图17-23　立轴圆台平面磨床
1—砂轮架　2—立柱　3—床身　4—圆工作台

（手动）。由于机床工作台上装有电磁吸盘，因此，在磨削钢和铸铁等铁磁性材料的零件时，其定位、装夹都很方便。

卧轴矩台平面磨床加工精度较高，加工范围较广，生产效率较高。

图 17-23 为立轴圆台平面磨床的外观图。它主要由砂轮架 1、立柱 2、床身 3 和圆工作台 4 等部分组成。

立式砂轮主轴由内联式异步电动机驱动。砂轮架 1 可沿立柱 2 的导轨作垂直进给运动。圆工作台 3 旋转作进给运动。为了便于装卸工件，圆工作台还能沿床身 3 的导轨纵向移动。由于砂轮直径大，所以常采用镶片砂轮。这种砂轮也便于冷却液冲入切削区，使砂轮不易堵塞。

立轴圆台平面磨床的生产效率较高，适用于成批生产磨削小型零件的平面或大直径环形零件的端面。

## 复 习 题

17-1　钻削加工有什么特点？

17-2　台式钻床、立式钻床和摇臂钻床各适合于什么样零件的加工？

17-3　镗削加工有什么特点？

17-4　试说明卧式铣镗床的典型加工方法。

17-5　刨削加工有什么特点？

17-6　龙门刨床、悬臂刨床、牛头刨床和插床各适合于什么零件的加工？

17-7　磨削加工有什么特点？

17-8　说明万能外圆磨床和内圆磨床的主运动和进给运动。

17-9　卧轴矩台平面磨床和立轴圆台平面磨床各适用于什么情况下的生产加工？

# 第十八章

# 特 种 加 工

## 第一节 概 述

特种加工是指利用电、声、光、热、磁及化学等的能量，对结构形状复杂、精度要求高、表面粗糙度要求高、材料难以加工的零件进行加工的方法。

### 一、特种加工的产生

随着科学技术的进步，许多部门对产品结构的要求日趋复杂，对性能的要求也日益提高，特别是在航天、航空及国防工业中更为突出。有的产品对高速度、大功率和小型化方面的要求越来越高，而有的产品对强度、韧性、硬度及耐高温、耐高压和抗腐蚀的能力要求越来越强，还有一些产品则对其结构形状以及精度提出了特殊的要求。为此，机械加工领域必须解决如下问题：

1）加工各种难加工的材料，如硬质合金、钛合金、耐热钢、不锈钢、金刚石、石英及锗、硅等各种高硬度、高强度、高韧性、高脆性和高纯度的金属或非金属材料。

2）加工各种结构特殊、形状复杂或者尺寸很小的零件，如叶片、各种模具的形面、喷丝头的异形孔以及细微孔、缝的结构等。

3）加工刚度极低的零件，如细长和薄壁零件以及厚度只有几十微米的弹性元件等低刚度结构的零件。

4）加工高精度零件，如高压液压阀门、精密光学透镜、尺寸精度和表面粗糙度要求很高的零件。

以上零件的加工用传统的切削加工方法，已不方便甚至不可能。机械制造业除了不断革新和发展传统的加工方法之外，还得不断地寻求新的加工方法，特种加工就是在这种前提下产生和发展起来的。

### 二、特种加工的特点

传统的切削加工是通过刀具利用机械能切削工件上的多余材料来完成加工的，因而刀具的硬度必须高于被加工工件的硬度，否则无法进行加工。20世纪40年代以后，人们研究出了直接利用电、声、光、化学与机械加工相结合对工件进行加工的方法。这些加工方法不同于传统的切削方法，故把它们称为特种加工。特种加工具有以下特点：

1）特种加工不是利用机械能来进行加工的，有些种类的特种加工并不需要工具，或者虽然使用工具，但它并不与工件接触，且不承受较大的作用力，所以这些加工方法几乎与工件材料的硬度、强度等机械性能无关，因此工具的硬度可以低于工件的硬度，却能加工各种高硬度、高强度材料。

2）当利用电能等转换成热能来加工时，因热作用时间很短，热作用区很小，故能获得良好的表面质量，有利于加工热敏材料和低刚度零件。

3）在特种加工中，加工余量的去除过程大都是微细的，故它不仅能加工尺寸微小的孔或窄缝，有的还能获得极高的加工精度和极低的表面粗糙度。

4）在特种加工中，有的工件加工表面是工具形状、尺寸的复印，因此在二维甚至三维空间内工具与工件相对运动的控制关系都比机械加工方法简单，故特种加工可以采用简单的进给运动加工出复杂的型面。

特种加工的出现弥补了传统加工的不足，同时某些产品的加工质量、生产率和经济性能得到了提高。随着科学技术的不断进步和生产的发展，特种加工方法也不断地得到完善和发展，目前的应用日益广泛，对宇航、电子、仪表、机械和轻工行业的某些产品零件，已成为不可缺少的加工方法。但是，特种加工技术目前仍处于研究发展中，还面临一些有待进一步解决的问题，故主要应用于难加工材料和细微结构及复杂形状零件的加工。

目前在机械制造领域用于生产的特种加工方法主要有：电火花加工、电解加工、化学加工、电子束及离子束（包括等离子束）加工、激光加工、超声波加工、光刻加工和高压水喷射加工等，下面摘要介绍几种。

## 第二节　电火花加工

电火花加工是利用电极间隙脉冲放电产生的局部瞬时高温对导电的零件进行电蚀（使加工区材料局部熔化）实现加工的。

### 一、电火花加工原理

图 18-1 所示为电火花加工原理。当置于液体绝缘介质（多用煤油、皂化油水溶液）2 中的工具电极 3 与工件电极 1 靠近达到一定的微小距离（称放电间隙）时，电极间的电压超过液体介质的绝缘强度，使工具与工件间的最近点间（微观不平的凸点之间）的介质被瞬时击穿，并电离成电子和正离子，在电场力的作用下分别高速向阳极和阴极运动，形成放电通道，产生脉冲放电。在放电过程中，瞬间产生的局部高温（中心温度在 10000°C 左右）使电极放电部位的金属迅速熔化甚至汽化，形成熔融状的微粒，并在热爆炸力和放电压力的作用下被抛离放电区，达到蚀除金属的目的。随着脉冲放电的不断进行，就可逐渐地把工具电极的轮廓形状较精确地"复印"在工件上，从而完成预定的加工。

研究表明，脉冲放电时存在极性效应，即正、负极的电蚀损耗量是不等的，而且相差较大，故工具电极应接在损耗量小的那个极上，而将工件接在损耗量大的那个极上。

### 二、电火花加工的特点及应用

电火花加工有如下特点：

1）由于电火花加工是基于脉冲放电的蚀除原理，其脉冲放电的能量密度很高，因而可以加工任何硬、脆、韧、软、高熔点材料。

图 18-1　电火花加工原理
1—工件电极　2—绝缘介质　3—工具电极

2）加工时，工具电极与工件材料不接触，有利于小孔、薄壁、窄槽以及各种复杂型孔、型腔等的加工。

3）当脉冲放电的持续时间很短时，放电所产生的热量来不及传散，可以减小材料被加工表面的热影响层，提高表面加工质量。

4）直接利用电能加工，便于实现自动化。

应用电火花加工技术，可以对金属零件进行电火花穿孔和成型加工、电火花线切割、电火花磨削、电火花表面强化与刻蚀等。

## 三、电火花加工设备

### （一）电火花加工设备的基本组成

电火花加工设备由四部分组成：机床本体、工作液循环系统、脉冲电源和自动进给调节装置。

（1）机床本体　电火花加工设备的机床本体和普通机床相似，用来安装工具电极和工件，并使它们获得精确的相对运动。

（2）工作液循环系统　电火花加工设备的工作液循环系统为电极间提供液体介质并带走电蚀屑。

（3）脉冲电源　电火花加工的脉冲电源的作用是把直流电或工频交流电转变为一定频率的单向脉冲电流，提供加工所需放电能量。它对加工的生产率、稳定性、工具电极的损耗以及加工精度与表面质量等有着很大的影响。电火花加工的脉冲电源通常有三种，即RC脉冲电源、晶闸管式脉冲电源和晶体管式脉冲电源。

RC脉冲电源由充电和放电回路组成，如图18-2a所示，RC脉冲电源是利用电容器充、放电原理，把直流电转变为脉冲电流，充电回路由直流电源、限流电阻R和电容C组成；放电回路由电容C、工具电极和工件、极间放电间隙组成。由于电容器充、放电过程中的能量存储与释放与弓弦的张弛相似，故RC脉冲电源又称"张弛"式脉冲电源。RC脉冲电源结构简单、成本低，但限流电阻能耗大、功率较小、效率低、稳定性差及工具电极损耗大，故大功率电火花机床均不采用。

晶闸管式脉冲电源是利用晶闸管作为开关元件而获得直流脉冲电流的，如图18-2b所示，它由直流电源、触发回路、关断电路及电源到工具与工件间隙的主回路组成，晶闸管脉

图 18-2　电火花加工用脉冲电源
a）RC脉冲电源　b）晶闸管式脉冲电源
c）晶体管式脉冲电源

冲电源的电参数调节范围大、功率大、过载能力强、生产率高，一般用于大电流加工。

晶体管式脉冲电源是利用晶体管作为开关元件而获得单向脉冲电流的，如图 18-2c 所示，它主要由直流电源、主振级、前置放大级、功率输出级等几部分组成。晶体管式脉冲电源具有脉冲频率高、脉冲参数可调范围广、脉冲波形易于调整，并易于实现多回路加工和自适应控制的特点，所以适用范围非常广泛。

（4）自动进给调节装置　在电火花加工过程中，工具不但要随着工件材料的不断蚀除而进给，而且还要不断地调节进给速度以保持恰当的放电间隙，这就要靠自动进给调节装置来实现。常用的结构有电气—液压自动进给调节装置、步进电机自动进给调节装置等。

电火花加工根据电极的形状，可分为成形电极电火花加工和线电极电火花切割加工。前者用的设备为电火花穿孔机，后者用电火花线切割机。

**（二）电火花穿孔机**

（1）电火花穿孔机的功用和组成　电火花穿孔机主要用于各种截面形状的直通孔、小孔和微孔（直径 1~0.1mm 或更小）及型腔（半敞开的孔）的加工，除此之外，也可加工外成形表面及进行刻蚀，有的电火花穿孔机还可加工螺旋表面。

电火花穿孔机如图 18-3 所示，主要由机床本体、电源柜及工作液（液体介质）供应装置等部分组成。机床本体是直接进行加工的部分，工件 5 放在盛有流动工作液的加工箱 4 内，并可随工作台 3 实现纵、横向移动，工具电极 6 装夹在主轴箱 7 的主轴下端。主轴箱内有随动机构，通过它可使工具电极产生轴向的随动进给并保证最佳的放电间隙。主轴箱可沿立柱 2 的导轨上、下移动，以调整工具电极的位置。电源柜 8 主要由脉冲电源、主轴箱随动进给控制系统和强电控制系统等组成。工作液供应装置 9 的作用是向加工箱 4 不断供应清洁和充足的工作液，它主要由过滤器、泵、阀及箱体等组成。

图 18-3　电火花穿孔机示意图
1—床身　2—立柱　3—工作台　4—加工箱
5—工件　6—工具电极　7—主轴箱
8—电源柜　9—工作液供应装置

（2）电火花穿孔机的电极　电火花穿孔机的电极可用铜、铸铁、钢、石墨及银钨合金等制造，它们大都（除钢及铸铁外）较易加工成形。成形电极的形状必须与零件加工表面吻合，尺寸应考虑放电间隙（对内表面应适当缩小，对外表面则应适当放大），精度应比零件的要求高，表面粗糙度值应低。在数控电火花穿孔机上，通过工具电极与工件间的相对运动，可进行平面轮廓及三维空间成形表面的加工。

**（三）电火花线切割机**（简称线切割机）

（1）线切割机的功用及组成　线切割机主要用于模具、夹具零件上各种形状的直通成形孔及成形柱面（外表面）的加工，对非圆曲面可近似加工；也可用于某些成形刀具（如刨刀）、样板及小型精密平板零件的加工；还特别适合加工狭缝、窄槽及小深孔。

图 18-4 为快走丝数控线切割机的示意图。其工作原理是利用在垂直位置的细长金属丝作工具电极 2（接负极），工件 9 放在上工作台 1 上（接正极），在它们之间加上高频脉冲电流（由脉冲电源 10 提供，频率一般不小于 20000Hz），并由喷嘴 11 喷淋液体介质，利用两极间放电产生的高温，对工件进行电蚀，通过形成窄缝实现（切割）加工。线切割机使用

的工具电极丝，是直径为 $\phi 0.02 \sim \phi 0.3\,\mathrm{mm}$ 的钼丝、钨丝或铜丝。由于不是用成形电极"复印"进行加工，故工件应安装在带有双层十字溜板的工作台（上、下工作台1、13）上，其相互垂直方向的进给运动由数控装置6控制，并分别由两套进给驱动系统（由步进电动机3、齿轮副及精密丝杠副4等组成）带动。电极丝在卷丝筒7上整齐地排绕，经线架（图上未画出）的若干个走丝轮8（其中一个兼有导电作用）张紧在垂直位置。为防止电极丝被烧坏，使其腐蚀均匀，并带走放电区电蚀后的残留物，电极丝还应以一定速度在加工区的确定位置上相对工件作垂直上下运动。有些数控线切割机的线架还可用数控装置控制，使电极丝向预定方向倾斜，以切割锥度。

图18-4　数控线切割机示意图

a) 组成　b) 切割区局部放大

1—上工作台　2—工具电极　3—步进电动机　4—精密丝杠副　5—控制脉冲　6—数控装置
7—卷丝筒　8—走丝轮　9—工件　10—脉冲电源　11—喷嘴　12—支座　13—下工作台

（2）线切割机电极丝运动的控制方式及应用　线切割机电极丝的运动有三种控制方式，即靠模仿型控制、光电跟踪控制和数字程序控制。靠模仿型控制是早期线切割加工的控制方式，这种控制方法比较简单、可靠，但是生产率低，电极丝损耗大，只能加工比较简单的形状；光电跟踪控制是利用光电转换技术来进行控制的，这种控制方式比较简单，可以加工复杂曲面，适用于加工花模等轮廓形状比较复杂的小型零件；数字程序控制是根据工件的尺寸和形状，按照一定格式编排程序，通过计算机控制机床工作台在水平面两坐标方向的运动以完成加工的控制方式。随着数控技术的发展，数字程序控制方式已获得广泛的使用。

线切割机具有不需制作成形电极、电极损耗小、加工精度高、材料蚀除量少及机床尺寸较小等优点。但是，由于线切割加工时，电极丝必须穿过工件截面（厚度方向），故只能加工直通的内、外表面。加工内表面时，要先在孔的中间预作穿透工件的走丝孔以穿过电极丝。目前，线切割机能切割工件的最大厚度可达 $650\,\mathrm{mm}$。

# 第三节　电解加工

## 一、电解加工原理

在电解液中，当两片保持一定距离的金属板分别接正、负极并通以直流电后，接阳极的金属板将被腐蚀并以一定速度"溶解",这一现象叫阳极溶解现象。电解加工就是利用这一原理并加以控制来实现对零件进行加工的。

如图 18-5 所示,接负极的工具电极 2 与接正极的工件 3 两者间保持 0.01～1mm 的间隙,相对安放在机床上。在两电极上,由电源 1 供给低电压(6～24V)、大电流(500～20000A)的直流电,并用泵 5 向工具电极与工件间的间隙处注入一定压力及流量的电解液 4,由于电化学反应,工件表面的金属按工具负极的形状被溶解,形成的腐蚀物随即被流动的电解液冲走。加工过程中,工具电极在加工方向以一定的速度(0.3～12mm/min)接近工件并保持所需的间隙,溶解便不断进行,逐渐加工出符合工具电极形状的所需表面。

电解加工使用的工具电极,应与工件的形状及尺寸一致,并按严格的质量要求预先制成。从理论上来说,电解加工时工具电极是不消耗的,这有利于稳定加工质量。图 18-6a、b 所示为形面加工的示意图,图中细竖线表示通过负极与正极的电流,竖线的疏密程度表示电流密度的大小。在加工刚开始时(见图 18-6a),负极与正极距离较近的地方通过的电流密度较大,电解液的流速较高,正极溶解速度也较快,随着工具相对工件不断进给,工件表面就不断被溶解,直至工件表面形成与负极工作面基本相似的形状(见图 18-6b)。

图 18-5 电解加工原理图
1—电源 2—工具电极 3—工件
4—电解液 5—泵

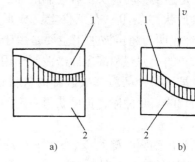

图 18-6 电解加工形面成型情况示意图
a) 加工开始 b) 加工完成
1—工具电极 2—工件

## 二、电解加工的特点及应用

电解加工具有加工范围广、形面成型状况好、生产率高、工艺装备简单、操作方便、对工人操作技术要求不高等优点。但是,由于它有不易达到较高的精度、电解加工附属设备多、占地面积大、对机床的防腐性要求高、工具电极制造工作量较大、电解产物的处理麻烦等缺点,所以主要用于能导电的难加工材料和形状复杂零件的加工,如小深孔、枪炮管内孔的膛线、涡轮叶片、整体叶轮表面等的加工;同时,也比较广泛地应用于各种零件的型孔倒圆、抛光、去毛刺及刻印等加工。

# 第四节　超声波加工

超声波是指频率为16000～20000Hz的振动波，其能量远大于一般的声波，它可使传播方向上的障碍物受到很大的压力，超声波加工就是利用这种能量进行加工的。

## 一、超声波加工原理

如图18-7所示，加工工具8装在变幅杆7上，由其带动产生一定幅值的高能量超音频（纵向）机械振动，通过工具8的工作面迫使工具与工件13间的磨料液14（由水或煤油加细微磨粒组成）中的悬浮磨粒及液体分子随之产生超声振荡，并剧烈冲撞位于工具下方的工件被加工表面，使部分材料被击碎成细小的微粒，由流动的磨料液带走。加工中的振荡还强迫磨料液在加工区工件和工具的间隙中流动，使变钝了的磨粒能及时更新。随着工具沿加工方向以一定速度移动，实现有控制的加工，逐渐将工具形状"复印"在工件上（成形加工时）。研究表明，超声波加工主要是由于磨粒机械冲击，加上抛磨和液压冲击波等作用的综合结果。虽然每个磨粒一次破碎的材料很少，但大量磨粒的高频冲撞，仍可获得一定的加工速度。

图18-7　超声波加工原理
1—信号放大器　2—高频振荡器　3—硒整流器　4—励磁线圈　5—磁铁　6—换能器　7—变幅杆　8—工具　9—冷却器　10—泵　11—加工槽　12—夹具　13—工件　14—磨料液

振动头由高频电源1、2、3和励磁线圈4、磁铁5、磁致伸缩换能器6、变幅杆7等组成。它们的作用分别是：高频电源产生高频振荡电流；励磁线圈将振荡电流变为振荡的交变磁场；换能器使交变磁场变成小振幅（0.005～0.1mm）的机械振动；变幅杆将振幅增大到0.01～0.1mm后传至工具8。磁致伸缩换能器是利用某些材料制件的长度随施加于其上磁场的变化而微量改变的性质，即以磁致伸缩原理进行工作的。

## 二、超声波加工的特点及应用

超声波加工的主要特点是：

1）适合于各类非金属硬脆材料（如玻璃、陶瓷、人造宝石等）的加工。

2）由于工具可由软材料制作，易于制造复杂形状的工具，工具与工件又无需作复杂的相对运动，故超声波加工的设备结构简单，维护方便。

3）加工过程中，工具对工件的作用力和热影响小，因而可用于加工薄壁、窄缝及低刚度的零件。

4）与电火花加工、电解加工相比，超声波加工生产效率较低。

目前超声波加工主要用于型孔和型腔加工、超声波切割、超声波焊接、超声波清洗及超声波复合加工等。图 18-8 所示为超声波加工应用举例。

图 18-8　超声波加工应用举例

a）加工小孔　b）加工异形孔　c）加工型腔　d）雕刻　e）研磨金刚石拉丝模

# 第五节　激 光 加 工

激光是受激辐射得到的加强光，它除具有普通光的共性外，还是一种亮度高（比太阳表面亮度高许多倍）、方向性强（发散角小）、单色性好的相干光，其能量密度可达 $10^8 \sim 10^{10}\text{W/cm}^2$，目前，激光在国防军事、工业生产、医学工业和科学研究等方面都得到了广泛的应用。激光加工就是利用能量密度很高的激光束照射工件的加工部位，在焦点处产生的 $10000°\text{C}$ 以上的高温将该处的材料迅速熔化、汽化并产生爆炸，其熔融物质在冲击波作用下被喷射出去而完成加工。控制工件相对于激光束按预定的轨迹运动，就可加工出符合预定要求的零件。

## 一、激光加工系统的组成

如图 18-9 所示，激光加工设备主要由激光器、光学系统、电气系统和机械系统等几部分组成。激光器是激光加工的核心装置，其作用是把激光电源所提供的电能转化为光能，产生所需的激光。激光器有多种，根据工作物质的不同，激光器可分为固体激光器、液体激光器、气体激光器及半导体激光器等。在激光加工中，目前多用气体和固体激光器，如二氧化碳气体激光器及红宝石、钕玻璃、YAG（掺钕钇铝石榴石）等固体激光器。光学系统的作用是把激光束精确地聚焦及瞄准加工表面，并能观察工件的定位和加工后的情况。机械系统主要包括床身

图 18-9　激光加工系统组成框图

和能在三个坐标范围内移动的工作台。若将激光用于切割，还要利用气体喷射装置以提高生产率和保证切割质量。电气系统中控制装置的主要任务是实行激光输出参数、光学系统、机床工作台的计算机控制。

## 二、激光加工的特点及应用

激光加工有以下主要特点：

1）激光的能量密度高，可以加工任何金属和非金属材料。

2）激光束能聚焦成直径 $1\mu m$ 以下的光斑，其热影响区小，工件变形小，加工速度快，因此适于进行微细加工。

3）激光可以通过透明的物质，故激光加工可以在任何透明的环境中进行操作。

4）激光加工不需要工具，故不存在设计制造工具和加工过程中的工具损耗问题。

5）激光易于导向、聚焦和发散，激光束的方向便于调节，因此易于实现激光加工自动化。

6）对于具有高热导率或高反射率材料的加工比较困难，并且存在加工精度不高、输出能量难于精确控制以及加工效率低等缺点。

激光加工主要用于打孔、切割和动平衡去重、焊接、涂敷、表面热处理、表面强化及光泽处理等方面。

## 复 习 题

18-1　什么是特种加工？它与传统的切削加工相比有何特点？

18-2　目前常用的特种加工方法有哪几种？

18-3　了解电火花加工、电解加工、超声波加工、激光加工的特点和应用。

# 第十九章

# 机械加工自动化

特种加工是实现难加工材料满足特殊要求的有效加工方法，而在机械制造中，大量的工作是对一般金属材料进行切削加工。用车、铣、钻、镗、刨、磨等常规的切削加工方法，可加工出具有一定形状、尺寸精度和表面质量要求的合格零件。但是，机械制造不仅要获取合格的零件，而且要追求加工效率。实现生产加工自动化，减轻劳动强度，提高经济效益是机械制造永恒的主题。本章将重点介绍在机械制造生产中各种不同类型的加工是如何实现自动化的。

## 第一节  组合机床及其自动线

### 一、组合机床概述

#### （一）组合机床的产生

在前面介绍了一些常见的通用机床，这种机床的特点是调整范围大，加工适应性强，主要用于单件和小批量生产。

随着生产的不断发展，许多机械加工部门的生产批量越来越大，生产质量要求越来越高，如果仍采用通用机床进行生产，就存在着生产效率低、工人劳动强度大、技术要求高、加工质量不稳定等问题。此外，通用机床只加工某一零件的单一工序，使得机床结构的利用率大大降低，造成不应有的浪费。为了解决生产需要与设备不相适应、大批量生产与效率等矛盾，出现了各种自动化的专用机床或专门化机床。

专用机床是根据被加工零件的工艺要求，专门为完成某种工件的一道或几道工序而设计和制造的。它通常采用多刀多刃切削，机床的辅助运动也部分或全部地实现自动化，结构也比通用机床简单。它具有生产效率高、产品质量稳定、工人劳动强度低且易于操作等优点。但由于专用机床是专门针对某种零件的工艺要求设计的，它一般是单件生产，设计和制造的周期较长，造价较高。此外，当被加工零件的结构尺寸有变动时，原有专用机床就不能再用，需要另行设计和使用新的专用机床。由此可见，一般专用机床不能适应产品更新的要求。这种不能灵活适应加工对象变化的自动化机床又称为"刚性"自动化机床。

为了满足机械工业不断发展的需要，人们在实践的基础上创造了组合机床。所谓组合机床，是由已经系列化、标准化的通用部件和少量专用部件（按加工零件的形状和工艺要求而设计的）组合装配起来的专用机床。它既保留专用机床的结构简单、生产效率高等优点，又像通用机床那样具有部件通用化、可调整改装以适应不同结构尺寸的工件加工等特点。

**（二）组合机床的组成**

组合机床一般采用多轴、多刀、多面、多工位加工。加工时，刀具旋转为主运动，刀具或工件的直线移动为进给运动，加上一些辅助运动，即可完成一定的工作循环（包括快速趋近、工作进给和快速退回等）。

图 19-1 是一台组合机床的组成示意图，从图中可以看出，组合机床由许多通用部件和少量专用部件所组成。组合机床的通用部件是组成组合机床的主要部分，按其所起作用的不同一般分为下面五类：

（1）动力部件　如各种类型的切削头、滑台和动力箱等。它们在组合机床中完成主运动或进给运动，是传递动力的部件。动力部件是组合机床中最重要的通用部件，它决定着组合机床的主要工作性能和指标。目前我国已经设计和生产了多种新系列的通用部件，可供选择使用。其他部件的选用则以动力部件为基础进行配套。

图 19-1　组合机床的组成

1—滑台　2—动力箱　3—立柱底座　4—立柱　5—多轴箱
6—夹具　7—中间底座　8—侧底座

（2）支承部件　如底座、立柱等。支承部件是组合机床的基础部件，主要用于支承和联接组合的其他部件，并使这些部件保持准确的相对位置和相对运动轨迹。因此，支承部件应具有足够的强度、刚度和稳定性，工作时不应产生不允许的变形。

（3）输送部件　如多工位的工作台、回转工作台和回转鼓轮等。它们一般用于多工位组合机床上，完成夹具的移动或转位。输送部件的分度和定位精度直接影响着组合机床的加工精度。

（4）控制部件　如液压元件、控制挡铁、行程开关、操纵台等。控制部件用于组合机床的动作控制，使机床按预定的程序完成工作循环。

（5）辅助部件　如冷却润滑装置、排屑装置、机械扳手等。它们是完成机床辅助动作的部件。

除上述各种通用部件外，根据加工零件形状及工艺要求，组合机床还需采用少量的专用部件，如根据工件孔位、孔距、孔数不同而设计制造的多轴箱，以及根据工件的具体结构和定位基准不同而设计制造的夹具等。这些专用部件在组合机床中只占很少的一部分，而且在这少量的专用部件中，大部分零件也是通用的，如各种规格的传动轴、齿轮等。组合机床零部件的通用化程度可达 70% ~ 90%。

**（三）组合机床的配置型式**

组合机床的通用零部件分大型和小型两大类。大型通用部件是指电动机功率为 1.5 ~ 30kW 的动力部件及配套部件，这类动力部件多为箱体移动的结构形式。小型通用部件是指电动机功率为 0.1 ~ 2.2kW 的动力部件及其配套部件，这类动力部件多为套筒移动的结构形式。用大型通用部件组成的机床称为大型组合机床；用小型通用部件组成的机床称为小型组合机床。

大型组合机床的配置形式可分为两大类：单工位组合机床和多工位组合机床。

**1. 单工位组合机床**（见图 19-2）

这类组合机床的特点是工件仅在一个工作位置上加工。在整个工作循环中，夹具和工件固定不动，由动力箱或切削头完成主运动（刀具的旋转），滑台带动动力箱或切削头完成进给运动（刀具的移动），以实现对工件的加工。根据被加工工件的结构特点和加工部位的不同，可以配置成卧式（动力部件水平安置）、立式（动力部件垂直安置）、倾斜式（动力部件倾斜安置）或复合式（动力部件安置成卧式、立式、倾斜式的组合形式）等几种型式。根据零件加工部位的多少，配置形式可以是单面的（动力部件从一个方向对工件进行加工）、双面的（动力部件从两个方向对工件进行加工），也可以是三面的或三面以上的。

图 19-2 单工位组合机床的配置形式

a）卧式单面 b）卧式双面 c）卧式三面 d）立式 e）复合式（立式与卧式组合）
f）复合式（倾斜式与卧式组合）

这种配置形式的组合机床，结构较简单，加工精度较高。当加工工序单一而集中时，可以用很多把刀具同时在一个方向或几个方向进行加工，因而生产效率较高。但是其辅助时间（工件装卸时间）与机动时间（加工时间）不重合，有时间损失。这类组合机床特别适合于加工多孔的大型箱体零件。

**2. 多工位组合机床**（见图 19-3）

这类组合机床的特点是工件能在几个工位上进行加工。工位的变换是靠移动式工作台、回转式工作台或回转鼓轮带动工件移动或回转来实现的。在整个加工过程中，夹具和工件按照预定的工作循环周期性地变换工位，以便用配置在不同工位上的动力部件对工件进行一定顺序的加工，如钻—扩—铰等，其工位数一般为 2~12 个。

这种多工位组合机床，都设有一个装卸工件的工位，因此辅助时间和机动时间重合，生产效率较高，但由于变换工位后的定位有一定的误差，所以加工精度要比单工位组合机床低些。这些组合机床主要用于工序比较复杂的中、小型零件的加工。

图 19-3  多工位组合机床的配置形式
a）移动工作台式  b）回转鼓轮式  c)、d）回转工作台式

**（四）组合机床的特点及应用范围**

**1. 组合机床的特点**

组合机床与通用机床或一般专用机床相比，主要有如下优点：

1）由于组合机床设计和制造时大量选用通用部件，只需设计、制造少量的专用部件，因此设计和制造的周期短。

2）由于组合机床是由 70%~90% 的通用零部件组成的，当被加工零件变化时，这些通用零部件可以继续利用，以组装新的机床，适应产品变化或更新的需要。

3）用于组合机床的通用零部件都经过实践的验证，结构比较合理，使用较为可靠，性能也较稳定，用它们组装的组合机床具有较高的工作可靠性，有利于稳定加工精度，保证产品质量。

4）组合机床采用多刀、多刃、多面、多件加工，工序集中，生产效率高。

5）组合机床的通用部件由专门工厂批量生产，制造成本可以降低。又由于组合机床的零部件大多是通用的，因此，机床的维护和修理都比较方便。

组合机床有很多优点，但也有一定的缺点：

1）组合机床中的少量专用部件和零件，在机床改装时不能重复利用，因此有一定的损失。

2）组合机床的通用部件不是为某种组合机床专门设计的，而是考虑了具有比较广泛的适应性，规格也是有限的。这样，在组成各种类型的组合机床时，就不一定完全适合于某种具体情况和具体要求，可能有的结构显得较为复杂，或者尺寸较大。

**2. 组合机床的应用范围**

目前，我国的组合机床已广泛用于大批大量生产的企业中，如汽车、拖拉机、柴油机、电机、机床制造、缝纫机、仪器仪表、纺织机械、矿山机械及军工生产等部门。

组合机床最适于箱体零件（如各种变速箱的箱体、气缸体、电机座、仪器仪表壳体等）的加工。这类零件上所有的平面及各种各样要求的孔，几乎全部都可以在组合机床上完成加工。近年来，轴类、盘套类、叉类等零件也越来越多地采用组合机床加工。

## 二、组合机床的几种通用部件

在组合机床的通用部件中，较重要的是动力部件和输送部件。下面就将动力部件中的滑台、单轴头、动力箱及输送部件中的回转工作台的用途和工作原理作一介绍。

**（一）动力滑台**

**1. 动力滑台的功用**

动力滑台简称滑台，它是常用的动力部件，主要用来带动各种主轴部件进给，也可以带动夹具和工件，作移动工作台用。滑台驱动方式有机械的和液压的两种。

当滑台用来完成进给运动时，可根据工件的加工工艺要求，在滑台上安装动力箱和多轴箱，或安装各种工艺切削头（即单轴头，如铣削头、钻削头、镗削头等），进行铣平面、钻孔、扩孔、铰孔、镗孔、车端面、攻螺纹等工序的加工。这时，主运动由动力箱或各种切削头来完成，进给运动则由滑台来完成。图 19-4 是将动力箱和多轴箱以及各种单轴头安装在滑台上组成各种切削动力头的情况示意图。

将各种切削动力头安装在侧底座或立柱上，可配置成各种型式的组合机床。

**2. 滑台的典型工作循环**

滑台的运动能实现各种不同的工作循环，图 19-5 所示是几种常见的工作循环。

图 19-5a 所示为一次工作进给循环，用于仅有一种工作进给要求的情况，如钻、扩、铰、镗、铣平面等单一工序的加工。图示为钻孔时的情况。

图 19-5b 所示为二次工作进给循环，适用于有两种工作进给要求的加工。如图示镗削阶梯孔时，用第一种工作进给速度（简称一工进）镗削小孔，用第二种工作进给速度（简称二工进）镗削大孔。

图 19-5c 所示为超越工作进给循环，适用于加工不连续表面，如铣削不连续的平面或

图 19-4　滑台上安装动力箱及各种切削头的情况

1—滑台　2—动力箱　3—多轴箱　4—铣削头　5—镗削头　6—钻削头

钻、镗不连续的箱体孔等。在对图示零件的两个壁上镗削同心孔时，刀具快速趋近工件以后，即转换为工进速度，进行第一个孔的加工；当完成第一个孔的工作进给之后，再快进超越一段空行程，趋近第二个孔壁，又转换为工进速度加工第二个孔。加工结束后，快速退回。这种工作循环的安排，可以缩短空程时间。

图 19-5d 所示为双向工作进给循环，适用于粗精镗、粗精铣或攻螺纹。例如在进行镗孔时，刀具快速趋近工件以后，实现工作进给，完成粗镗加工。然后在没有继续进刀的情况下，刀具又以工作进给速度返回，完成精镗加工（加工余量很小），再快退至原位停止。

图 19-5e 所示为分级工作进给循环，是专门为钻深孔设计的。为了适应深孔钻削中的排屑及冷却润滑的需要，采用分级进给，直至工件加工结束为止。

图 19-5　滑台的典型工作循环

a) 一次工作进给循环　b) 二次工作进给循环
c) 超越工作进给循环　d) 双向工作进给循环
e) 分级工作进给循环

$S_Q$—快进　$S_W$—工进　$S_R$—快退

### 3. 液压滑台

图 19-6 为液压滑台的外观图。它主要由滑鞍、滑座、液压缸、死挡块等部分组成，滑鞍和滑座以导轨相配合，液压缸体固定在滑座上，活塞杆和滑鞍相连接。当液压缸两腔相继进入压力油时，活塞就带动滑鞍在滑座导轨上作直线往复运动。液压滑台油路系统的工作原理，已在第十章讲过，这里不再重述。

### 4. 机械滑台

图 19-7 为机械滑台的外观图。它主要由滑鞍、滑座、传动箱、死挡块和电动机等部分组成。机械滑台和液压滑台的根本区别在于传动方式不一样，在机械滑台中，滑鞍在滑座导轨上的运动是由机械传动方式实现的。

图 19-6　液压滑台
1—滑鞍　2—液压缸　3—滑座
4—死挡块

图 19-7　机械滑台
1—滑座　2—滑鞍　3—工进电动机　4—快速
电动机　5—传动箱　6—死挡块

图 19-8 为机械滑台的传动系统图。滑台的快速移动和工作进给分别由两个电动机驱动实现。工作进给由工进电动机经传动箱中的齿轮、蜗杆、蜗轮和行星减速机构等传给丝杠；而快进、快退则由快速电动机（正反转）经一些齿轮传给丝杠。滑台作快速运动时，工作进给电动机可以工作，也可以不工作；但工作进给时，快速电动机通过它后端的电磁制动器实现制动。这种电磁制动器由动摩擦片、静摩擦片、电磁铁及弹簧等组成，当电磁铁线圈断电时（这时快速电动机也是断电的），在弹簧力作用下，动、静摩擦片紧紧压合在一起，由于动摩擦片是跟电动机转子相连接的，从而实现制动。

图 19-8　机械滑台的传动系统
1—快速电动机　2—电磁制动器　3—工进电动机　4—行程开关
5—滑座　6—滑鞍　7—死挡块

滑台工作进给碰上死挡块或发生故障而不能前进时，丝杠不转，蜗轮也不转，但工进电动机仍在转动，势必迫使蜗杆克服弹簧力而产生轴向窜动，这时通过杠杆压下行程开关，发出信号使快速电动机反转，滑台快速退回。

机械滑台的传动，可用如下传动路线表达式来表示：

1）快速进退

$$快速电动机 \frac{z_1}{z_2} \times \frac{z_3}{z_4} - \mathrm{I} - \frac{z_5}{z_6} - 丝杠—螺母—滑台（快速）$$

2）工作进给

$$工进电动机 - \frac{z_7}{z_8} - \mathrm{II} - \frac{z_a}{z_b} \times \frac{z_c}{z_d} - \mathrm{III} - \frac{z_9（蜗杆）}{z_{10}（蜗轮）} - \boxed{\begin{array}{c}行星减\\速机构\end{array}} - \mathrm{I} - \frac{z_5}{z_6} - 丝杠—螺母$$

—滑台（慢速）

传动路线表达式中的 $z_a$、$z_b$、$z_c$、$z_d$ 是交换齿轮齿数，可根据滑台进给量的大小来选择搭配。

**（二）单轴头**

单轴头包括钻削头、攻螺纹头、铣削头、镗削头及镗孔车端面头等，分别用于实现钻（扩、铰）孔、攻螺纹、铣平面和沟槽、镗孔和车端面时的刀具旋转主运动。各种单轴头的形式相似，它们都有一根刚性主轴。为了提高通用化程度，各种单轴头都由头体和主运动传动装置两个独立的部件组成，两者可实现跨系列通用，即每一种传动装置可以与同规格的一种或几种头体配套使用；同样，一种头体也可与相同规格的一种或几种传动装置配套使用。例如，图19-9所示为一种系列顶置式主运动传动装置与六种单轴头头体配套使用的情况。

**（三）动力箱**

动力箱是主运动的驱动装置，它与多轴箱配合使用（见图19-4），通过多轴箱将动力传递给刀具主轴，实现多轴同时加工，如多轴钻、扩、铰和镗孔等。

图19-10所示是齿轮传动动力箱的结构。多轴箱用螺钉和定位销固定在动力箱箱体1左侧面上，电动机经一对齿轮3的传动使驱动轴2旋转，再由驱动轴经多轴箱内的齿轮将动力传给各个刀具主轴。

**（四）回转工作台**

回转工作台是组合机床的一种输送部件，用于多工位组合机床。各工位的夹具将工件夹紧在工作台上，由回转装置驱动工作台转位，每转到一个工位，机床对工件进行一次加工，回转一周，加工全部结束。回转工作台的定位方式有齿盘定位式、插销定位式、反靠定位式等多种，其驱动方式通常有机械的和液压的两种。下面将齿盘定位式液压回转工作台的工作原理作一简单介绍：

图19-11是齿盘定位式回转工作台的结构原理图。上下相互啮合的多齿盘2和3分别固定在台面1及底座4上，图示为台面被压紧的情况。工作过程中，当分度转位动作开始时，1YA通电，压力油经电磁阀10左位进入液压缸5的下腔，上腔通油箱，台面1被抬起，上齿盘2开始与下齿盘3脱开；同时，牙嵌离合器6啮合。由于台面的抬起，挡块松开行程开关2ST，压下1ST，使3YA通电，压力油经电磁阀9的左位进入齿条液压缸8的左腔，右腔通油箱，于是活塞向右移动，由活塞杆上的齿条带动空套齿轮7，通过离合器6使台面1转

位。当转位终了时，行程开关4ST被压下，时间继电器接通并延时一个很短的时间（让回转工作台台面1转位稳定后），使1YA断电，2YA通电，此时压力油进入液压缸5的上腔，下腔通油箱，于是台面1落下，上、下齿盘啮合，工作台在新的位置上定位并夹紧，同时离合器6脱开。由于台面落下，松开行程开关1ST，压下2ST，使3YA断电，4YA通电，压力油进入液压缸8的右腔，活塞返回原位，为下一次转位作准备。此时，由于离合器已经脱开，所以活塞返回时齿轮7空转复位。

图 19-9 顶置式主运动传动装置与各种
单轴头头体配套的情况

a）钻削头 b）攻螺纹头 c）镗削头 d）镗车头
e）铣削头 f）多轴可调头
1—主运动传动装置 2—单轴头头体

图 19-10 齿轮传动动力箱的结构
1—动力箱箱体 2—驱动轴 3—齿轮

图 19-11 齿盘定位式液压回转工作台的结构原理
a）结构示意 b）液压传动原理
1—台面 2—上齿盘 3—下齿盘 4—底座 5—压紧液压缸 6—牙嵌离合器
7—齿轮 8—齿条液压缸 9、10—电磁阀

287

### 三、组合机床自动线

前面介绍了组合机床，知道组合机床可以进行单工位或者几个工位的加工。但有些比较复杂的零件，如气缸体、变速箱体、电机座等，需要加工的面很多，加工的工序也长，就是在多工位的组合机床上加工，也不能全部完成。这时，通常是将工件的全部加工工序，合理地分散在几台组合机床上，按顺序进行加工，这就是将组合机床组成了生产流水线。流水线上的机床，是按工件的工艺过程顺序排列的，各机床之间用滚道或起重设备等输送装置连接起来，加工工件从流水线的一端"流"到另一端，就完成了整个加工过程。

这种流水线，从提高生产率和保证加工精度的要求来说，问题是解决了，但是在流水线上加工，工人的劳动强度仍然很大。为了改善工人的劳动条件，要求流水线上各机床间的工件输送、转位、定位和装夹等工作都实现自动化，并通过机械、电气和液压的结合使用，把整条线上的动作联系起来，按规定的程序自动地工作。这种能自动工作的生产流水线，就叫做组合机床自动线。

图 19-12 为某一组合机床自动线的组成示意图，全线由四台组合机床和一些辅助装置组成。加工时的全部动作，如工件的输送、转位、定位及加工等全部由电气和液压系统进行控制，工人可在操纵台上用按钮控制全线的自动化工作。

图 19-12　组合机床自动线

1—中央操纵台　2—工件输送装置　3—转位台　4—翻转台

5—液压站　6—排屑装置

在组合机床自动线中，全部加工过程是靠各种机械自动操作完成的，工人只需在自动线的前端安装毛坯，在末端取下完工的工件即可。有些自动化程度较高的自动线，还能自动完成测量、试验、分组及装配等工序。

组合机床自动线的电气控制是比较复杂的，在工作中如果出现一个误动作，就会影响全线工作的正常进行。所以，搞好电气部分的设计和维护对组合机床自动线的正常工作是很重要的。电气部分并不是孤立的，它和液压、机械有着紧密的联系，只有在三者结合的基础上，才能搞好电气设计和维护。

综上所述，组合机床自动线是在组合机床的基础上发展起来的，它的特点是生产效率高、质量稳定、自动化程度高，大大减轻工人的体力劳动。但是组合机床自动线也存在有设计周期长、维修时全线停产、出现故障不易很快排除等问题。

此外，当被加工零件的结构或尺寸有变动时，原有的组合机床自动线就不能再用，需要重新设计、制造和调整成为新的组合机床自动线。由此可见，组合机床自动线不能适应产品更新的要求，因此又称为"刚性"自动线。

目前，我国应用组合机床自动线较多的是汽车工业、拖拉机工业、轴承工业、机床工业、电机工业及轻工业等。

# 第二节　数控机床

## 一、数控机床概述

按加工要求预先编制程序，由控制系统发出以数字量作为指令信号进行工作的机床，称为数字控制（Numerical Control，NC）机床，简称数控机床。在数控机床上加工零件时，一般是先编写零件加工程序单，即用数字代码来描述被加工零件的工艺过程、零件尺寸和工艺参数（如主轴转速、切削速度等），再将零件的加工程序输入计算机，经计算机的处理与计算，发出各种控制指令，以控制机床的运动，将零件自动加工出来。当变更加工对象时，只需重新编写零件的加工程序，而机床本身则不需要进行任何调整就能把零件加工出来。所以，数控机床是一种灵活性极强的、高效能的全自动化加工机床（也称为"柔性"自动化机床），是今后机床控制技术的发展方向。

当今，世界上很多发达的工业化国家都已在生产上广泛应用数控机床。一个国家的数控机床生产量和应用程度，已成为衡量这个国家工业化程度和技术水平的重要标志之一。

### （一）数控机床的特点

数控机床因具有加工精度高、生产效率高和灵活性强等特点，在机械加工中得到了日益广泛的应用。

（1）加工精度高、加工质量稳定可靠　数控机床的机械传动系统和结构本身都有较高的精度和刚度，数控机床的加工精度不受零件本身的复杂程度影响，加工的精度和质量是由机床来保证的，完全排除了操作者的人为误差影响，同时，可以通过检测反馈修正误差或补偿来获得更高的精度。所以，数控机床的加工精度高，加工误差一般能控制在 0.005 ～ 0.01mm 之间，而且同一批零件加工的精度一致性好，质量稳定可靠。

（2）生产效率高　采用数控机床加工可免去划线工作，降低对机床工夹具的要求，缩短加工准备时间。数控机床刚度大，功率大，能自动进行切削加工，所以每个工序都能选择较大的、合理的切削用量，并自动连续完成整个切削加工过程，因此能大大缩短机加工时间。又因数控机床定位精度高，可省去加工过程的中间检测，减少了停机检测时间。而且，一机多用的数控加工中心，在一次装夹后几乎可以完成零件的全部加工，这样不仅可减少装夹误差，还大大减少了半成品的周转（包括运输、测量等）时间，生产效率的提高更为明显。所以，数控机床的生产效率高。

（3）减轻工人的劳动强度，改善劳动条件　数控机床当输入加工程序后，不需人工直接操作，就能按加工程序要求连续自动地进行切削加工，并能在加工过程中自动进行找刀、换刀、不停车变速、起/停冷却液和进行快速空行程运动。所以，采用数控机床能减轻工人的劳动强度，改善劳动条件。

（4）零件加工的适应性强，灵活性好  因数控机床能实现几个坐标联动，加工程序可按加工零件的要求随需变换，当加工对象改变时，只要改变加工程序，就能适应新产品的生产要求，并不需要改变机械部分和控制部分的硬件，而且生产过程是自动完成的。所以，数控机床加工的适应性和灵活性很强，可以加工普通机床无法加工的、形状复杂的零件。

（5）有利于生产管理  采用数控设备能准确地计算产品的生产工时，并有效地简化质量检验、工夹具和半成品的管理工作。同时，控制信息采用标准代码输入，有利于与计算机连接，构成由计算机控制和管理的小批量生产系统，实现加工制造和生产管理自动化。

### （二）数控机床的工作原理

数控机床是一种高度自动化的机床，它在加工工艺和加工表面形成方法上与普通机床基本相同，最根本的区别在于实现自动化控制的原理和方法，数控机床是用数字化的信息来实现自动控制的。

在数控机床上加工零件时，首先要将被加工零件图上的几何信息和工艺信息数字化，即根据零件加工图样的要求确定零件加工的工艺过程、工艺参数、刀具参数；再按数控机床规定的代码和程序格式，将零件加工的有关信息编制成数控加工程序，这些信息主要是指工件尺寸、刀具运动中心轨迹、位移量、切削参数（主轴转数、切削进给量、背吃刀量）及辅助操作信息（换刀、主轴的正转与反转、切削液的开与关）等；然后将程序输入到数控装置中，经数控装置分析处理后，发出指令控制机床进行自动加工。

### （三）数控机床的组成

数控机床主要由信息载体及输入装置、数控装置、伺服系统和机床本体四部分组成（见图19-13）。

图 19-13  数控机床的组成

（1）信息载体及输入装置  信息载体又称控制介质，它用于记载各种加工信息（如零件加工工艺过程、工艺参数和位移数据等），以控制机床的运动，实现零件的机械加工。早期使用的信息载体有穿孔纸带、磁带等，目前较多采用磁盘。

信息载体上记载的加工信息要经输入装置输送给数控装置。常用的输入装置是磁盘驱动器；对于用微型机控制的数控机床可在操作面板上用按钮和键盘将加工程序直接输入，并在CRT显示器上显示。

（2）数控装置  数控装置是指控制机床运动的计算机及相关部件所组成的控制系统，又称计算机数控系统（Computerized Numerical Control，CNC），它是数控机床的控制中枢。数控装置的功能是接受来自输入装置的加工信息，经处理与计算，发出相应的控制脉冲信号送给伺服系统，以驱动机床按预定的轨迹运动。

在数控装置中，将预先设计调试好的控制软件存入计算机内，以实现数控机床的控制逻辑和各种控制功能，只要改变软件程序就可改变机床的控制功能。因而这种数控装置的灵活性和通用性很强，现代数控系统大都采用这种通用数控装置。

（3）伺服系统 伺服系统是数控机床的执行部分，它由位置控制环、速度控制环、伺服电动机、检测反馈单元及相应的机械传动装置所组成（见图19-14）。当数控装置输出电脉冲指令信号给伺服系统时，系统内的伺服电动机就驱动机床工作部件作相应的运动，并同时通过位置控制环、速度控制环对定位精度和速度加以控制。当机床工作部件运动时，由于系统检测反馈单元的作用，将检测到的机床位置、速度变化值及时变换成电信号，并与来自数控装置的电脉冲指令信号进行反馈比较，从而有效地控制了机床运动的精度。

图19-14 伺服系统的组成

（4）机床 数控机床加工时，零件的粗加工和精加工往往是在同一台机床上一次装卡自动完成的，进给量的变换是靠伺服电动机本身变速来实现的。因此，数控机床的机床本体要具有刚性好、热变形小、精度高和机械传动系统比较简单等特点。

## 二、数控机床的类型及应用

目前数控机床的品种数量很多，功能各异，但通常按下列几种方法进行分类。

### （一）按工艺用途分类

**1. 金属切削类**

这里是指采用车、铣、钻、镗、刨、磨等各种切削工艺的数控机床。它又可分为两类：

（1）普通数控机床 普通数控机床一般是指在加工工艺过程中的一个工序上实现数字控制的自动化机床，有数控车、铣、钻、镗及磨床等。普通数控机床在自动化程度上还不够完善，刀具的更换与工件的装夹仍需人工来完成。

（2）数控加工中心 数控加工中心通常简称为加工中心（MC），它是带有刀库和自动换刀装置的数控机床。在加工中心上，可使零件一次装夹后，实现多道工序的集中连续加工。加工中心的类型很多，一般分为立式加工中心、卧式加工中心和车削加工中心等。加工中心由于减少了多次安装造成的定位误差，所以提高了零件各加工面的位置精度，近年来发展迅速。

**2. 金属成型类**

这里是指采用挤、压、冲、拉等成型工艺的数控机床，常用的有数控弯管机、数控压力机、数控冲剪机、数控折弯机、数控旋压机等。

**3. 特种加工类**

主要有数控电火花线切割机、数控电火花成型机、数控激光与火焰切割机等。

### （二）按刀具运动轨迹分类

按刀具运动轨迹可以将数控机床分为点位控制、直线控制、轮廓控制三类数控机床。

291

**1. 点位控制数控机床**

点位控制数控机床的特点是刀具在相对于工件的移动过程中不进行切削加工，对定位过程中的运动轨迹没有严格要求，仅要求实现从一坐标点到另一坐标点的精确定位。为了尽可能地减少刀具的运动时间并提高定位精度，刀具先是快速移动到接近终点的位置，然后降低移动速度，使之慢速趋近定位点，以确保定位精度。这类数控机床主要有数控坐标镗床、数控钻床、数控冲床、数控点焊机、数控弯管机等。图 19-15 为点位控制钻孔加工示意图，从图中可以看出，当 A 孔加工完后，钻头从 A 孔向 B 孔移动，有三种不同的运动轨迹，都能满足钻孔的要求。

**2. 直线控制数控机床**

直线控制数控机床的特点是不仅要控制从一坐标点到另一坐标点的精确定位，还要控制两相关点之间的移动速度和轨迹，其轨迹是平行于机床各坐标轴的直线或与坐标轴成45°的斜线（见图 19-16）。直线控制数控机床虽然比点位控制数控机床的工艺范围广，但在实用中仍受到很大的限制，一般的简易数控机床属于此类。

图 19-15　点位控制钻孔加工
1—工件　2—刀具

图 19-16　直线控制铣削加工
1—工件　2—铣刀

将点位控制和直线控制结合起来即可做成点位直线控制数控机床，它同时具有点位控制和直线控制的功能。数控镗铣床、数控加工中心等均采用点位直线控制。

**3. 轮廓控制数控机床**

轮廓控制数控机床的特点是能够同时对两个或两个以上的坐标轴进行加工控制。加工时不仅能控制起点和终点坐标，而且还控制整个加工过程中每一个点的坐标和速度，即控制刀具运动轨迹，将工件加工成一定的轮廓形状，如图 19-17 所示为轮廓控制切削加工。数控铣床、功能完善的数控车床、数控凸轮磨床等均采用这种轮廓控制方式。

图 19-17　轮廓控制切削加工
1—工件　2—铣刀

**（三）按伺服控制方式分类**

数控机床按照伺服控制方式可分为开环控制和闭环控制两种。在闭环系统中，根据检测反馈装置安放部位的不同，可分为全闭环控制和半闭环控制两种。

**1. 开环控制数控机床**

开环控制数控机床的特点是不带检测反馈装置，这类数控机床主要使用步进电动机。图19-18 所示为开环数控系统的结构框图，数控装置将工件加工程序处理后，输出数字指令脉冲信号，通过环形分配器、步进电动机功率放大器、步进电动机、配速齿轮和丝杠螺母传动副使机床工作台移动。改变进给脉冲的数目和频率，就可以控制工作台的位移量和速度。在该数控系统中，指令信息单方向传送，并且指令发出后，不再反馈回来，故称开环控制。

开环控制系统由于没有检测装置，也就没有纠正偏差的能力，因此，它的控制精度较低。但由于其结构简单、调试方便、维修容易、造价低廉等优点，现仍被广泛应用于经济型数控机床及旧机床的数控化改造上。

图 19-18　开环数控系统

### 2. 闭环控制数控机床

闭环控制数控机床的特点是装有位置测量反馈装置。加工过程中，安装在工作台上的检测元件将工作台的实际位移量反馈到数控系统中，与所要求的位置指令进行比较，用比较的差值进行控制，直到差值消除。可见，闭环控制系统可以消除机械传动的各种误差及工件加工过程中产生干扰的影响，使加工精度大大提高。图 19-19 所示为闭环控制系统框图。

闭环控制系统的加工精度高、速度快。这类数控机床常采用直流伺服电动机或交流伺服电动机作为驱动元件，电动机的控制电路比较复杂，检测元件价格昂贵，调试维修复杂，成本高。闭环控制数控系统主要用于一些精度要求很高的镗铣床、超精车床、超精铣床和大型的精密加工中心等。

图 19-19　闭环数控系统

293

### 3. 半闭环控制数控机床

半闭环控制系统与闭环控制系统的控制方式类似。它们之间的主要区别在于半闭环控制系统不是直接检测工作台的位移量，而是检测角位移，如圆光栅、旋转变压器、圆感应同步器、编码器等，并将检测装置从工作台改装到伺服电动机轴或丝杠端头上。由于反馈环内没有包含工作台，故称为半闭环控制。如图 19-20 所示，由转角检测元件检测出伺服电动机或丝杠的转角，推算出工作台的实际位移量，反馈到计算机中与指令值进行比较，用比较的差值进行控制。

目前，半闭环数控系统已将角位移检测装置与伺服电动机设计成一个部件，使系统的结构简单，安装调试都比较方便。半闭环控制的精度比闭环控制低，但稳定性好，成本较低，调试维修也比较容易，兼顾了开环控制和闭环控制两者的特点，因此，应用比较普遍。

图 19-20  半闭环数控系统

除上述分类外，还有按数控装置的功能和水平分类的方法，即把数控机床分为高、中、低三个档类（低档为经济型），这种分类方法，在我国应用较为普遍。

# 第三节  现代制造技术

由于现代科学技术的迅速发展，社会需求多样化以及市场竞争的日益激烈，现代企业生产的主流已从少品种、大批量生产转向多品种、小批量生产。如何提高多品种、小批量生产的生产效率和自动化水平，是现代生产必须解决的问题。为此，通常从以下两方面考虑：

1）采用一定的方法将多品种、小批量生产转化为大批量生产，利用大批量生产的自动化作业提高生产效率，如成组技术等。

2）提高加工设备和制造系统的柔性，使其高效、自动化地加工不同的零件，生产不同的产品，如柔性制造系统、计算机集成制造系统等。

现代制造技术是指在制造领域内采用高新科学技术的总称，即在制造过程中强调采用信息技术、计算机技术和管理技术，将传统的制造技术与现代科学技术有机结合起来，进行多学科的交叉融合。现代制造技术是在数控机床的基础上不断发展起来的，包括成组技术（GT）、计算机辅助设计与制造（CAD/CAM）、柔性制造单元（FMC）、柔性制造系统（FMS）、计算机集成制造系统（CIMS）等先进的制造技术。

## 一、成组技术（Group Technology 简称 GT）

### 1. 成组技术的基本原理

成组技术是一门生产技术科学，它研究如何识别和发掘生产活动中有关事物的相似性，并充分加以利用，即把相似的问题归类成组，寻求解决这一组问题相统一 的最优方案。

成组技术应用于机械加工（见图 19-21），将多种零件按其结构形状、尺寸大小、毛坯、材料和工艺要求的相似性，通过一定的方法对零件分类成组，并按零件组的工艺要求配备相应的工艺设备，采用适当的机床布置形式组织成组加工，从而将小批量的零件归并为大批的零件投入生产。因此，使得多品种小批量生产也能获得近似于大批量生产的效率。

### 2. 零件分类编码

对零件进行分类编码是实施成组技术的重要手段。即对每个零件赋予规定的数字符号表示零件结构特征（如零件名称、功能、结构、形状等）和工艺特征的信息，据此划分出结构相似或工艺相似的零件组。

图 19-21　成组技术基本原理示意图

目前，国内外的分类编码系统很多，常用的有德国奥匹兹零件编码系统和我国的"机械工业成组技术零件分类编码系统"（简称 JLBM-1 分类编码系统）。JLBM-1 分类编码系统采用主码和副码分段的混合式结构，由 15 个码位组成。其基本结构见表 19-1。

表 19-1　JLBM－1 零件分类编码系统的基本构成

| 码位 | 主　码 | | | | | | | | | 副　码 | | | | | |
|---|---|---|---|---|---|---|---|---|---|---|---|---|---|---|---|
| | 1 | 2 | 3 | 4 | 5 | 6 | 7 | 8 | 9 | 10 | 11 | 12 | 13 | 14 | 15 |
| 特征 | 名称类别粗分类 | 名称类别细分类 | 外部基本形状 | 外部功能要素 | 内部基本形状 | 内部功能要素 | 外平面、曲面加工 | 内平面加工 | 辅助加工 | 材料 | 毛坯原始状态 | 热处理 | 最大直径或宽度 | 最大长度 | 精度 |

每个码位又分为 0、1、2、…9 共 10 个等级。每个等级均具有一定的含义，详见 JLBM-1 零件分类编码系统中的规定。

在生产实际中，将零件分类成组的方法除编码分类法外，还有生产流程分析法（以零件生产流程为依据，把使用同一组机床加工的零件归结为一类）、视检法（凭经验分类）等，但只有按编码分类才有助于计算机辅助成组技术的实施。

**3. 推广应用成组技术的效果**

（1）可以提高生产效率　由于扩大了同类零件的生产数量，因而可以经济合理地采用高生产率机床和工艺装备，缩短了加工工时。

（2）可以提高加工质量　采用成组技术可以为零件组选择合理的工艺方案和先进的工艺设备，使加工质量稳定可靠。

（3）可以提高生产管理水平　产品零件实现编码采用成组技术后，可用计算机管理生产，改变了原来多品种小批量生产管理的落后状况。

## 二、计算机辅助设计与制造（CAD/CAM）

### （一）CAD/CAM 的基本概念

CAD 即计算机辅助设计（Computer Aided Design），CAM 即计算机辅助制造（Computer Aided Manufacturing）。CAD/CAM 是 20 世纪末期迅速发展起来的一门新兴技术。

CAD 是在人的参与情况下，用以计算机为控制中心的系统，对产品进行自动的最佳设计。CAD 的工作内容是在设计过程中，用计算机自动进行资料检索、数据计算、数据处理、确定设计对象的结构形状，并自动绘制设计图纸和编写技术文档。

CAM 的定义是在不断发展的，可以从狭义和广义两个方面来理解。狭义的 CAM 是指计算机辅助编制数控机床加工指令；广义的 CAM 是指应用计算机进行制造信息处理的全过程，它包括用计算机辅助工艺过程规则、工装设计、数控编程、生产作业计划编制、生产过程控制和质量监控等。

CAD/CAM 系统是由 CAD 系统和 CAM 系统相互结合而形成的系统，CAD/CAM 系统实质上是一个有关产品设计和制造的信息处理系统。

### （二）CAD/CAM 系统的组成

通常，一个 CAD/CAM 系统基本上只适用于某一类产品的设计和制造，如电子产品 CAD/CAM 只适用于设计制造印制板或集成电路，而机床 CAD/CAM 只适用机床的设计和制造。不同的系统不仅基础和专业软件不一样，而且硬件配置上也有差异。但从系统逻辑功能和系统结构的角度来看还是基本相同的。无论是用于何种产品设计和制造的 CAD/CAM 系统，基本上都是由计算机和一些外部设备（计算机和外部设备通常称为硬件）及相应的软件所组成（其中包括系统软件、支撑软件及应用软件），如图 19-22 所示。

图 19-22　CAD/CAM 系统的基本结构

**1. CAD/CAM 硬件系统**

CAD/CAM 硬件系统主要由计算机主机、外存储器、输入设备、输出设备等组成。

（1）计算机主机　计算机主机主要包括 CPU、主存储器及输入/输出接口组成。

（2）外存储器　外存储器有硬盘、软盘、磁带、光盘等。

（3）输入设备　输入设备主要有键盘、鼠标、光笔、扫描仪、图形输入板等。

（4）输出设备　输出设备主要有显示器、打印机、绘图仪等。

**2. CAD/CAM 软件系统**

CAD/CAM 软件系统主要由系统软件、支撑软件、应用软件等组成。

（1）系统软件　系统软件是指计算机在运行状态下，保证用户正确而方便地工作的那一部分软件。它包括操作系统、汇编系统、编译系统、监督系统、诊断系统、数据交换和管理的数据库管理系统、网络及网络通信软件等。

（2）支撑软件　支撑软件是指通用的应用软件，它包括图形处理软件、几何造型软件、有限元分析软件、优化设计软件、动态仿真软件、各种标准零件设计库和工程数据库及其管理系统等。

（3）应用软件　指专为某一领域开发的 CAD/CAM 应用软件，如数控加工、检测与质量控制软件等。

### （三）CAD/CAM 的应用与发展

#### 1. CAD/CAM 的应用

1959 年美国麻省理工学院（MIT）制定的 CAD 计划标志着计算机辅助设计技术的诞生，至今已有半个多世纪的发展历史。这期间，计算机图形学、有限元建模与分析技术、自由曲面的表达与处理技术、几何造型技术以及人工智能技术均有了飞速的发展。当今，发展重点集中在丰富系统的功能，使系统更加灵活、实用、可靠及 CAD/CAM 集成技术，以便更显著地缩短产品周期、提高产品质量和降低成本，使更多的生产企业主动采用 CAD/CAM 技术。CAD/CAM 技术主要应用于以下几个方面：

1）用于设计方案的动态修改，它可以使设计结果以图形方式输出，能进行实时输入/输出的交互设计。

2）用于机械制造工艺过程，进行计算机辅助工艺设计、计算机数控等。

3）用于企业管理，进行生产规划及生产调度最优化、生产过程的材料消耗、成本核算、仓库自动管理和产品销售等。

CAD/CAM 应用非常广泛，最基本的常用模块有：

（1）计算机辅助绘图　计算机辅助绘图是 CAD 系统应用最早的一个最基本的组成部分，其主要功能是完成二维图形、图纸的设计和绘制。目前，二维图纸的设计和绘制仍是机械设计与制造中的重点，计算机辅助绘图的推广应用能够有效地提高绘图效率、提高图样质量和标准化程度、并易于修改，从而有利于提高产品设计效率。

计算机绘图主要有两种方式，即交互式绘图和参数化绘图。交互式绘图系统把计算机屏幕当作图板，借助于交互图形输入装置（如鼠标、键盘等），以人机交互方式输入命令进行绘图。人机交互绘图方法直观、方便、易于修改，不需要用户编制图形生成程序。参数化绘图则根据图形基本结构编制图形生成程序，在程序运行时根据的指定的尺寸参数生成图形，这种方法适用于零件结构形式基本固定而尺寸变化的图形绘制，易于实现图形的自动化绘制。

（2）CAD 建模　建模是 CAD 的核心技术，它是分析计算的基础，也是实现计算机辅助制造的基本手段。建模技术的研究、发展和应用，集中代表了 CAD 技术的研究、发展和应用。建模方法主要有几何建模和特征建模两大类。

几何建模是把真实世界的三维物体的几何形状用一套合适的数据结构来描述，并输入计算机进行存储。常用的几何建模方法有：线框建模、表面建模、实体建模、混合建模等。

特征建模是面向整个设计、制造过程的，不仅支持 CAD 系统和 CAM 系统，还要支持绘制工程图、有限元分析、数控编程、仿真模拟等多个环节。因此，必须能够完整地、全面地描述零件生产过程的各个环节的信息以及这些信息之间的关系。除了实体建模中已有的几何、拓扑信息之外，还要包含特征信息、精度信息、材料信息、技术要求和其他有关信息。因此，特征建模是一种以实体建模为基础，包括上述信息的产品建模方案，它通常由形状特征模型、精度特征模型、材料特征模型组成，而形状特征模型是特征建模的核心和基础。

（3）产品数据交换技术及管理　产品数据是指一个产品从设计到制造的生命周期全过程中对产品的全部描述，并以计算机可以识别的形式来表示和存储的信息。产品数据是在产

297

品的生命周期全过程中通过数据采集、传递和加工处理而形成和不断完善的，因而，产品数据交换在产品生命周期中将频繁地进行。如在产品设计的各个部门之间，产品生命周期的各个过程之间，CAD、CAM 之间，同一 CAD 系统的不同版本之间，不同类型的 CAD 系统之间等情况，均需要实现产品数据的交换。

目前，CAD/CAM 系统中的各模块基本上是在各自的模型数据结构上独立研制和发展起来的，它们之间存在着较大的差异，这给数据的交换带来了困难；同时，一个企业的计算机技术应用往往是逐步地、阶段性地实施，一个企业中的产品开发往往是在多种不同的 CAD 系统或同一类 CAD 系统的不同版本上完成的。因而，产品数据交换已成为充分利用现有技术资源和开展国内外技术合作的瓶颈技术，已成为 CAD/CAM 集成所亟待解决的问题。

实现数据交换通常有两种方法：一是通过系统的专用接口，实现点对点的连接，如图19-23a 所示；二是通过一个中性（即与系统无关）接口，实现星式连接，如图 19-23b所示。

图 19-23　两种数据交换的方法
a）点对点连接　b）星式连接

（4）计算机辅助工艺规程设计（CAPP）　计算机辅助工艺规程设计，常称 CAPP（Computer Aided Process Plying），它是在成组技术的基础上，通过向计算机输入被加工零件的原始数据、加工条件和加工要求，由计算机自动地进行编码、编程、制定工艺路线、进行工艺设计直至最后输出经过优化的工艺文件的过程。它改变了手工工艺设计的局限性和手段的落后性，大幅度地提高了工艺设计的效率、生产工艺水平和产品质量。它能把产品的设计信息转为制造信息，所以它是计算机辅助设计和计算机辅助制造的纽带，因此在现代机械制造业中有重要的作用。

（5）数控加工自动编程　数控加工编程是 CAD/CAM 系统中的重要模块之一。由 CAD系统所生成的产品数字模型以及与制造工艺有关的产品信息在 CAM 系统中转换为产品的应用模型，设计与制造所用模型的唯一性保证了产品的精确定义与制造。应用 CAM 系统，产品制造工程师可以在产品的零件模型上完成全部加工过程的模拟，选择优化的加工方法，并通过对刀具轨迹的验证以确认加工的正确性、工艺性以及可靠性，从而实现了产品虚拟设计与制造的完整过程。数控加工编程系统的应用对缩短产品的制造周期，减少生产的准备时间，尤其是对于批量小、变化快、复杂程度大和精度要求高的产品具有明显的优势，在

CAD/CAM 系统的应用方面其经济成效最为突出。

**2. CAD/CAM 系统的功能与发展**

（1）CAD/CAM 系统的功能 一个比较完善的 CAD/CAM 系统，是由产品设计与制造的数值计算和数据处理程序包、图形信息交换（输入、输出）和处理的交互式图形显示程序包、存储和管理设计制造信息的工程数据库等三大部分构成的。这种系统的主要功能是：

1）曲面造型功能。该功能是指系统应具有根据给定的离散数据和工程问题的边界条件来定义、生成、控制和处理过渡曲面与非矩形域曲面的拼合能力，提供汽车、飞机、船舶设计和制造，以及某些用自由曲面构造产品几何模型所需要的曲面造型技术。

2）实体造型功能。该功能是指系统应具有定义和生成体素的能力，以及用几何体素构造法或边界表示法构造实体模型的能力，并且能提供机械产品总体、部件、零件以及用规则几何形体构造产品几何模型所需要的实体造型技术。

3）物体质量特性计算功能。该功能是指系统应具有根据产品几何模型计算相应物体的体积、表面积、质量、密度、重心、导线长度以及轴的转动惯量和回转半径等几何特性的能力，为系统对产品进行工程分析和数值计算提供必要的基本参数和数据。

4）运动机构的分析和仿真功能。该功能是指系统应具有研究机构运动学特征的能力，即具有对运动机构（如凸轮连杆机构）的运动参数、运动轨迹、干涉校核进行研究的能力，以及对运动系统的仿真等进行研究的能力，从而为设计师设计运动机构时，提供直观的、可以仿真的交互式设计技术。

5）二、三维图形的转换功能。该功能是指二维图形与三维图形之间的相互变换能力。众所周知，设计过程是一个反复修改、逐步逼近的过程，产品总体设计需要三维图形，而结构设计主要用二维图形。因此，从图形系统角度分析，设计过程也是一个三维图形变二维图形，二维图形变三维图形的变换过程。所以 CAD/CAM 系统应具有二、三维图形的转换功能。

6）三维几何模型的显示处理功能。该功能是指系统应具有动态显示图形、消除隐藏线（面）、彩色浓淡处理的能力，以便使设计师通过视觉直接观察、构思和检验产品模型，解决三维几何模型设计的复杂空间布局问题。

7）有限元法网格自动生成的功能。该功能是指系统应具有用有限元法对产品结构的静、动态特性、强度、振动、热变形、磁场强度、流场等进行分析的能力，以及自动生成有限元网格的能力。它便于为用户精确研究产品结构受力，以及用深浅不同的颜色描述应力或磁力分布提供分析技术。有限元网格，特别是复杂的三维模型有限元网格的自动划分能力是十分重要的。

8）优化设计功能。该功能是指系统最低限度应具有用参数优化法进行方案优选的能力。优化设计是保证现代产品设计具有高速度、高质量的主要技术手段之一。

9）数控加工的功能。该功能是指系统具有三、四、五坐标机床加工产品零件的能力，并能在图形显示终端上识别、校核刀具轨迹和刀具干涉，以及对加工过程的模态进行仿真。

10）信息处理和信息管理功能。该功能是指系统应具统一处理和管理有关产品设计、制造以及生产计划等全部信息（包括相应软件）的能力。或者说，应能建立一个与系统规模相匹配的统一的数据库，以实现设计、制造、管理的信息共享，并达到自动检索、快速存取和不同系统间的交换和传输的目的。

（2）CAD/CAM 的发展趋势  CAD/CAM 技术开始于 20 世纪 50 年代，经历了半个多世纪的发展，CAD/CAM 技术已经在工业生产的各个部门得到了普遍的应用。当今，CAD/CAM 技术正在继续向前发展。展望未来，CAD/CAM 技术有以下几方面的发展趋势：

1）集成化。CAD/CAM 的集成是指把 CAD、CAM、CAPP 等各方面的功能通过软件有机地结合起来，用统一的执行程序来组织各种信息的提取、交换、共事和处理，以保证系统内信息流的畅通，并协调各个系统实现有效的运行。它的显著特点是将产品设计与制造同生产管理、质量管理集成起来，通过生产数据采集形成一个闭环系统。CAD/CAM 集成是制造业发展的基础，该技术的应用与发展，正引发机械制造行业的巨大变革，对产业结构、生产方式、管理模式、产品设计与制造过程都将产生重大的影响。

2）智能化。传统 CAD 技术在机械设计与制造中只能承担数值工作，如计算、分析、绘图等。然而在设计活动中还存在着另一类的推理型工作，如方案的构思与拟定，最佳方案的选择、结构设计、评价与决策、参数选择等。这些工作依赖于一定的知识模型，只有采用符号推理方法，才能获得圆满解决。CAD/CAM 智能化就是把人工智能的思想、方法引入传统的 CAD/CAM 系统中，分析归纳设计方案，从而提高设计制造水平，缩短生产周期，降低生产成本。近 20 年来，以知识和知识工程为基础的专家系统的出现，给 CAD/CAM 研究带来新的启发，并且取得了显著的成绩。它们使 CAD/CAM 系统具有一定的智能能力，能提出和选择设计方法与策略，使计算机能支持设计过程的各个阶段，尽量减少人工干预，使设计能自动地进行。因此，智能化 CAD/CAM 技术是一种必然发展的趋势。

3）网络化。网络技术是计算机技术和通信技术相互渗透而又密切结合的产物，CAD/CAM 作为计算机应用的一个重要方面，同样也离不开网络技术。单台计算机的处理能力限制了计算机技术的应用范围，只有通过网络互联起来，才能做到资源共享和协调合作，发挥各自的效能。一个复杂的 CAD 系统本身就由一个计算机网络组成，其中的所有公用信息如图形、零件、编码等都存储在服务器所带的一个公用数据库中，而多台工作站可以通过网络共享其中的数据，进行各自的设计工作。工作站之间也可以通过网络交换相互所需处理的中间结果和最后结果。因此 CAD/CAM 技术网络化可以实现数据的交换、共享和集成，减少中间数据的重复输入、输出过程，从而大大提高生产效率，提高企业在市场上的竞争力。

## 三、柔性制造单元（FMC）与柔性制造系统（FMS）

### （一）FMC 与 FMS 的基本概念

FMC 即柔性制造单元（Flexible Manufacturing Cell），它是在数控加工中心的基础上，配备自动上下料装置或机器人、自动测量和监控装置所组成。它能高度自动化地完成工件与刀具的运输、装卸、测量、过程监控等，实现零件加工的自动化，常用于箱体类复杂零件的加工。与加工中心相比，它具有更好的柔性（可变性）和更高的生产效率。FMC 是多品种、小批量生产中机械加工自动化的理想设备，特别适用于中、小型企业。

FMS 即柔性制造系统（Flexible Manufacturing System），它是指以多台数控机床、加工中心及辅助设备为基础，通过柔性的自动化输送和存储系统实现有机的结合，由计算机对系统的软、硬件资源实施集中的管理和控制，从而形成一个物料流和信息流密切结合的高效自动化制造系统。FMS 具有多方面的柔性，也称为柔性自动线，能够实现多品种、中小批量产品的生产自动化。

**（二）FMS 的组成**

FMS 主要由三部分组成：计算机控制信息系统、自动化物料输送和存储系统、自动化加工系统。

**1. 计算机控制信息系统**

计算机控制信息系统通过主控计算机或分级式计算机系统来实现制造自动化系统的主要控制功能。根据 FMS 的规模大小，系统的复杂程度将有所不同，通常大多采用 3 级分布式计算机控制系统。第三级为设备层控制系统，主要是对机床和工件装卸机器人的控制，包括对各种加工作业的控制和监测；第二级是工作站层控制系统，它包括对整个运转的管理、零件运动的控制、零件程序的分配以及第三级生产数据的收集；第一级为单元级控制系统，主要编制日程进度计划，把生产所需的信息，如加工零件的种类和数量、每批生产的期限、刀夹具种类和数量等送到第二级系统管理计算机。

**2. 自动化物料输送和存储系统**

在 FMS 中，需要经常将工件装夹在托板（有的称随行夹具）上进行输送和搬动，通过物料输送系统可以实现工件在机床之间、加工单元之间、自动仓库与机床或加工单元之间以及托板存放站与机床之间的输送和搬运。FMS 中的物料输送系统与传统的自动线或流水线不同，FMS 的工件输送系统可以不按固定节拍强迫运送工件。工件的传输也没有固定的顺序，甚至是几种零件混杂在一起输送的，FMS 的工件输送系统一般都处于可以随机调度的工作状态，而且都设置储料库以调节各工位上加工时间的差异。FMS 物料系统主要完成以下两种不同的工作：

（1）物料输送　物料输送包括两部分：一是零件毛坯、原材料、工具和配套件等由外界搬运进系统，以及将加工好的成品及换下的工具从系统中搬走；二是零件、工具和配套件等在系统内部的搬运。在一般情况下，前者需要人工干预，即将工件送入系统和在夹具上装夹工件都是人工操作，而后者可以在计算机的统一管理和控制下自动完成。物料输送系统所用的运输工具为运输小车、辊式运送带、传输带和搬运机器人等。

（2）物料存储　物料存储包括物品在仓库中的保管和生产过程中在制品的临时性停放。这就要求 FMS 的物料系统中，要设置适当的中央料库和托盘库以及各种形式的缓冲储区，以保证系统的柔性。在 FMS 中，中央料库和托盘库往往采用自动化立体仓库。在制造自动化系统中，以自动化立体仓库为中心所组成的一个毛坯、半成品、配套件或成品的自动存储、自动检索系统是物料系统的核心之一。它由库房、堆垛起重机、控制计算机、状态检测器、条形码扫描器等设备组成，是一个计算机统一控制进行作业和管理的仓库系统。在该系统中，堆垛起重机将根据主计算机的控制指令动作，主计算机与各物料搬运装置的计算机联机，并负责进行数据处理和物料管理工作。自动化立体仓库不仅通过对占地的立体使用，解决了地皮不足的难题，而且由于实现了出库作业的自动化，并具有迅速处理存储信息的能力，从而克服了人手缺乏、库存管理复杂的困难。

**3. 自动化加工系统**

自动化加工系统通常由若干台加工零件的 CNC 机床或 CNC 加工设备组成。待加工的工件类别将决定 FMS 所采用的设备形式。自动化加工系统的主要类型有：

1）以加工箱体类零件为主的 FMS，这类 FMS 配备有数控加工中心（有时也有 CNC 铣床）。

2）以加工回转体类零件为主的 FMS，这类 FMS 多数配备有 CNC 车削中心和 CNC 车床（有时也有 CNC 磨床）。

3）适于混合零件加工的 FMS，即能够加工箱体类零件和回转体零件的 FMS。它们既配备有 CNC 加工中心，又配备有 CNC 车削中心或 CNC 车床。

4）用于专门零件加工的 FMS，如加工齿轮等零件的 FMS，它除配备有 CNC 车床外还需配备 CNC 齿轮加工机床。

柔性制造系统的加工能力，由它所拥有的加工设备的性能所决定。而 FMS 加工中心所需的功率、加工尺寸范围和精度都由待加工的零件族的精度决定。从物料输送和系统的连接方便性考虑，FMS 最好采用具有托盘装置的机床。同时，机床刀具库的容量也应能够满足加工的需要。从控制角度看，机床与外部环境的通信能力，即信息交换的种类、数量以及通信接口支持的网络标准也是机床的重要特性之一。

### （三）FMS 的特点与应用

#### 1. FMS 的特点

柔性制造系统（FMS）有两个主要特点，即自动化和柔性。FMS 与传统的单一品种自动生产线（例如由机械式、液压式自动机床或组合机床等构成的刚性自动生产线）的不同之处，主要在于它具有柔性。有关专家认为，一个理想的 FMS 应具备 8 种柔性：

1）设备柔性。该柔性是指系统中的加工设备具有适应加工对象变化的能力。其衡量指标是当加工对象的类型、品种变化时，加工设备所需刀、夹、辅具的准备与更换时间，硬、软件的交换与调整时间，加工程序的准备与调校时间等。

2）工艺柔性。该柔性是指系统能以多种方法加工某一类工件的能力。工艺柔性也称加工柔性或混流柔性，其衡量指标是系统不采用成批生产方式而同时加工的工件品种数。

3）产品柔性。该柔性是指系统能够迅速地转换到生产另一新产品的能力，产品柔性也称反应柔性。衡量产品柔性的指标，是系统从加工一类工件转向加工另一类工件时所需的时间。

4）工序柔性。该柔性是指系统改变每种工件加工工序先后顺序的能力。其衡量指标是系统以实时方式进行工艺决策和现场调度的水平。

5）运行柔性。该柔性是指系统处理其局部故障，并维持继续生产原定工件的能力。其衡量指标是系统发生故障时生产率的下降程度或处理故障所需的时间。

6）批量柔性。该柔性是指系统在成本核算上能适应不同批量的能力，其衡量指标是系统保持经济效益的最小运行批量。

7）扩展柔性。该柔性是指系统能根据生产需要方便地进行模块化组建和扩展的能力。其衡量指标是系统可扩展的规模大小和难易程度。

8）生产柔性。该柔性是指系统适应生产对象变换的范围和综合能力。其衡量指标是前述 7 项柔性的总和。

#### 2. FMS 的应用

FMS 用于生产制造，从坯料进入车间到加工成成品零件的全部生产过程中，由于各个环节自动化的实现，以及按生产需要，由计算机编制最佳零件加工进度计划，产生最佳物流和信息流，可明显看出 FMS 的应用具有下列主要优点：①提高劳动生产率；②缩短生产周期；③提高产品质量；④充分提高机床利用率；⑤较大地减少操作人员；⑥较大地降低成本；⑦减少在制品数量和库存容量。

相对于大批量生产用的固定不变的刚性自动线而言，柔性制造系统主要用于中小批量生产。由于柔性制造系统具有明显的优点，所以应用日益广泛。

### （四）FMS 的功能与发展趋势

**1. FMS 的功能**

一个比较完善的柔性制造系统通常具有以下功能：

1）以成组技术为核心的零件分析编组功能。

2）自动输送和储料功能。

3）能自动完成多品种、多工序零件的加工功能。

4）自动监控和诊断功能。

5）信息处理功能（如编制生产计划及生产管理程序等）。

**2. FMS 的发展趋势**

通过 30 多年的努力和实践，FMS 技术已臻完善，并进入了实用化阶段，形成了高科技产业。随着科学技术的飞跃进步以及生产组织与管理方式的不断完善，FMS 作为一种生产手段也将不断适应新的需求，不断引入新的技术，不断向更高层次发展。FMS 的主要发展趋势有：

1）小型化、单元化。早期的 FMS 强调规模，但由此产生了成本高、技术难度大、系统复杂、可靠性低、不利于迅速推广的弱点。自 20 世纪 90 年代开始，为了让更多的中小企业采用柔性制造技术，FMS 正在由大型复杂系统向经济、可靠、易于管理、灵活性好的小型化、单元化方向发展。

2）模块化、集成化。为有利于 FMS 的制造厂家组织生产和降低成本，也有利于用户按需、分期、有选择性地购置系统中的设备，并逐步扩展和集成为功能强大的系统，FMS 的软、硬件都向模块化方向发展。以模块化结构（比如 FMC 即为 FMS 加工系统的基本模块）集成为 FMS，再以 FMS 作为制造自动化基本模块集成为 CIMS 是一种基本趋势。

3）高性能。各项技术性能与系统性能不断提高，例如采用各种新技术，提高机床的加工精度、加工效率；综合利用先进的检测手段、网络、数据库和人工智能技术，提高 FMS 各单元及系统的自我诊断、自我排错、自我修复、自我积累、自我学习能力，并提高机床对温度变化、振动、刀具磨破损、工件形状和表面质量的自反馈、自补偿、自适应控制能力；采用先进的控制方法和计算机平台技术，实现 FMS 的自协调、自重组和预报警功能等。

4）适用性。应用范围在逐步扩大，金属切削 FMS 的适应范围和品种在逐步扩大，正在向适合于单件生产的 FMS 扩展和向适合于大批量生产的 FMS（即 FML）扩展，另一方面，FMS 由最初的金属切削加工向金属热加工、装配等整个机械制造范围发展，并迅速向电子、食品、药品、化工等各行业渗透。

5）人性化。重视人的因素，完善适应先进制造系统的组织管理体系，将人与 FMS 以及非 FMS 生产设备集成为企业综合生产系统，实现人-技术-组织的兼容和人机一体化。

## 四、计算机集成制造系统（CIMS）

### （一）CIMS 的基本概念

CIMS 即计算机集成制造系统（Computer Integrated Manufacturing System），它是在信息技术、自动化技术、计算机技术及制造技术的基础上，将企业全部生产活动所需的各种分散的自动化系统通过计算机及其软件有机地集成起来，成为优化运行的高柔性和高效益的制造系统。

计算机集成制造系统又称计算机综合制造系统。它是在网络、数据库支持下，由计算机辅助设计为核心的工程信息处理系统、计算机辅助制造为中心的加工、装配、检测、储运、监控自动化工艺系统和经营管理信息系统所组成的综合体。在计算机集成制造系统的概念中应强调说明两点：

1）在功能上，计算机集成制造系统包含了一个工厂的全部生产经营活动，即从市场预测、产品设计、加工工艺设计、制造、管理到售后服务以及报废处理的全部活动。因此计算机集成制造系统比传统的工厂自动化的范围要大得多，是个复杂的大系统，是工厂自动化的发展方向，是未来制造工厂的模式。

2）在集成上，计算机集成制造系统涉及的自动化不是工厂各个环节的自动化的简单叠加，而是在计算机网络和分布式数据库支持下的有机集成。这种集成主要体现在以信息和功能为特征的技术集成，即信息集成和功能集成，以便缩短产品开发周期，提高质量，降低成本。这种集成不仅是物质（设备）的集成，而且是人的集成。

近年来，计算机集成制造系统取得了很大的发展，在其实施中有两个很重要的变化：一是由强调技术支撑变为强调技术、人和经营的集成，要通过管理把技术、组织（包括人）和经营（包括策略）集成起来；二是由"技术推动"变为"需求牵引"，强调用户的需求是成功实施的关键，用户是核心。

计算机集成制造是一种概念、一种哲理，是指导制造业应用计算机技术、信息技术走向更高阶段的一种思想方法、技术途径和生产模式，它代表了当前制造技术的最高水平，因而受到了广泛的重视。

### （二）CIMS 的组成和结构

#### 1. CIMS 的组成

计算机集成制造系统由四个应用分系统和两个支撑分系统所组成，它们分别是管理信息分系统、设计自动化分系统、制造自动化分系统、质量保证分系统、计算机网络分系统、数据库分系统，如图 19-24 所示。

（1）管理信息分系统 该系统的主要功能是进行信息处理、提供决策信息和进行管理。即将来自市场的竞争信息，结合企业的人、财、

图 19-24 CIMS 的组成

物等资源，制定企业相应的战略规则；将决策结果的信息，通过数据库和通信网络与各分系统进行联系和交换；对各分系统进行管理。

（2）设计自动化分系统 该系统的主要功能是进行工程设计、分析和制造，其主要功能模块有成组技术（GT）、计算机辅助设计（CAD）、计算机辅助工程（CAE）、计算机辅助工艺过程设计（CAPP）、计算机辅助制造（CAM）等。系统根据决策信息，利用计算机进行产品研究、设计和开发工作，并将设计文档、工艺规程、设备信息、工时定额发送给管理信息系统，将数控加工等工艺指令发送给制造自动化系统。

（3）制造自动化分系统 该系统主要有数控机床（CNC）、加工中心（MC）、直接数控系统（DNC）、柔性制造单元（FMC）、柔性制造系统（FMS）等，包括仓库、缓冲站、运输车、刀具预调仪、装刀台、刀具库、清洗机、三坐标测量机、夹具组装台、机器人等设备。该系统也是物料流与信息流的结合部，能在计算机的控制与调度下，按照 NC 代码将毛坯加工成合格的零件，并装配成部件或产品。

（4）质量保证分系统 该系统的主要功能是制定质量计划、进行质量信息管理和计算机辅助在线质量控制等。通过采集、存储、评价和处理在设计、制造过程中与质量有关的大量数据，从而提高产品的质量。

（5）两个支撑分系统 一是数据库分系统，它管理整个 CIMS 的数据，实现数据的集成和共享；二是计算机网络分系统，它传递各个分系统内部和相互之间的信息，实现数据传递和系统通信功能。通过数据库和通信网络，使整个企业集成为一个有机的大系统。

### 2. CIMS 的结构

任何企业都是层级结构，但各层的职能及信息特点可能不同，计算机集成制造系统可以由公司、工厂、车间、单元、工作站和设备六层组成，也可由公司以下的五层、工厂以下的四层组成。设备是最下层，如一台机床、一台输送装置等。工作站是由几台设备所组成，几个工作站组成一个单元，单元相当于柔性制造系统、生产线。几个单元组成一个车间，几个车间组成一个工厂，几个工厂组成一个公司。公司、工厂、车间、单元、工作站和设备各层的职能是计划、管理、协调、控制和执行。层次较高，信息比较抽象，处理信息的周期也长；层次越低，信息越具体，处理信息的时间要求越短。计算机集成制造系统的各层之间实行递阶控制，公司层控制工厂层，工厂层控制车间层，车间层控制单元层，单元层控制工作站层，工作站层控制设备层。递阶控制是通过各级计算机进行的，上层的计算机容量大于下层的计算机容量。

计算机集成制造系统的集成结构有多方面的含义：

1）功能集成，是指在产品设计、工程分析、工艺设计、制造生产等方面的集成。

2）信息集成，是指在工种信息、管理信息、质量信息等方面的集成，并通过信息集成做到从设计到加工的无图纸自动生产，即数字化产品。

3）物流集成，是指从毛坯到成品的制造过程中，各个组成环节的集成，如储存、运输、加工、监测、清洗、检测、装配以及刀、夹、量具、工艺装备等的集成，通常称为底层的集成。

4）人机集成，是强调了"人的集成"的重要性及人、技术和管理的集成，提出了"人的集成制造（Human Integrated Manufacturing——HIM）"和"人机集成制造（Human and Computer Integrated Manufacturing——HCIM）"等概念，代表了今后集成制造的发展方向。

# 复 习 题

19-1 什么叫组合机床？它有什么特点？

19-2 组合机床有哪几种配置型式？

19-3 组合机床的通用部件和专用部件主要是指哪些部件？

19-4 指出滑台的几种典型工作循环，并说明各适合什么样零件的加工？

19-5 根据机械滑台的传动系统图（见图19-8）分析下列问题：

1）快速电动机工作时，工进电动机为什么可以工作或可以不工作？

2）工作进给时，快速电动机为什么要制动？不制动会怎样？

19-6 说明齿盘定位式回转工作台的工作原理。

19-7 什么是组合机床自动线？它适于什么样的生产加工情况？

19-8 什么是数控机床？数控机床及其加工有什么特点？

19-9 说明数控机床的工作原理及组成。

19-10 简要说明数控机床的主要类型及各自的特点。

19-11 什么是成组技术？它有什么优点？

19-12 CAD/CAM系统的主要功能有哪些？

19-13 什么是柔性制造系统（FMS）？它适于什么样的生产加工情况？

19-14 柔性制造系统由哪几部分组成，它有哪些功能和特点？

19-15 说明下列代号所表示的意思：GT，CNC，MC，FMC，CIMS。

19-16 简述CIMS的组成和结构。

# 附录

## 附录 A　机构运动简图符号（摘自 GB/T 4460—2013）

| 序号 | 名　称 | 基 本 符 号 | 可 用 符 号 |
|---|---|---|---|
| 1 | 平面回转副 | | |
| 2 | 空间回转副 | | — |
| 3 | 棱柱副（移动副） | | |
| 4 | 螺旋副 | | |
| 5 | 圆柱副 | | |
| 6 | 球销副 | | — |
| 7 | 球面副 | | — |

（续）

| 序号 | 名　称 | 基　本　符　号 | 可　用　符　号 |
|---|---|---|---|
| 8 | 平面副 | | — |
| 9 | 球与圆柱副 | | — |
| 10 | 球与平面副 | | — |
| 11 | 机架 | | — |
| 12 | 轴、杆 | | — |
| 13 | 构件组成部分<br>的永久连接 | | |
| 14 | 组成部分与轴（杆）<br>的固定连接 | | |
| 15 | 构件组成部分<br>的可调连接 | | |
| 16 | 导杆 | | |
| 17 | 滑块 | | — |
| 18 | 圆柱轮摩擦传动 | | |

（续）

| 序号 | 名　称 | 基 本 符 号 | 可 用 符 号 |
|---|---|---|---|
| 19 | 圆锥轮摩擦传动 | | |
| 20 | 双曲面轮摩擦传动 | — | |
| 21 | 可调圆锥轮摩擦传动 | | |
| 22 | 可调冕状轮摩擦传动 | | |
| 23 | 圆柱齿轮 | | |
| 24 | 圆锥齿轮 | | |
| 25 | 挠性齿轮 | | — |
| 26 | 直齿圆柱齿轮 | | |
| 27 | 斜齿圆柱齿轮 | | |
| 28 | 人字齿圆柱齿轮 | | |

（续）

| 序号 | 名　称 | 基　本　符　号 | 可　用　符　号 |
|---|---|---|---|
| 29 | 直齿锥齿轮 | | |
| 30 | 斜齿锥齿轮 | | |
| 31 | 弧齿锥齿轮 | | |
| 32 | 圆柱齿轮传动 | | |
| 33 | 非圆柱齿轮传动 | | |
| 34 | 锥齿轮传动 | | |
| 35 | 准双曲面锥齿轮传动 | | |
| 36 | 蜗轮与圆柱蜗杆传动 | | |

（续）

| 序号 | 名　称 | 基 本 符 号 | 可 用 符 号 |
|------|--------|-------------|-------------|
| 37 | 蜗轮与球面<br>蜗杆传动 | | |
| 38 | 交错轴齿轮传动 | | |
| 39 | 齿条传动 | | |
| 40 | 扇形齿轮传动 | | |
| 41 | 盘形凸轮 | | — |
| 42 | 移动凸轮 | | — |
| 43 | 圆柱凸轮 | | |
| 44 | 槽轮机构 | | — |

311

（续）

| 序号 | 名　称 | 基　本　符　号 | 可　用　符　号 |
|------|--------|----------------|----------------|
| 45 | 棘轮机构 | | |
| 46 | 联轴器（一般符号） | | — |
| 47 | 固定联轴器 | | — |
| 48 | 可移式联轴器 | | |
| 49 | 弹性联轴器 | | — |
| 50 | 啮合式离合器（单向式） | | |
| 51 | 啮合式离合器（双向式） | | — |
| 52 | 摩擦离合器（单向式） | | |
| 53 | 摩擦离合器（双向式） | | |
| 54 | 液压离合器（一般符号） | | — |
| 55 | 电磁离合器 | | |
| 56 | 离心摩擦离合器 | | — |
| 57 | 超越离合器 | | — |

（续）

| 序号 | 名　称 | 基　本　符　号 | 可　用　符　号 |
|------|--------|----------------|----------------|
| 58 | 安全离合器<br>（带有易损元件） | | — |
| 59 | 安全离合器<br>（无易损元件） | | — |
| 60 | 制动器（一般符号） | | — |
| 61 | 带传动（一般符号） | | |
| 62 | 链传动（一般符号） | | |
| 63 | 螺杆传动（整体螺母） | | |
| 64 | 螺杆传动（开合螺母） | | |
| 65 | 滚珠螺母 | — | |
| 66 | 挠性轴 | | — |
| 67 | 轴上飞轮 | | |
| 68 | 分度头 | | — |

（续）

| 序号 | 名　称 | 基　本　符　号 | 可　用　符　号 |
|---|---|---|---|
| 69 | 向心普通轴承 | | — |
| 70 | 向心滚动轴承 | | |
| 71 | 单向推力<br>普通轴承 | | |
| 72 | 双向推力<br>普通轴承 | | |
| 73 | 推力滚动轴承 | | |
| 74 | 单向向心推力<br>普通轴承 | | — |
| 75 | 双向向心推力<br>普通轴承 | | |
| 76 | 向心推力滚动轴承 | | |
| 77 | 压缩弹簧 | φ 或 □ | — |
| 78 | 拉伸弹簧 | | — |
| 79 | 扭转弹簧 | | — |
| 80 | 碟形弹簧 | | — |

（续）

| 序号 | 名　称 | 基　本　符　号 | 可　用　符　号 |
|---|---|---|---|
| 81 | 原动机（通用符号） | | — |
| 82 | 电动机（一般符号） | | — |
| 83 | 装在支架上的电动机 | | — |

注：1. 对于离合器，当需要表明操纵方式时，可加注下列符号：M—机动的；H—液动的；P—气动的；E—电动的（如电磁）。

　　2. 序号69～76有关轴承的部分采用的是现行机械制图国家标准 GB4460—84 的规定画法，其部分名词术语已陈旧，有待修订，故与表4-1中滚动轴承的名称不一致。

# 附录B　常用液压与气动元件图形符号
## （摘自 GB/T 786.1—2009）

表 B-1　基本图形符号、管路及连接

| 描　述 | 图形符号 | 描　述 | 图形符号 |
|---|---|---|---|
| 供油管路、回油管路，元件外壳和外壳符号 | 0.1M | 组合元件框线 | 0.1M |
| 内部和外部先导（控制）管路，泄油管路，冲洗管路，放气管路 | 0.1M | 两个流体管路的连接 | 0.75M |
| 两条管路的连接标出连接点 | | 有盖油箱 | |
| 两条管路交叉没有节点表明它们之间没有连接 | | 回到油箱 | |
| 软管总成 | | 三通旋转接头 | 1 2 3 |
| 带两个单向阀的快换接头，断开状态 | | 不带单向阀的快换接头，连接状态 | |
| 液压源 | ▶ | 气压源 | ▷ |

表 B-2　控制机构和控制方法

| 描　述 | 图形符号 | 描　述 | 图形符号 |
|---|---|---|---|
| 带有分离把手和定位销的控制机构 | | 双作用电气控制机构，动作指向或背离阀芯 | |
| 带有定位装置的推或拉控制机构 | | 电气操纵带有外部供油的液压先导控制机构 | |
| 单作用电磁铁，动作指向阀芯，连续控制 | | 液压增压直动机构（用于方向控制阀） | |
| 具有可调行程限制装置的顶杆 | | 单作用电磁铁，动作背离阀芯 | |
| 用作单方向行程操纵的滚轮杠杆 | | 双作用电气控制机构，动作指向或背离阀芯，连续控制 | |
| 单作用电磁铁，动作指向阀芯 | | 带有外部先导供油，双比例电磁铁，双向操作，集成在同一组件，连续工作的双先导装置的液压控制机构 | |

表 B-3　液压泵、液压（气）马达和液压（气）缸

| 描　述 | 图形符号 | 描　述 | 图形符号 |
|---|---|---|---|
| 单向旋转定量泵 | | 单作用单杆缸，靠弹簧力返回行程，弹簧腔带连接油口 | |
| 双向流动，带外泄油路单向旋转的变量泵 | | 双作用双杆缸，活塞杆直径不同，双侧缓冲，右侧带调节 | |
| 单向旋转变量泵 | | 单作用伸缩缸 | |
| 限制摆动角度，双向流动的摆动执行器或旋转驱动 | | 双作用带状无杆缸，活塞两端带终点位置缓冲 | |

（续）

| 描　述 | 图形符号 | 描　述 | 图形符号 |
|---|---|---|---|
| 双向变量泵或马达单元，双向流动，带外泄油路双向旋旋 | | 双作用单杆缸 | |
| 单向旋转的定量泵或马达 | | 单作用缸，柱塞缸 | |
| 双输出旋转方向的定量马达 | | 双作用伸缩缸 | |
| 变量泵，先导控制，带压力补偿，单向旋转，带外泄油路 | | 行程两端定位的双作用缸 | |

表 B-4　控制元件

| 描　述 | 图形符号 | 描　述 | 图形符号 |
|---|---|---|---|
| 二位二通方向控制阀，两通，两位，推压控制机构，弹簧复位，常闭 | | 三位四通方向控制阀，电磁铁操纵先导级和液压操作主阀，主阀及先导级弹簧对中，外部先导供油和先导回油 | |
| 二位四通方向控制阀，电磁铁操纵，弹簧复位 | | 二位四通方向控制阀，液压控制，弹簧复位 | |
| 二位三通方向控制阀，滚轮杠杆控制，弹簧复位 | | 二位五通方向控制阀，踏板控制 | |
| 二位四通方向控制阀，单电磁铁操纵，弹簧复位，定位销式手动定位 | | 二位三通液压电磁换向座阀 | |

（续）

| 描　述 | 图形符号 | 描　述 | 图形符号 |
|---|---|---|---|
| 溢流阀，先导式，开启压力由先导弹簧调节 | | 二位五通方向控制阀，定位销式各位置杠杆控制 | |
| 二通减压阀，先导式，外泄型 | | 溢流阀，直动式，开启压力由弹簧调节 | |
| 三通减压阀（液压） | | 顺序阀，手动调节设定值 | |
| 二位二通方向控制阀，两通，两位，电磁铁操纵，弹簧复位，常开 | | 二通减压阀，直动式，外泄型 | |
| 二位三通方向锁定阀 | | 电磁溢流阀，先导式，电气操纵预设定压力 | |
| 二位三通方向控制阀，单电磁铁操纵，弹簧复位，定位销式手动定位 | | | |
| 二位四通方向控制阀，电磁铁操纵液压先导控制，弹簧复位 | | 可调节流量控制阀，单向自由流动 | |
| 三位四通方向控制阀，弹簧对中，双电磁铁直接操纵 | | | |
| 三位四通方向控制阀，液压控制，弹簧对中 | | 分流器，将输入的流量分成两路输出 | |

（续）

| 描　述 | 图形符号 | 描　述 | 图形符号 |
|---|---|---|---|
| 集流器，保持两路输入的流量相互恒定 | | 单向阀，只能在一个方向自由流动 | |
| 先导式液控单向阀，带有弹簧复位，先导压力允许在两个方向自由流动 | | 单向阀，带有弹簧复位，只能在一个方向流动，常闭 | |
| 梭阀（"或"逻辑），压力高的入口自动与出口接通 | | 双单向阀，先导式 | |
| 可调节的机械电子压力继电器 | | 比例溢流阀，先导控制，带电磁铁位置反馈 | |
| 直动式比例方向控制阀 | | 先导式伺服阀，先导级带双线圈电气控制机构，双向连续控制，阀芯位置机械反馈到先导装置，集成电子器件 | |
| 比例流量控制阀，直控式 | | | |
| 方向控制插装阀插件，带节流端的座阀结构，面积比例≤0.7 | | 压力控制和方向控制插装阀插件，座阀结构，面积1:1 | |
| 可调节流量控制阀 | | 方向控制插装阀插件，座阀结构，面积比例>0.7 | |
| 流量控制阀，滚轮杠杆操纵，弹簧复位 | | 带溢流和限制保护功能的阀芯插件，滑阀结构，常闭 | |

319

（续）

| 描　述 | 图形符号 | 描　述 | 图形符号 |
|---|---|---|---|
| 带方向控制阀的二通插装阀 | | 带液压控制梭阀的控制盖 | |
| | | 带溢流功能的二通插装阀 | |

表 B-5　辅助元件

| 描　述 | 图形符号 | 描　述 | 图形符号 |
|---|---|---|---|
| 压力测量单元（压力表） | | 流量计 | |
| 温度计 | | 模拟信号输出压力传感器 | |
| 不带冷却液流道指示的冷却器 | | 过滤器 | |
| 电动机 | | 加热器 | |
| 囊隔式充气蓄能器（囊式蓄能器） | | 液位指示器（液位计） | |

表 B-6　气动元件常用图形符号（不同于液压元件的图形符号）

| 描　述 | 图形符号 | 描　述 | 图形符号 |
|---|---|---|---|
| 电器操纵的气动先导控制机构 | | 真空泵 | |
| 调压阀，远程先导可调，溢流，只能向前流动 | | 空气压缩机 | |
| | | 活塞杆终端带缓冲的膜片缸，不能连接通气孔 | |
| 外部控制的顺序阀 | | 单作用压力介质转换器，将气体压力转换为等值的液体压力，反之亦然 | |
| 内部流向可逆调压阀 | | 自动排水聚结式过滤器 | |
| 气动软起动阀，电磁铁操纵，内部先导控制 | | 延时控制气动阀，其入口接入一个系统，使得气体低速流入直至达到预设压力才使阀口全开 | |
| 二位三通方向控制阀，差动先导控制 | | | |
| 二位五通气动方向控制阀，单作用电磁铁，外部先导供气，手动操作，弹簧复位 | | 二位五通气动方向控制阀，先导式压电控制，气压复位 | |
| | | 二位五通直动式气动方向控制阀，机械弹簧与气压复位 | |
| 三位五通直动式气动方向控制阀，弹簧对中，中位时两出口都排气 | | 双压阀（"与"逻辑）当且仅当两进气口有压力时才会有信号输出，较弱的信号从出口输出 | |
| 单作用的半摆动气缸或摆动马达 | | | |

321

（续）

| 描　述 | 图形符号 | 描　述 | 图形符号 |
|---|---|---|---|
| 快速排气阀 | | 吸附式过滤器 | |
| 马达 | | 空气干燥器 | |
| 变方向定流量双向摆动马达 | | 消声器 | |
| 单作用增压器，将气体压力 $p_1$；转换为更高的液体压力 $p_2$ | | 自动排水流体分离器 | |
| 离心式分离器 | | 油雾分离器 | |
| 手动排水流体分离器 | | 油雾器 | |
| 带手动排水分离器的过滤器 | | 气罐 | |

注：本部分中的点线（非常短的虚线）用来表示邻近的基本要素或元件，在图形符号中不用。

# 参 考 文 献

[1]  黄锡恺,郑文纬. 机械原理 [M]. 北京:人民教育出版社,1981.

[2]  文朴,等. 机械设计 [M]. 北京:机械工业出版社,1997.

[3]  陈家康,刘靖华,包展康. 机械基础 [M]. 上海:上海科学普及出版社,1993.

[4]  符颖示. 机械基础知识 [M]. 北京:高等教育出版社,1991.

[5]  许德珠,司乃钧. 金属工艺学 [M]. 北京:高等教育出版社,1993.

[6]  邓文英. 金属工艺学 [M]. 3 版. 北京:高等教育出版社,1991.

[7]  雷天觉. 液压工程手册 [M]. 北京:机械工业出版社,1990.

[8]  大连工学院机械制造教研室. 金属切削机床液压传动 [M]. 2 版. 北京:科学出版社,1985.

[9]  丁树模. 液压传动 [M]. 3 版. 北京:机械工业出版社,2009.

[10]  谢家瀛. 组合机床设计简明手册 [M]. 北京:机械工业出版社,1994.

[11]  张利平. 液压气动系统设计手册 [M]. 北京:机械工业出版社,1997.

[12]  王孝华,陆鑫盛. 气动元件 [M]. 北京:机械工业出版社,1991.

[13]  郑洪生. 气压传动及控制 [M]. 2 版. 北京:机械工业出版社,1998.

[14]  徐永生. 液压与气动 [M]. 北京:高等教育出版社,1998.

[15]  吴圣庄. 金属切削机床 [M]. 北京:机械工业出版社,1980.

[16]  顾维邦. 金属切削机床概论 [M]. 北京:机械工业出版社,1992.

[17]  范俊广. 数控机床及其应用 [M]. 北京:机械工业出版社,1993.

[18]  赵万生. 特种加工技术 [M]. 北京:高等教育出版社,2001.

[19]  虞同书,文允钢. 机械工程基础 [M]. 北京:航空工业出版社,1996.

[20]  贾亚洲. 金属切削机床概论 [M]. 北京:机械工业出版社,1994.

[21]  吴国华. 金属切削机床 [M]. 北京:机械工业出版社,1995.

[22]  张振国. 数控机床的结构与应用 [M]. 北京:机械工业出版社,1995.

[23]  刘振辉,杨嘉楷. 特种加工 [M]. 重庆:重庆大学出版社,1991.

[24]  宗培言. 机械工程概论学 [M]. 北京:机械工业出版社,2002.

[25]  张绍甫. 机械工程基础 [M]. 2 版. 北京:高等教育出版社,2003.

[26]  刘跃南. 机械基础 [M]. 2 版. 北京:高等教育出版社,2005.

[27]  卢秉恒. 机械制造技术基础 [M]. 北京:机械工业出版社,2002.

[28]  胡黄卿. 金属切削原理与机床 [M]. 北京:化学工业出版社,2004.

[29]  王运炎,叶尚川. 机械工程材料 [M]. 2 版. 北京:机械工业出版社,2000.

[30]  孙学强. 机械制造基础 [M]. 北京:机械工业出版社,2001.

[31]  胡传炘. 特种加工手册 [M]. 北京:北京工业大学出版社,2001.

[32]  许福玲,陈尧明. 液压与气压传动 [M]. 北京:机械工业出版社,2000.

[33]  陈江进,杨纯海. 数控机床 [M]. 北京:北京理工大学出版社,2012.

[34]  韩庆瑶. 液压与气压传动 [M]. 北京:中国电力出版社,2013.